工程估價－Excel 應用

郭榮欽　編著

全華圖書股份有限公司

序　言

工程不祇是一個技術性的問題，除了技術之外尚需考慮經濟、法令、環境等種種因素，其中經濟因素尤爲重要，必須首先加以衡量。例如若欲興建一千層之高樓，在技術上並無多大問題，但單位面積造價過高，不合經濟之原則。

因此如何迅速精確對計劃中之工程加以估價爲工程規劃設計中一極重要之工作、利用電子計算機從事此任務已成今日普遍之趨勢，但如何使其盡善盡美尚爲現代工程界所面臨之一重要課題。

本書作者郭榮欽先生具有多年之實際工程經驗，在教授電腦繪圖設計與工程估價亦在十年以上，此次以其近年來教學之講義，再加充實更新，以配合最新之硬體與軟體，相信本書之出版對正求學中之大專同學及現在從事土木工程設計規劃之工程師均有極大之幫助，而作者結合人腦與電腦，不給魚而教人釣魚方法之理念，尤可作爲今後此方面發展之指南針，因電算機之性能及程式今後必將隨時間而進步，但估價之原理仍不致有太大之改變也。

曹以松　謹序

于國立宜蘭大學

序　言

電腦在工程估價上的應用乃營建自動化重要的一環，近年來，由於工程規模日趨龐大，當工程完成設計後，欲進行一套有條不紊、迅速而正確的估價程序，以便編訂工程預算書，籌措財源，使工程順利進行，則非使用電腦不為功。

本科郭榮欽老師開授工程估價、電腦輔助製圖等相關課程及指導學生專題製作多年，並曾參與教育部補助「營建自動化教學改進計劃」之研究，具豐富而紮實的教學及實務經驗，今將其多年的心得用心整理編訂本書，以供教學及業界參考之用。本書充份應用了工程估價與試算表兩者間重要的特性，使傳統估價工作容易錯誤的缺點減至最低。它將單價分析中相同的工料集中在一個工作表上，每一個工程單項用一個工作表來存放，最後再將各工程單項之數量與單價以「貼上連結」的方式集中成工程預算表。「貼上連結」的功能恰好彌補了工程估價中最需要也是最容易錯誤的部份，它的應用雖然簡單，但卻眞正發揮了電腦工程估價的貢獻。

本書條理清晰，配合 Windows 視窗功能，易學易用，插圖生動活潑，確實不可多得，欣聞出書在即，樂誌數語。

黃賢統　謹序

于國立宜蘭大學土木工程學系

序　言

用電子試算表之應用軟體來進行工程估價已被工程界使用多年。從 LOTUS 1-2-3 到 Microsoft Excel，它們所具有的試算表本質，在工程估價上的應用，可以大大改善傳統計算之正確性及效率。尤其近年來在硬體方面的飛躍進步，進而在軟體功能的不斷改良，更使試算表被普遍活用在工程界。

但是，明顯地，目前業界與學界對應用試算表作工程估價尚無統一的規則可循。筆者在實務與教學具多年的經驗。對發揮試算表的特色在工程估價上有獨自的看法。筆者一向不主張將電腦操作者視同不諳電腦軟體而試圖設計一個極具有自動化的、只需機械性輸入資料的軟體，這無疑是只給魚而不給釣具，不是一個長遠的作法。在本書中，筆者僅提出應用方案的一種，也許尚有更高明的方法，但基本理念仍在於訓練工程人員對工具軟體特性的瞭解與工程估價原理的掌握。

本書寫作倉促，錯誤必多，筆者抱著虛心就教之心，望業界學界前輩多加指止，另外，本書能夠完成，同事廖麗珠小姐，楊家淑小姐幫助打字、排版，倍極辛苦，由衷感謝。最後仍要感謝科主任黃賢統教授，及科內同仁平日的幫忙與鼓勵。

郭榮欽　謹序

六版序

「參數（Parametric）」這個術語，應源自數學的「參數方程式（Parametric equation）」，意即藉由使用某些參數或變數，被賦予不同的「值」，即可編輯操縱或改變一個方程式或一個系統的最終結果。機械工程以這樣的概念應用在許多機械零組件的電腦輔助設計方面，已成功行之多年。而土木建築工程要在虛擬空間組構模型元組件，有些適合使用參數化設計（例如排水溝、擋土牆、門、窗等），有些就不太適合，但適合參數化的組構元件，往往也適合預製或複製；也因為這些組構元件參數化介入的層次、範圍、時機、性質等差異，自然會針對模型元組件作必要的層狀組織與邏輯劃分，例如 Revit 劃分品類（Category）、族群（Family）、類型（Type）、實作元件（Instance）等層級，並由此組構成密切關連之參數化元件之專案資料庫。而 Revit 的族群編輯是運用參數化設計理念在模型元組件的客製化設計上，最為經典的功能所在，這些都是吾人要將 BIM 技術導入工程估價時，必須先行建立的基本觀念。

電腦與行動裝置在現代社會中的角色，已是工作及生活上不可或缺的工具，充分用它來代替傳統作業模式，已成普世價值。人們會隨著對科技工具的逐步深入瞭解與熟練，終究自然會產生一套大家都可接受的運作模式，BIM 技術肯定也不例外，首當先鋒者雖比別人嘗盡更多的苦頭，但應該也會是最早享受成功果實的人。

本書第六版，除了修正每章的錯誤以外，主要就是加入第 13 章：「BIM 技術在工程估算應用原理」，闡述現階段工程算量如何逐漸銜接 BIM 技術提供之深具彈性的模型資訊，也預告此管道將有更趨成熟的未來。

郭榮欽　謹序

民國 104 年 10 月

于國立臺灣大學土木工程學系 工程資訊模擬與管理研究中心

編輯部序

「系統編輯」是我們的編輯方針，我們所提供給您的，絕不只是一本書，而是關於這門學問的所有知識，它們由淺入深，循序漸進。

本書將傳統的工程估價利用 Excel 電腦軟體計算出來，並分成基本工料表、工程數量表、單價分析表、工程預算表，且配合貼上連結的功能以儲存格的參照方式，動態連結起來，不但可提高準確性，並可充份改善資料異動之彈性，使效率大大提昇，而在鋼筋數量彙整總計算時也能輕易而正確的加總起來，是實用性之書籍，對於土木、建築類的學生或相關技術人員都可利用此書，絕對可使您在學業或工作上更得心應手。

若您在這方面有任何問題，歡迎來函連繫，我們將竭誠為您服務。

相關叢書介紹

書號：0571001
書名：土木工程材料試驗(修訂版)
編著：沈永年.郭文田.林棟宏
16K/136 頁/220 元

書號：03030027
書名：土壤力學實驗(附範例光碟)
(修訂二版)
編著：郭來松.徐瑞祥
16K/240 頁/280 元

書號：0267506
書名：測量學(第七版)
編著：黃桂生
20K/560 頁/550 元

書號：0540001
書名：結構力學實驗(第二版)
編著：賴進華
20K/256 頁/280 元

書號：0349904
書名：施工機械(第五版)
編著：沈永年
20K/432 頁/400 元

書號：0601201
書名：施工安全與環境管理(第二版)
編著：沈永年.潘煌金星
20K/408 頁/420 元

書號：0605902
書名：安全工程(第三版)
編著：張一岑
16K/544 頁/500 元

書號：0512803
書名：混凝土技術(第四版)
編著：沈永年.王和源.林仁益.郭文田
20K/496 頁/400 元

◎上列書價若有變動，請以最新定價為準。

目錄

1

緒論

學習目標

1. 瞭解工程估價之內涵
2. 對工程估價基本觀念的建立
3. 瞭解電子試算軟體 Excel 的基本操作

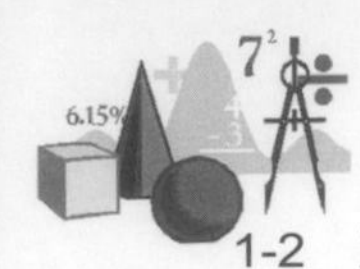

摘 要

營建工程，從(a)評估與規劃 開始，接著(b)設計繪圖，編製預算，(c)發包施工、 (d)營運與維護、(e)報廢與拆除，整個工程實體的生命週期中，每一個階段都會用到估價的作業。工程數量與耗資的精準掌握，對工程成敗有決定性的影響，不可輕忽。

大體而言，工程估價的步驟應包括： (a)工址實地勘察、(b)圖說參閱、(c)工程項目條列、(d)工程數量計算、(e)單價分析、(f)工程預算書組合等；整個估算過程，可謂繁雜易錯。而容易產生估算錯誤的原因很多，有些錯誤需依賴估價師長期累積的實務經驗來避免，而有些錯誤是可以經由更有系統的估算程序之規劃，以及恰當的估算工具運用加以改善。尤其重要的是，實際估算者往往掛一漏萬而不自知，甚至自己再檢查也一樣不自覺。這時更需仰賴有條不紊的列式與詳盡的說明，以及實務經驗豐富之估價師做多方面合理性的推估佐證。

電子試算軟體在個人電腦開始發跡的年代裡，具有舉足輕重的關鍵角色，從八位元時代的 Visicalc 到十六位元 PC 時期的 Lotus 123，演進到視窗系統環境的 MS Excel，其基本的運算特性都相當契合工程估價作業的本質，正好彌補了傳統估價過程中幾個易生錯誤之環節，這也是本書一再企圖凸顯應用此軟體優勢之主因。現代的營建工程，在每個作業環節已經完全以資訊工具代替傳統的手寫或運算，估算作業也幾乎都改採 Micorsoft Office 的 Excel 軟體，工程師們已把 Excel 當作計算的必然工具。

近年來，BIM(建築資訊模型，Building Information Modeling)技術已在國際營建業界掀起一股熱潮，其突破傳統以 2D 圖文為主的工程資訊載體，而改由 3D 虛擬空間來描述工程實體生命週期所有資訊的新概念，對工程估算的技術與流程，甚至整個營建產業的運作模式，都將起革命性的改變。

本文

1-A-1 工程估價之內涵

自有人類歷史以來，就有工程發生。早期人類爲了抵抗外來的侵害，需要不斷地與天爭、與人爭、甚至與野獸爭；爲了求生存，必須合力建造防禦工事，這就是工程的開端。一件工程建設是需要材料與人力；再加上技術與經驗的結合，才能圓滿達成。工程除了安全的考慮以外，再則就是經濟與美觀了，一旦安全的考慮能滿足以後，一定會希望在有限的人力、物力資源情況下，能建造出最美觀、最宏偉的工程。成功的工程建設應具備三大要素：安全、經濟、美觀。而整個工程建設的過程，應包括下列幾項：

1. 規劃及評估
2. 設計
3. 施工
4. 維護

社會進化過程中，到處都需要工程建設，工程在蘊釀初期，必須經由多個層面進行規劃及評估。依據整個功能需求，再擬具工程規模，並提出工程計劃書，其中，必須對工程所需費用提出概算。工程概算即是工程估價領域中之一環，亦是最不容易達到準確的工作。它是高度經驗與分析技能的結合；係估價工作的最高境界。

設計是一件工程付諸實施前的前哨工作，它是在沒有實體的狀況下，將許多的構思與現有條件，經由圖說及文字表達出來，做爲爾後施工之依據。此時，整件工程耗資多寡即須依圖說及工址環境條件，估算出而得工程預算書。預算雖然只是預測之估算，但已經是工程施工經費的主要根據，必須相當準確，因爲它幾乎全部依靠施工圖說中之尺寸與說明來估算，所以識圖能力必須很強，尤其應有施工實務經驗，對施工程序甚爲熟悉，在估算時，才不致片面只從紙面作業在考慮，而多所漏失，或產生不合理之估算。

施工階段是將規劃設計眞正付諸實現的工作。施工是人力、物力與智慧的堆積，施工進行中，施工單位爲了人力之需求與材料之安排、購置，須要不斷地做適時的估價工作，設計單位或業主亦爲了依合約進度付款給承包商，也要做估驗計價工作。此時之估價工作，除了有設計圖可參考外，尙有完成之實體可爲佐證。

工程維護愈來愈爲現代的人所重視，一件宏偉的工程，一定要靠細密而周詳之維護計劃，才可能正常營運及延長使用年限。眞正成功的工程規劃，應將工程構造物視爲一個有機體，使其不斷新陳代謝，不斷成長，營造其成長的環境。若此，維護工程就是整件工程計劃不可分割的重要環節。「維護」是件長期性的工作，它不但要考慮周而復始的例行工作，亦要考慮天災與突發的破壞搶修。在做整修設計與估列維護預算時，因其施工性質迥異於新建，須有充份維護修繕之經驗累積，才能達到較精確之估算。

綜如上述，一件工程之建設與營運，自始至終，估價一直扮演著重要的角色，估算工作之良窳，維繫著工程之成敗甚鉅，故不可不愼，而要達到工程估價之精確與完善，須注意的主要因素爲：

1. 施工圖要清晰、準確。
2. 要具備充分的識圖能力。
3. 累積足夠的施工經驗。
4. 要充份掌握工料之行情。
5. 要對工址環境瞭解。
6. 要建立一套有條不紊之估價程序。

總之，工程估價對業主而言，主要供爲籌措財源與給付款項之依據，或提供採購材料、發包、審標、執行監管之憑據；尤其工程實體在漫長的營運維護期間，無論是修建、改建、增建，或例行的維修作業，都需要估價。對承包商而言，除了投標、競標外、工程成本之管制、財務計劃、單項工程之控制，皆需使用工程估價。對於設計部門而言，工程設計完成，必須進行預算書之編製。施工監造之估驗計價，亦需工程估算之工作，除了以上三者外，累積不同特性之結構物之估算或結算資料，加以分析，可做爲將來新工程規劃時概算之參考，凡此總總，皆爲工程估價之範疇。

1-A-2 工程估價專用術語

整個工程領域的常用術語繁多，本文僅就工程估價相關之專用術語，略舉一二，以助讀者釐清觀念。

一、參考單價：

係指單價分析表細目中所需之工、料、機具之基本單價。參考單價應列入合約附件中，做爲工程進行中變更設計時採用，以減少業主與承包商間的爭執。

二、工程圖說：

工程估算之最主要依據；包括位置圖、工程圖樣、施工說明、契約本文等。一般主辦工程之機關於招標時皆需備齊這些圖文資料；除了上述資料外，尚包括空白標單、具結書、押標金額、廠商資格、承攬紀錄、投標須知等資料，由廠商備價領取。

三、單價分析：

每一工程單項，其每單位量之計價，依施工規範之要求，合理分析其所需材料、人工、機具之數量，條列於分析表上，再將參考單價填入細目中，分別求出此工程單項之工料複價並加總得此一工程單項之「單價」，謂之「單價分析」，作爲每一付款項目單價之依據。

四、工程預算：

將每一工程單項之工程數量，分別乘以各該項之單價分析而得之「單價」，得到各單項工程之複價，稱爲「直接費用」，若再加上承包商之「間接費用」(即管理費、稅捐等)、其總價金額稱爲「工程預算」，本名詞適用於工程未施作前所預估之費用。經發包以後常稱之爲「工程建造費」、「承包價」、「合約價」。工程預算之估算要具備識圖能力與施工經驗，並掌握精確之市價。

五、工程概算：

工程規劃之初，爲初步預估所需經費，依工程規模、性質、工址環境及往例進行概略估算金額，稱爲「工程概算」。要得到接近精確的概算值，須有相當的工程經驗及應用歷年累積許多工程案例做分析統計。一般工程概算常濃縮簡化成以單位建造面積或單位長度之單價，再加上不同因素之考量，作爲加減因子，所乘算出來的值。

六、工程總價：

係指興建工程所需之總經費，視工程規模，大致會包括：

1. 規劃、研究、設計費。
2. 土地或地上物徵收費、補償費。
3. 工程建造費。
4. 工程監造費。
5. 行政管理費。
6. 預備費。

工程進行時，尚有「結算」、「期中估驗計價」、「物價指數調整」、「決算」等諸多名詞，容後伺機說明。

1-A-3　影響工程估價的因素

工程估價是個錯綜複雜的工作。要作好工程估價，要得到精確的估價結果，除了要熟諳工程圖說表達之訊息，整個施工過程之掌握，每樣工程項目中，工與料之時價的正確資訊，尚要針對工地、天候、人文、品質等各方面的影響加以考慮。是故，要建立良好的工程估價品質，必須包含以下幾項工作：

一、圖說：

工程圖說是估價最主要之依據，它是設計者理念的結晶與施工者建造工程之藍本。估價人員應具有閱讀圖說及瞭解設計者之理念及施工程序方法之能力。

二、詳讀施工規範：

施工規範或施工說明書常爲彌補設計圖表達之不足，記載每一工程施作項目之施工範圍、施工方法、材料品質與施作標準。現場工程人員常常聚焦在施工圖說，而無意間忽略了施工說明書的存在，致使發生失誤而未察覺。

三、瞭解工期要求：

一件工程工期的緩速特定要求，直接影響單價的高低，一般吾人皆以正常工作時間來進行工程，據以估算。如果有特殊趕工需要，一天 24 小時需排三班連續不停，夜間工資與日間不同，這些皆與正常施工有差異，必須考慮。

四、掌握工址環境：

1. 地形環境：地形影響施工機具之效率甚鉅，山區、丘陵區、狹窄地區，其工作效率比平地要差，尤其挖土、塡方、路面施工，施工機具所佔費用，高達 80%至 90%，若其工作效率之變化率在 0.5～0.8 之間，則單價影響約 30%。
2. 地質環境：地質環境往往決定了施工方法與施工機具的抉擇，其間之差距，除了影響工程單價的估算以外，甚至影響整個工程計劃與工期至深且鉅。
3. 氣候環境：氣候因素影響日曆天之估算，因地而異，有些工程本身就與氣候因素關係密切；例如路面工程。
4. 考慮工料來源：就地取材或由外地搬運材料數量，運輸工具，儲存場所等等皆會影響單價。技工方面亦然。外籍勞工的使用與管理，其相對的技術與施工品質的交替影響亦需考慮。

五、工程規模：

俗話說：「上山一天，下山也是一天」，意思就是有些工作，不論其工作量多少，準備工作及所需機具都是一樣的，例如整地挖塡，不論需整地的量有多少，挖土機的運入運出都是必要的；因此，若以挖塡體積爲單位做爲整地挖塡的工程計價標準時，應評估整個工程規模的問題，作爲修正機具使用之單價的參考。

1-A-4 工程估價之一般步驟

工程估價依估算時機不同，可分為：

1. 設計前工程概算之估價工作；
2. 設計後施工前工程預算之估價工作；
3. 施工中工程估驗之估價工作；
4. 竣工後工程結算之估價工作；
5. 營運維護時工程修建、增建、改建之估價工作；

雖然有以上五種不同時機之估價工作,但一般而言，整個估價過程，不外乎下列幾個步驟：

一、工程相關環境之調查：

包括工址現況、地形、地質、當地工料資源、給排水情況、電源、水文氣象、交通、甚至當地人文與情等，皆需詳加調查，每個項目往往都會影響單價。

二、工程計劃之釐訂：

依據工址之自然與社會環境現況，加上既定之需求與經費之條件，擬定工程的施作規模，包括：

1. 決定施工方法。
2. 擬定工程進度計劃。
3. 施工場地配置與施工辦公室、工寮、材料庫房等設施。
4. 施工機械之決定。
5. 工料之調度計劃。
6. 交通運輸計劃。
7. 安全衛生。

三、開始估算：

1. 條列工程項目名稱、單位：包括前述之工程計劃及施工圖，施工說明書，列出工程項目及名稱。
2. 計算工程數量：同樣依據上述之圖說與計劃，詳細計算工程數量，合計數量總和。
3. 決定單價分析表：每一工程單項需依據其計量單位建立單價分析表，包括每單位所需之工時與用料之數量及單價，再加上零件損耗，合計成各工程單項之單價總和。
4. 建立直接工程總價：依工程單項列出其工程名稱、規格、單位、單價、數量，並計算複價，再整合成直接工程總價。
5. 計算間接工程費：包括工地臨時設施費、租金管理費、稅捐、保險、利潤等費用。
6. 合計總工程費：綜合工程規劃、工程設計、工程建造、監造費用及管理費，預備費等成爲總工程費。

1-A-5 工程估價應注意事項

一、材料預算：

有時候業主因工程用料龐大，或有獲取料源之特殊管道，打算自己供應，在估價時須將材料另行析出估算。

二、物價指數：

重大工程或艱難度高之工程須要工期較長，爲了降低承包商受到物價波動造成之影響，應另外訂定物價波動調整方案，將調整依據之標準，計算方式詳列於合約條款中，估價時應將此項經費預估在內。

三、估價時容易發生之錯誤與檢核方法：

1. 可能產生之錯誤

    (1) 原始資料或原設計圖中之錯誤：例如圖中線條長度與標示尺寸的錯誤。

(2) 書寫錯誤：例如筆誤。

(3) 記載錯誤：漏列工程項目。

(4) 數字錯誤：錯位或顛倒。

(5) 基本估價之錯誤：材料規格之錯誤或施工方法指定之錯誤。

2. 檢查方法

(1) 細項檢查：從頭開始，依圖示每一項都詳細查對並重新計算核對。

(2) 大樣抽查：在一個工程預算中，以佔工程金額較多的項目抽樣查核。

(3) 概算推測法：運用統計或推理旁証法。依以前類似工程累積之估算經驗與數據，來推測。

(4) 交換檢查：與同事交換查核，減少自己之習慣漏失。

四、間接費用：

承包商除了依圖示，核算之工程直接成本之工、料、機具、工具等費用之外的一切費用；如下述之：

1. 工地費用：包括工地臨時辦事處之建造費或房租、水、電、通訊、設備、用品、文具、交通、人事、差旅.....等費用約佔工程費 3～6%。

2. 管理費：總公司人事費用之分攤，約佔 1～2%。

3. 稅捐：印花稅、新制營業稅、營利事業所得稅及其他政府規定之一切稅捐，佔 7～10%。

4. 利息及意外費用約佔 1%。

5. 利潤約佔 2～6%。

以上合計之間接費用約佔總工程造價之 13～25%。通常編列工程預算時，宜採用 20%之間接費用較合理，視工程之規模與要求而定。

五、預備費：

重大工程編列預算時，必需增列預備費，約佔工程建造費(包括間接費在內)之 10%，以應付緊急情況或意外事件發生時的需要。

六、合約的付款方式：

1. 依合約總價一式計付：合約工程項目雖分項計算數量及分析單價，但合約書載明該合約按總價一式計付，不作任何增減帳。其特點如下：
   (1) 適用於較小或較單純的工程，可免除變更設計及完工結算之麻煩。
   (2) 若估算有疏失或工程有不可抗拒的變更，常不易處理，造成紛爭。
2. 按工程項目實做數量計付：此方式較為合理。原設計工程數量計算書僅供參考而已，若有變更設計較易處理，避免紛爭。

1-A-6 應用電腦在工程估價上的理念

應用個人電腦解決工程問題已有多年的歷史，許多熟諳電腦功能的工程師，在解決工程估價的問題上，常著眼在以解決大部分構架的數量計算，採用與結構應力分析相同之思考模式，進行建構估價計算的程式設計，此法因未依施工先後程序來估算，零星工料不易處理，期中估算不易拆分，恐流於非工程專業人員操作，因此造成重大漏失而不自知。

本書介紹之估價理念，採取與施工程序關連來建構單項工程，並逐步條列其數量計算式。並利用 Excel 試算表與工程估價間重要的互補特性。使 Excel 在整個估價過程中的幾個關鍵且手算較易失誤的環節處，得以徹底發揮其長處。因為避免用設計巨集來處理問題，可讓工程人員更具應用之彈性，使大家能輕易上手，這就是本書最重要的理念。

近年來，電腦輔助繪圖軟體已逐漸轉型到 BIM 3D 建模(或稱塑模)工具，例如 Autodesk 的 Revit、Bentley 的 Microstation、Graphisoft 的 ArchiCAD 等，都已採用物件導向技術，以物件來表達建築物的幾何與非幾何的資訊。因此，BIM 的 3D 模型對虛擬空間所組構的所有建築物元組件之材料數量，包括個數、長度、面積、體積等，都能精準歸納與加總，並可匯出到 Excel 或資料庫平台，供進一步應用。

實 習

1-B-1 Excel 軟體沿革

Excel 軟體是 Microsoft 公司發行，在 Windows 作業環境下使用的電子試算表套裝軟體。當 80 年代，個人電腦誕生時，引起世界最大騷動的應用軟體，就是電子試算表軟體。在 Apple 電腦中赫赫有名的 visicalc 及 PC 電腦中持續多年應用軟體銷售冠軍的 Lotus 123，都曾是引領個人電腦快速成長的軟體之一。電子試算表軟體在計算與統計功能的優良傳統與特色，始終維持不變。而 Microsoft 公司更挾其 Windows 作業系統在全世界被廣泛使用的強勢條件下，其多效合一的套裝軟體 Office，包括 Word、Excel、PowerPoint、Access 等多項著名的軟體，都是應用軟體界的翹楚，只要有在使用電腦的人幾乎都會用到 Office。學校中電算機概論的課程也大多採用它爲實習的基礎軟體，而 VBA(Microsoft Visual Basic for Applications)的程式語言更讓 Office 軟體如虎添翼。

網際網路（Internet）大流行以後，Microsoft 的相關軟體都已跟網路功能密不可分，.NET 技術宣告了電腦與網路結合應用的新時代開始。XML 的基底資料格式將主導未來各類資訊的傳輸與交換。

本書採 Excel 軟體來改善工程估價自動化的作業，其主要的考慮因素如下：

1. 因工程估價工作需進行大量的計算，且其處理過程中，資料間有密切的連鎖關係，Excel 的計算特色正好符合該需求。而這些繁瑣的程序改用電腦代勞，其精確度、速度、輸出品質等皆有大幅提升。
2. Windows 作業系統與 Office 套裝軟體已成爲個人電腦普遍的作業平台標準，採用 Excel 電子試算表，許多基本操作技巧已是眾人所具備，活用起來駕輕就熟，且其各項功能支援亦較充足。
3. Excel 中的統計繪圖功能亦成業界標準，以 Excel 建置的估價資料可供進一步繪圖設計之應用，甚爲方便。

4. 許多工程上的相關軟體，例如 AutoCAD、Revit、Microstation、ArchiCAD 等 BIM 工具軟體，或公共工程委員會推行的 PCCES 等，皆可轉 Excel 格式檔案，故資料的共享性高。

5. Excel 試算表軟體已相當普及，故建構在此環境下的工程預算書，可攜性相對提高，資料交流較易。

電腦硬體的進步，始終仍應驗著摩爾定律，IC 技術開發使電腦容量每十八個月增加一倍，而速度每三年增加一倍，價錢卻差不多每三年降一倍。而廿年來，軟體搭配著硬體，互相追高，物件導向技術引入後，軟體工程蓬勃發展，帶動了系統軟體與應用軟體空前的進步，親和力高的人機介面與執行效率皆大幅提昇。微軟公司的 OFFICE 套裝軟體已經深植世界各角落，其中尤以 Microsoft Excel 更爲膾炙人口，而當前國際營建業界(尤其是美國)正紛紛導入 BIM 技術於工程不同階段中，從 3D 模型做爲工程圖文資訊的主要載體，再集中由此模型衍生所有必要的 2D 圖文紙本等資料以憑施作，資訊互相牽連性相對提高，減少許多無謂的人爲交換界面，也同樣降低失誤與遺漏的風險，工程數量相對客觀而清明，業界更能集中心思在工程的技術面與管理面，這對未來工程界的生態及文化的改變，不蒂是件正面的訊息。本文僅就需用到 Excel 一小部分加以解說，有關其進一步的功能，請讀者再參考專書。

1-B-2 Windows 使用介面

本書係以 Windows 爲操作環境，故本節之介紹皆以 Windows 爲準。雖說 Windows 與 Office 版本年年在翻新，但因本書學習重在工程估價的應用，其所引用功能之變異不大，讀者應可放心。

圖 1-B-1 Windows 作業系統桌面

Windows 的架構理念與操作模式可以說是以「桌面」(DESKTOP)為整個系統的操作平台，所有的操作元件(或稱角色)皆有條不紊地架構在上面，透過滑鼠或鍵盤的訊號輸入來操控所有元件，使個人電腦硬體與軟體相互搭配發揮的淋漓盡致。

Windows 在「桌面」上的主要元件，包括

一、滑鼠指標

滑鼠是視窗軟體主要的輸入設備，Windows 更充份應用到滑鼠的右鍵，在桌面上出現的指標型狀亦多樣而靈活，這當然都要仰賴硬體工作速度的大量改進。新版 Windows 及 Office 更支援有滾輪的滑鼠，使操作移動畫面的動作更簡單快速。不過，長時間使用滑鼠，手臂與肩膀會受傷害，讀者仍需小心為要。在「桌面」上常見的滑鼠指標型狀和代表的意義如下：

表 1-B-1

滑鼠指標型狀及意義	型態
標準狀態	
選擇說明	?
在背景作業	
忙傢中	
選擇精確度	
選擇文字	
手寫	
無法使用	
調整垂直大小	
調整水平大小	
對角線調整一	
對角線調整二	
移動	
其它選擇	

附註：新版視窗桌面若採用 ActiveX Desktop 系統，將多出網頁型態，亦即類似網際網路超連結符號（手指狀），有此符號只須輕按左鍵一下，即可執行。

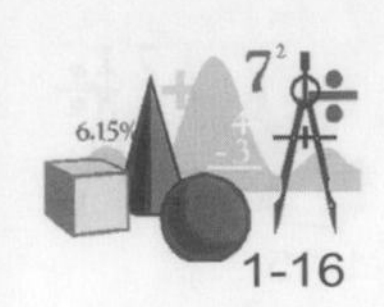

表 1-B-2 滑鼠的使用技巧

項 目	說 明
定位	於桌面移動滑鼠，在螢幕的滑鼠游標也會跟著移動。使用者可利用此定位技巧指出位置。
輕敲(按)一下 (Click)	輕按一下滑鼠的按鍵(一般設定以滑鼠左鍵為主)。此作用代表您要選定該項物件，例如：在功能欄(Menu bar)中，朝某項功能表標題輕敲一下，該功能表表單(Menu)便拉下展示出來。
輕敲(按)二下 (Double Click)	快速輕按滑鼠按鈕二下。在 Excel 的工作環境內許多處理需要用到該項技巧，例如：要關閉某一文件視窗時，可在該視窗的控制欄上輕按二下。
拖曳 (Drag)	按下滑鼠的左鍵不放，並移動滑鼠。舉例來說，想搬移某物件，利用『拖曳』按著滑鼠左鍵不放，移動滑鼠，將會發現該物件會隨之移動。
拖放 (Drag and Drop)	按下滑鼠的按鍵不放，並移動滑鼠，到目的地後再放開滑鼠。『拖放』的功能在 Windows 的許多應用上相當重要。如在中文 Excel 中，使用者可直接以滑鼠進行資料的編輯(搬移、複製)。

二、圖示(ICON)

圖 1-B-2 Windows 系統桌面圖示

上圖所示，是視窗軟體中，操作介面最代表性的特徵，利用圖示代替了傳統背記命令的操作介面是人類在電腦使用之演進史上輝煌的成就，在 Windows 中的圖示，大致可分爲下述幾類：

1. 桌面圖示

顧名思義，即排列在桌面上的圖示，桌面是一進入 Windows 系統，馬上映入眼簾的影像，依個人植入系統之應用軟體多寡，而有數量不等的圖示。其中尚可分成二類：

(1) 系統圖示

這是安裝 Windows 後，至少會產生之基本圖示，包括

① 我的電腦：內含該部個人電腦所銜接之各種週邊，例如硬碟、網路、光碟、印表機、控制台等。

② 網路上的芳鄰：若主機硬體已連上網路，雙按此圖示將自動掃瞄接上網路。

③ 資源回收筒：它暫存經刪除動作之檔案，以備反悔之需。但須記得定期清理，以節省硬碟空間。

④ 電子郵件信箱：將 FAX 與 E-mail 功能設定在 Microsoft Exchange 軟體圖示內。

⑤ 我的公事包：方便吾人機動地用不同的電腦操作相同的檔案，提供快速更新的功能。

(2) 捷徑圖示(在圖示左下角有一箭頭符號)

Windows 可以將每個檔案與資料夾設定爲捷徑圖示放置在桌面上，使執行更爲直接，吾人可將滑鼠指標指著桌面按右鍵的方式來設定。

2. 一般圖示

(1) 指令圖示

樹狀功能表中，有些指令功能，皆附有圖示。

(2) 資料夾圖示

資料夾類似目錄，故圖示不具變化。

(3) 檔案圖示

檔案圖示富變化，隨軟體而定。

以上之圖示除了部分系統圖示不能任意修改外，其餘皆可改變圖案，更改稱呼，甚至有些圖型檔尚可設定直接替代為圖示。

Windows 為了進一步強調物件導向之理念，它自動將不同格式之文件檔案賦予其對應執行程式關連的圖示，只要在該文件圖示雙安滑鼠左鍵即可載入執行程式並順便將該文件檔載入。

三、「開始」功能表

這是 Windows 新增之元件，以側向延展之功能表選擇，來操控軟體。

四、工作列

Windows 徹底發揮硬體多工處理的能力，它可同時執行數個軟體，當執行中軟體最小化後，將出現在螢幕下方，開始按鈕之右側，只要指標移至某待命中之應用程式按鈕，單按左鍵，即刻展開。

五、視窗

這應是 Windows 系統最主要的特徵了。視窗的使用，有效地在單一螢幕中同時管控多個軟體的需求，視窗可分為三種：

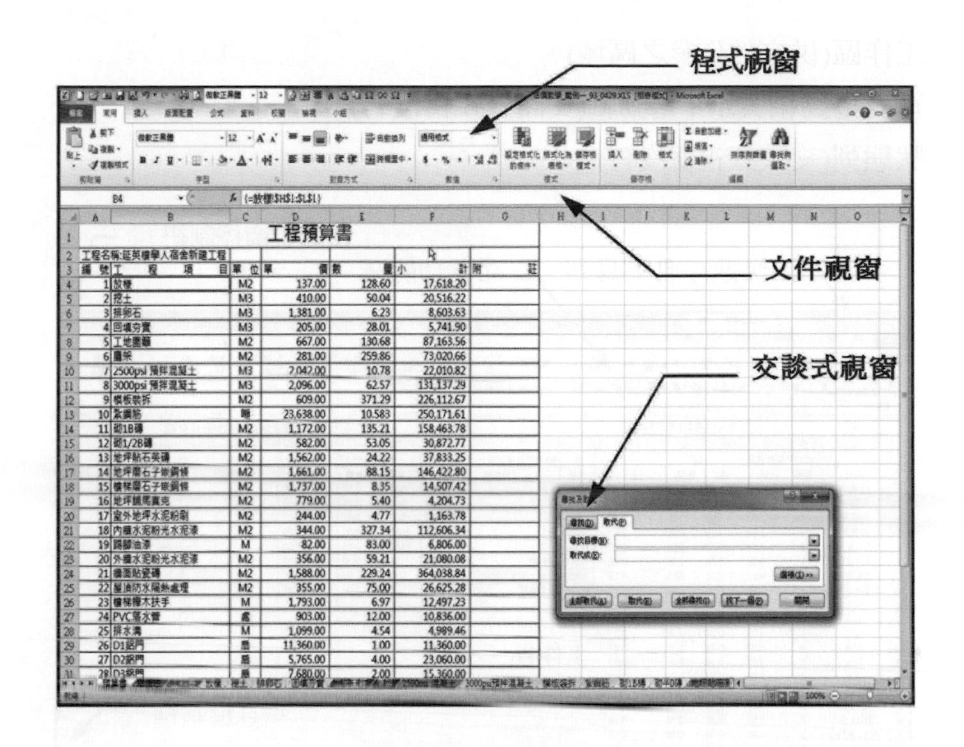

圖 1-B-3　視窗種類

1. 程式視窗

含有下拉式功能表，是唯一可單獨存在之視窗，它是一個可執行程式之工作區間，不同的應用軟體，其下拉式功能表內容皆有其自身之功能特色。

2. 文件視窗

附屬在應用程式視窗內之文件作業區間。

3. 交談式視窗

不能任意改變其大小範圍，提供必要之資料輸入與參數設定的視窗，常以標籤疊放存在以節省空間。

視窗有以下幾個基本特徵：

(1) 標題列與控制圖示

(2) 最小化鈕、最大化鈕、恢復鈕、結束執行鈕

(3) 下拉式功能表(只有程式視窗才有)

(4) 邊界(可供改變視窗大小)

(5) 工作區(供文件作業之區域)

(6) 垂直捲動軸與水平捲動軸(交談式視窗沒有)

(7) 狀態列(交談式視窗沒有)

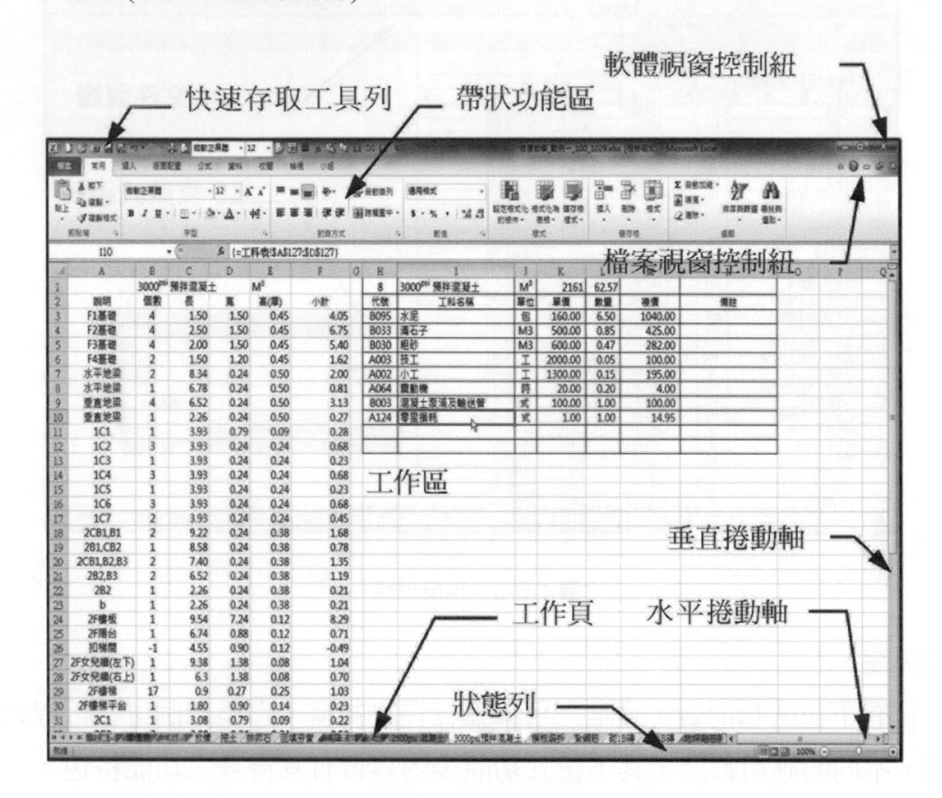

圖 1-B-4 視窗之特徵

1-B-3 中文版 Excel 之基本架構

MS Excel 是當今流傳最廣，最受人歡迎的試算表套裝軟體，正如前述，由於 Microsoft 公司有計劃的促銷，它變成 Office 辦公室自動化套裝軟體內的一個成員，它在數值計算、統計、繪圖表、決策分析方面的能力超強，其整個系統的架構可概分如下：

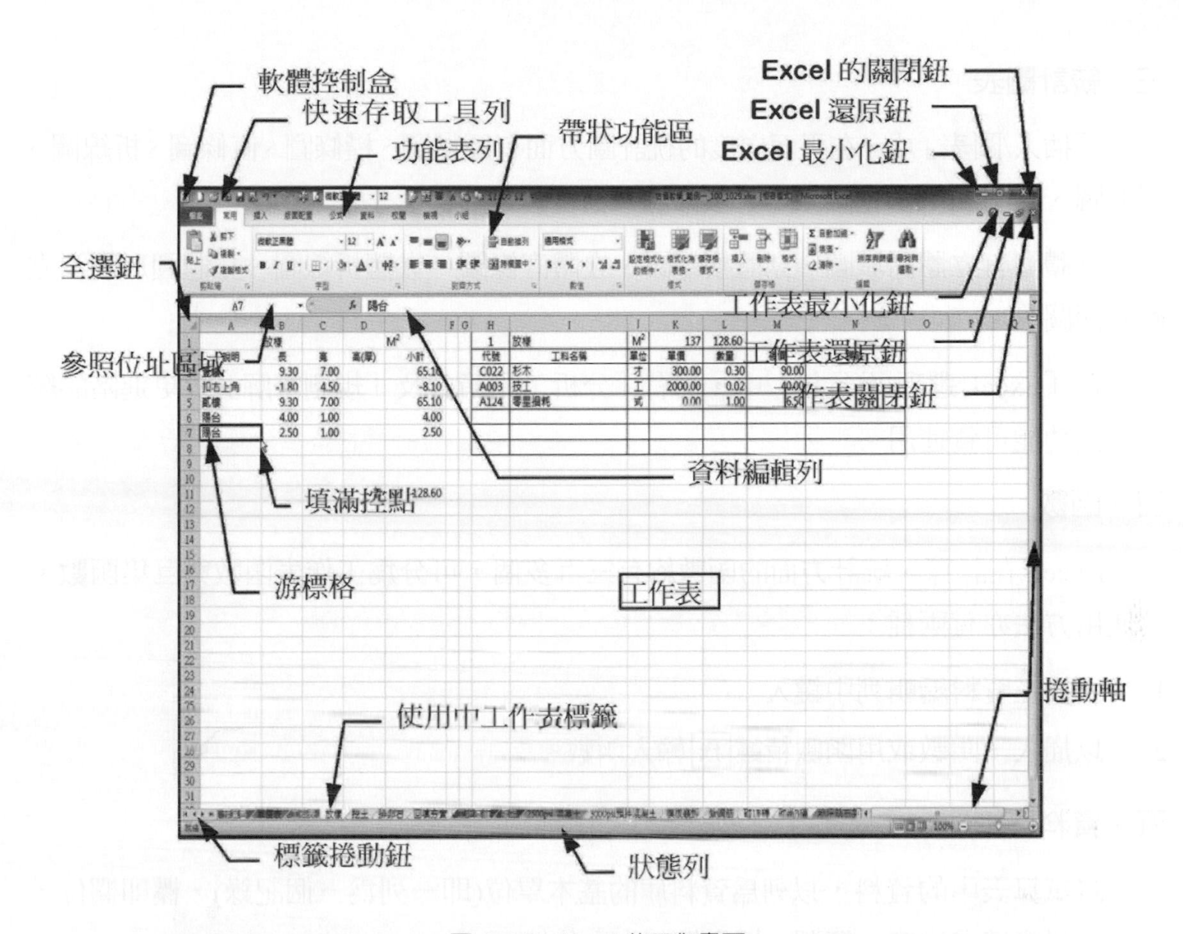

圖 1-B-5 Excel 的工作畫面

一、工作表

Excel 每張工作表(Sheet)由 256 欄(從 A 到 IV)及 65536 列縱橫交織的儲存格所組成，每個儲存格最長可存 512 個字，一個檔案最多可以有 255 個工作表，整個檔案亦可稱爲活頁簿(Workbook)。

二、帶狀功能區

自 Office 2007 版開始改用帶狀功能區後，Excel 之主要指令群皆涵蓋在帶狀功能區中，包括檔案、常用、插入、版面配置、公式、資料、校閱、檢視、小組等。在 Windows 系統的操作大環境中，帶狀功能區縱使內函不甚相同，但操作模式皆同，故初學者容易入門，且因中文化及功能操作之開放性，初學者常可在自我摸索中學習。

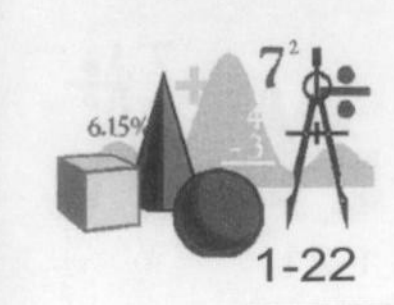

三、統計圖表

「插入/圖表」中，在平面向度的統計圖方面有區域圖、橫條圖、直條圖、折線圖、圓形圖、環圈圖、雷達圖、X-Y 散佈圖、組合圖等。

立體圖有立體區域圖、立體橫條圖、立體直條圖、立體折線圖、立體圓形圖及立體曲面圖等。

在「Excel 選項/增益集」中，尙有「分析工具箱」及「規劃求解」等更進階的統計圖表功能可資運用。

四、函數

Excel 在計算、統計方面的函數約有三百多個，可分為工作表函數與巨集函數。其使用方法亦有兩種：

1. 直接在資料編輯列中鍵入
2. 以插入、函數或用函數精靈 fx 輸入函數。

五、資料庫管理

將試算表中的資料，以列為資料庫的基本單位(即一列為一個記錄)，欄即欄位，做為資料庫搜尋排序、篩選、擷取等工作之依據。

六、樞紐分析表

在「插入/表格」中，這是商業最常用之趨勢分析表，Excel 有專為商業應用設計的功能與精靈，此功能係資料庫管理的延伸。Excel 尙有分析藍本管理員等更高級之分析工具。

七、巨集

Excel 計算速度超強，常用於大量的計算工作，但往往應用處理的工作，除了數據的更新外，其他的程序重複性很高，且易錯易忘，此時最好就是將重複性的工作寫成巨集程式。Microsoft 公司鑑於 Office 其他與軟體皆有設立巨集指令的必要，而推出以 Visual Basic for Application(VBA)作為共同的巨集語言。且設計有自動錄製操作程序的巨集程式產生器，此功能在「檢視/巨集」中。

1-B-4 中文版 Excel 之基本操作

MS Office 緊隨 Windows 版本，年年升級，尤其是 Web 與 XML 技術的導入，使 Office 的應用領域更為寬廣，而其原有穩固的既有功能基礎並沒有太多影響性的變革，尤其是基本操作部分，仍維持一貫的傳統。

一、螢幕說明

1. 標題欄——含有軟體控制圖示及軟體名稱，當文件視窗最大化時，文件檔名亦會出現在此欄，當活頁簿檔案未取名前，則會出現 Book1，Book2，.....之機定文件名稱。
2. 工作窗格——這是新版 Office 軟體皆有之專案管理試窗，提供檔案間存取作業更便捷的介面，包括網路位置的操控。
3. 最小化鈕、最大化鈕、恢復鈕、結束軟體鈕
4. 文件控制圖式 提供控制文件開關，改變顯示大小之圖示。
5. 帶狀功能區——包含 Excel 所有指令功能。
6. 工具列———提供常用指令更便捷之功能按鈕，且所有工具按鈕皆有中文名稱，自動顯示功能。
7. 參照位址區—說明指標所在之位址或範圍名稱。
8. 資料編輯列—提供輸入資料或編修資料的位置。
9. 工作表———所有 Excel 操作之資料，圖表、巨集程式工作的區域。其中之組件包括：
   (1) 全選鈕—位在工作表文件左上角，在該鈕按一下滑鼠左鍵，即標記全工作表。
   (2) 游標格— 儲存格指標，表示目前游標所在之儲存格。
   (3) 填滿控點—這是 Excel 軟體相當討好的功能，在游標格之右下角，提供快速拷貝與產生連續資料之功能。
   (4) 標籤區——包括標籤捲動鈕，標籤名稱，標籤分割軸等，Excel 利用標籤切換在不同工作表間。

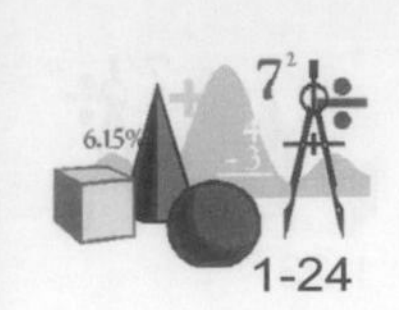

(5) 捲動軸——有垂直與水平捲動軸。

10. 狀態列——顯示目前的系統狀況及屬性，或提示操作方法與說明。

二、資料輸入

Excel 將資料分爲數值、字串、公式、函數、巨集等。

1. 數值資料：

一般數值資料包括 0～9 阿拉伯數字及正負號 1、‧、E、e、%、＄等，正號可省略，但儲存格皆會保留其空位，當數值位數超過欄位寬度時，Excel 自動將其轉爲科學表示法(即指數型態)顯示，如果儲存格內有設定顯示格式，則輸入值位數超過時，將出現'＃'號填滿整格。系統原設定數值在儲存格中自動靠右，但亦可將其調整置中或靠左。當吾人輸入資料之第一按鍵爲 0～9、＋、－、(、＄等符號，Excel 會認定在輸入數值資料。若第一按鍵爲'＝'號，則 Excel 會認爲在輸入公式或函數。（以上所述功能皆可在「工具」/「選項」中，設定其自動與否）

2. 字串資料：

除了上述所規定之數值資料或'＝'（等號）開頭以外，其餘的符號都會被 Excel 認爲在輸入字串。當輸入字串長度超過欄寬時會自動顯示到鄰格（亦可經由「格式」/「儲存格」/「對齊方式」設定自動換列），但若鄰格有資料，則會在顯示時自動截除(只是不顯示，原儲存格內實際資料不變)。Excel 會自動將輸入字串置於左邊。但吾人可調整其置中或靠右。若要將數字以字串的型態輸入例如 123，可以鍵入＝"123"

在鍵入文字標記時，Excel 會自動偵測輸入的字，例如，在 A1 內輸入「結構學」，當 A2 一開始鍵入「結」，則儲存格馬上會出現「結構學」，此功能對連續輸入字串皆有效，例如

結構學

鋼筋混凝土

土壤力學

亦可應用滑鼠右鍵，「從清單挑選」功能來複製。

3. 日期與時間：

Excel 內部係以數字來看待日期，只要輸入之格式合乎設定規則，其顯示才以日期格式展現，Excel 若將日期轉成數字，係以 1900 年 1 月 1 日起算，例如 1997 年 6 月 6 日爲 35587，而時間則以日期天數後的小數來代表，一天 24 小時，早上 5 時爲 5/24，即 0.20833。它可以與日期合併表示，例如 1997 年 6 月 6 日下午 3 時，即爲 35587.625。鍵入的日期年數若只用兩位，且在月份與日期前面，則代表西元年數（可預設儲存格顯示格式爲民國年），例如 85/6/20，指民國 74 年 6 月 20 日，輸入年月日之分隔符號可用/、—或空格。目前新版的西元年份，輸入 0～29，Excel 會認爲是 2000～2029，而 30～99，Excel 會認爲是 1930～1999。下列爲 Excel 可接受之日期與時間之格式：

表 1-B-3

日期	時間
6/20/85	2：49 PM
1986/11/19	2：49：00 AM
12-Jun-97	16：50
16-Jun	16：50：00
Jun-97	16 時 50 分
1997/6/16	16 時 50 分 30 秒
6/19	上午 5 時 12 分
1997/6/20	5：12

4. 公式：

輸入公式，不可忘記首先鍵入「＝」等號作開端。輸入公式可採直接輸入與指標方式輸入。公式在儲存格時，將會出現其運算結果，而資料編輯列仍會顯示其完整的公式。用功能表操作

工具 → 選項 → 檢視 → 公式 → 確定

可讓儲存格顯示完整的公式。公式內的運算符號如下：

表 1-B-4

運算	運算符號
算術	＋、－、*、/、∧、%
文字	&
關係	－、＜、＞、＜＝、＞＝、＜＞
參照	：、逗點(，)、()

運算符號之優先順序如下：

表 1-B-5

運算符號	意義
：	範圍
空格	交集
，	聯集
－	負號
%	百分比
∧	指數
*、/	乘、除
＋、－	加、減
&	文字連接
＝、＜、＞	關係運算

5. 函數：

Excel 的函數，包括數學、統計、字串、財務、日期和時間、資料庫、邏輯和其他函數。輸入函數以函數精靈較方便，函數的語法為「＝」開頭，加上函數名稱，再用括號將必要之引數填上。在函數精靈內，不同的函數，其出現可填寫之引數不同，最多 30 個，而引數可再呼叫函數精靈，如此函數中包含另一函數可連續 7 層。

資料輸入是 Excel 操作中最基礎的工作，Excel 提供了許多方便的功能，增進操作之效率。例如：

1. 編修功能

(1) 資料編輯列：游標移至要編修之儲存格，按 F2 插入點即出現在資料編輯列，進行編修。

(2) 儲存格直接編修：游標移至要編修之儲存格，雙按左鍵即可直接在儲存格內進行編修。

2. V X fx

只要一開始輸入資料或開始編修某一儲存格的資料，在資料編輯列之左端馬上會出現 V X fx 三個按鈕，其中：

V ：表示確認

X ：表示取消

fx ：表示啓動函數精靈。

3. 快顯功能表

Excel 在資料輸入與編修過程當中，按右鍵一次，即刻會出現快顯功能表，提供常用之編輯指令。

4. CTRL ENTER

要同時在一個範圍內產生相同的資料，除了拷貝外，在未輸入左上角第一格內的資料之前先行標記範圍，然後輸入第一格資料，用 CTRL ENTER 結束，即會填滿整個範圍。

5. 範圍清除

首先標記要清除的範圍，將滑鼠指標瞄準填滿控點，向反標記全範圍，再放掉左鍵，即可將全範圍資料清除。

三、進階應用

1. 資料格式化

(1) 原訂格式：

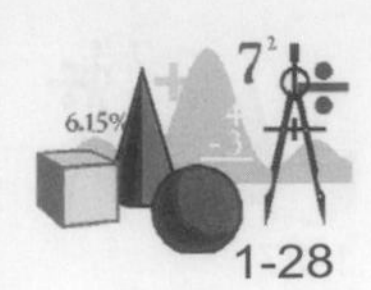

Excel 針對數字、日期、時間等提供多種現成之格式設定功能，如前節所示。其中較常用者亦有工具按鈕可用。功能表在[格式]→[儲存格]中有數字、對齊、字型、外框、圖樣、保護六種格式化設定。

(2) 自訂格式：

自訂格式的步驟

① 游標移至要格式化之儲存格或範圍。

② 選[格式]→[儲存格]→[數字]→[類別](自訂)

③ 選用一種較接近自己要自訂的格式(亦可省略)

④ 在[類型]格子內編修→[確定]

2. 框線及上色

框線—在[格式]→[儲存格]中有[外框]的設定，工具列中亦有。其中亦含框線之顏色及線條樣式之設定。

色彩—Excel 提供二個工具按鈕處理儲存格的塗色及儲存格內資料的塗色。

3. VBA 程式與巨集

早期電子試算表軟體是靠巨集使操作更自動化，減少重複，自從「活頁簿」與「工作表」的功能有了長足的增進後，電子試算表的使用性已更為複雜而寬廣，昔日的巨集已難以應付日益複雜的需求，因此，VBA 因應而生，VBA(Visual Basic for Applications)除了繼承 VB 大部分的指令功能外，最主要的是它擁有 Excel 本身功能元件，甚至其他 Office 或有註冊登記的軟體元件。這使得 Excel 的應用層面如虎添翼。

作 業

A01. 工程估價在工程規劃階段、設計階段、施工階段、維護階段，所擔任角色爲何？

A02. 何謂 BIM 技術？BIM 技術導入營建產業後的工程估價可能如何改變？

A03. 何謂工程概算，工程預算，工程總價？

A04. 試述影響工程估價的因素？

A05. 試述工程估價之一般步驟？

A06. 估價作業應注意哪些事項？

A07. 試述目前 Excel 軟體在工程估價上之應用理念？

B01. Windows 之機定圖示有哪些？

B02. 試以圖解說明 Excel 之基本架構。

B03. 自行練習 Excel 之基本操作，並輸入數值，字串，格式設定。

B04. 試舉「填滿控點」的操作功能有哪些？

B05. 試操作工作表的儲存格，使其每格大小剛好一公分平方。

B06. 試設定儲存格顯示格式，使自動判斷低於 60 的數字會變紅色，且該數字的小數位數爲兩位。

B07. 試任舉一例，應用到「絕對儲存格」、「相對儲存格」、「混合儲存格」(即『$』號)的複製，以展現其優點。

2

工程圖說識圖原理

學習目標

1. 如何看懂工程圖說。
2. 施工圖常用之符號、線條、比例的瞭解。
3. 施工圖之組成種類及內涵的瞭解。
4. 工程預算書之格式設定工作。

摘 要

工科學生往往在學期間，修過許多與施工相關的課程，到頭來，還是看不懂施工圖。究其原因，不花心思的學生有之，但施教不當亦是原因之一，許多教師其實已經非常詳實的介紹了施工圖的所有知識。但是，缺少了現場的印證與施工過程的參予(很不容易做到)，學生仍然有紙上談兵的感覺。所以，常有一句諷刺的論調說，『眞正的工程實務課程是畢業以後到工地才開始的』。

本文雖然儘力將識圖的應備知識，一五一十的詳述出來。但誠如前言，投影視圖和空間實體之間，需用許多的想像力來橋接，若無師生大量進行現場實務印證，恐亦難竟全功。

EXCEL 的一個檔案，就是一本活頁簿；一件工程專案的估價作業可以全部建在其中，而且許多資料尚可重複複製應用在其他工程。本章主要在介紹整個應用的前置規劃作業，包括格式設定，及工程單項的建立等工作。

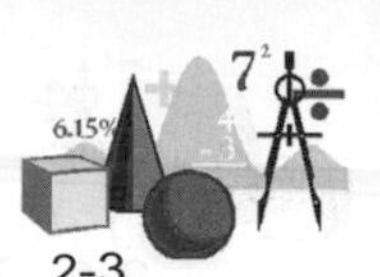

本 文

2-A-1 概說

作者在二十多年之「工程估價」教學經驗中，發現學生在學習這門課程時有兩個最大的困難點須先突破，那就是：

1. 施工圖看不懂。
2. 缺少現場實務之印證。

也就是說，工程估價本身與施工圖之圖說原理以及現場施工作業程序是環環相扣、密切關連的，筆者個人近卅年的工程經驗，亦是從白天現場監工，晚上辦公室繪圖、估價，從學校所學加上自修、請教前輩、修正錯誤中逐漸建立起完整的觀念。因此，學習工程估價，除了估價原理及電腦工具要努力熟習外，不斷參觀工地，瞭解施工程序，對施工圖之圖說原理的徹底領悟，這些都是不可或缺的。要對施工圖說具有正確辨識能力，除了最好就是自己有經常繪製的體驗，將自己思維置身其中，與原設計者充份溝通以外，看著圖能連想施作的程序，再到工地現場踏勘，在心中模擬整個工程施工的可能情況，如此才可能避免漏失或誤判。尤其新的施工方法、施工機具、材料，以及新的工程管理方法等等都不斷地在進步，一位勝任的工程人員，必須不停地吸收新知，掌握最新工程知識，才不致產生嚴重錯誤。

從廣義的角度來看，工程圖說應至少包括工程配置圖、工程圖樣、施工說明及契約文件的。但從「工程估價」作業角度來看，工程圖說主要還是聚焦在工程圖樣及施工說明等。各個工程單項施工的標準、用料，常因時因地而異，甚至因設計者特殊要求而異；故工程在承包時，施工說明書是極重要參考文件。近年來，在政府極力推行工程品管制度下，承造單位的「施工計畫書」、「品質計畫書」，以及監造單位的「監造計畫書」都是施工期間非常重要的遵循文件。本書將在各章闡述工程單項估價要領時，順便介紹其施工方面應注意要項，使估價時，瞭解單價調整之原由。至於工程圖樣，則在本章詳加說明。

整套的施工圖樣包括有配置圖、立面圖、平面圖、剖面圖、部分元件大樣圖、結構平面圖、配筋圖、水電圖、消防圖等。施工圖是施工的主要依據，它是將設計者的理念，配合業主的需求，考慮到現實的可行性，繪製出來的工程圖樣，其中除了各種不同涵意之線條外，尚有尺寸、比例、文字說明等，工程人員應有高度融入其中的空間想像力，加上對視圖原理的知識與施工方面的經驗，方得順利辨識。

2-A-2 圖說符號

一、尺寸與比例

1. 尺寸單位

   (1) 圖樣尺寸單位，以公制為準。

   尺寸單位原則上以公分表示，不另記單位符號，若用其他尺寸單位時應另行註明其單位符號。

   例：

   95　　728　　1200

   1m　　98.5m　　12m

   1250mm　　7280mm　　12000mm

2. 比例尺

   (1) 建築製圖應標示比例尺。

   (2) 比例尺原則上有下列 18 種：

   1/1，1/2，1/5，1/10，1/20，1/30，1/50

   1/100，1/200，1/300，1/500，1/600，1/1000，1/1200

   1/2000，1/3000，1/6000，1/10000

   (3) 比例尺之表示法，依下列之方式為準：

   S：1/200

   (4) 建築圖說常用之比例尺，原則上如表所示：

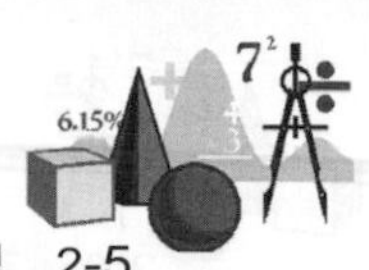

表 2-A-1 建築圖說常用比例尺

項目	圖名	比例尺
1	位置	1/3000,1/6000,1/10000
2	現況圖、配置圖	1/100,1/200,1/300,1/500,1/600
		1/1000,1/1200
3	日照圖	1/200,1/300,1/500,1/600
4	平面圖	1/50,1/100,1/200
5	立面圖	1/50,1/100,1/200
6	剖面圖	1/50.1/100,1/200
7	平面詳圖	1/5,1/10,1/20,1/30,1/50
8	立面詳圖	1/5,1/10,1/20,1/30,1/50
9	剖面詳圖	1/5,1/10,1/20,1/30,1/50
10	樓梯昇降梯詳圖	1/5,1/10,1/20,1/30,1/50
11	門窗圖	1/5,1/10,1/20,1/30,1/50,1/100
12	結構平面圖	1/50,1/100,1/200
13	結構詳圖	1/20,1/30,1/50
14	設備圖	1/20,1/30,1/50,1/100,1/200
15	其他特殊詳圖	1/1,1/2,1/5,1/10,1/20,1/30,1/50

二、線條之種類、用途

線條之種類原則上分爲下列五種：

(1) 實線 ————————

(2) 虛線 ················

(3) 點線 - - - - - - - - - -

(4) 單點線 -·-·-·-·-·-·-·-

(5) 雙點線 -··-··-··-··-··-

線條之粗細原則上分爲粗、中、細三級：

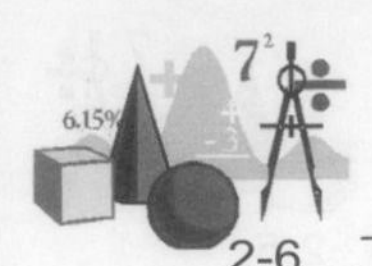

表 2-A-2 建築圖說線條之粗細原則

粗細	形狀	手繪	電腦繪製
粗	———	0.5~2.5mm	pen 5,7(0.5mm,0.7mm)
中	———	0.3~0.5mm	pen 3,4(0.35mm)
細	———	0.2~0.3mm	pen 1,2(0.18 mm,0.25 mm)

線條之用途如下表：

表 2-A-3 建築圖說線條用途

種類	形狀	組細	用途
實線	———	粗	輪廓線、剖面線、粉刷線、圖框線
	———	中	一般外形線、截斷線
	———	細	基準線、尺度線、尺度延伸線、投影線、軌跡線、指標線
虛線	------------------------	中、細	隱蔽線、投影線、假設線
點線	....	中、細	格子、或其他符號
單點線	-.-.-.-.-.-.-.-.-.-.-.-.-.-.-.-.-	細	建築線
雙點線	-..-..-..-..-..-..-..-..-..-..-..-		地界線

以上線條之粗細爲原則性，實際粗細係配合圖樣大小而異。由於現代的工程圖說皆已改電腦繪製，其輸出品質已非昔日能比，線條也清晰鮮明，故在圖說用紙上已有漸漸變小的趨勢，圖形比例亦隨輸出品質改善而變小。

三、施工圖分類代號

表 2-A-4 建築圖說代號

A(建築)	F(消防)	E(電氣)	P(給排水)
S(結構)	M(空調)	D(裝修)	L(庭園)

2-A-3 各項圖說內容

一、位置圖：

1. 位置圖：
   (1) 方向(指北)、比例、都市計劃土地使用分區，或區域計劃非都市土地使用編定情形。
   (2) 圖示申請基地位置，須標示主要道路名稱或重要路標。
2. 地籍套繪圖：
   (1) 方向(指北)、比例。
   (2) 以向地政事務所申請之地籍圖描繪之。
3. 現況圖：
   (1) 方向(指北)、比例。
   (2) 基地內及四周現有巷弄、道路、防火間隔、房屋層數、構造及排水方向。
   (3) 山坡地須加附地形測量圖。
4. 配置圖：
   (1) 方向(指北)、比例。
   (2) 都市計劃地籍套繪圖(含四周鄰地地號、界線、計劃道路、公共排水溝等)。
   (3) 建築物位置、大小、騎樓、防火巷、空地等。
   (4) 著色。
5. 圖例：標示圖面著色、符號所表示之意義。
6. 日照圖：
   (1) 冬至日照分析表(含太陽方位角、太陽高度角)。
   (2) 日照平面圖(日照不足一小時範圍內著色)。
   (3) 陰影檢討圖。
7. 面積計算表：
   (1) 基地、各筆地號、面積、全部基地實測面積。

(2) 建築面積及各層樓地板面積(含屋突物面積)。

(3) 總樓地板面積及工程造價。

(4) 容許建築面積或法定容積率。

(5) 建蔽率、容積率。

(6) 停車輛數計算。

(7) 法定空地。

(8) 若為開放空間鼓勵之案件，則需基準樓地板面積，開放空間優待面積。

(9) 其他。

8. 剖面索引圖：可標示於平面圖上或另繪索引圖以標明剖面位置。

9. 粉刷表：

(1) 應包括地坪、墻面、天花、踢腳、台度之粉飾裝修材料。

(2) 房間名稱、編號。

10. 平面圖：

(1) 各層平面以結構系統為主要柱牆座標，註明各部尺寸、建築、境界線與外牆之相關尺寸。

(2) 中心之距離，現場可依據施工所需之尺寸，及與面積計算有關尺寸均需註明。

(3) 污、雨水排水系統(含屋頂排水系統)。

(4) 室內、外隔間種類、厚度。

(5) 門窗位置、符號編號及開啓方向，防火門窗及自動防火鐵捲門需加註於門窗編號旁。

(6) 樓梯位置、寬度、級深、級高、上下階數及方向。

(7) 各部份用途、名稱、房間編號。

(8) 各部份高低差之標高及與週邊環境相對高程。

(9) 其他必須檢討之有關數據及特別標註之說明。

(10) 天花板圖。

11. 平面詳圖：

(1) 就原平面圖加繪因施工需要而必須更精細表示之部份。

(2) 必須放大表示詳細尺寸部份。

(3) 地坪面材範圍標示(粉刷無法明確表示範圍時)

12. 立面圖：

(1) 各向立面圖及一般說明。

(2) 自基地地面至建築物各部高度，樓層高度，建築物總高，屋頂突出物高度，樓層標高(相對高程)。

(3) 建築線、地界線及各項高度限制線。

(4) 墻面材料標示。

(5) 相關地形斷面圖。

(6) 門窗開口位置、形式標示。

(7) 避雷針標示。

13. 剖面圖：

(1) 各向剖面圖，需標示整體結構與構造斷面高程或長寬。

(2) 樓層標高，總高及各部份之高度。

(3) 天花板高度線。

(4) 剖面索引圖(設於右上角)。

(5) 相關地形斷面圖。

(6) 各部份放大索引。

(7) 外牆剖面圖，標示各部位尺寸，材料及裝修範圍等。

(8) 室內裝修，不同材料施工範圍界線。

(9) 牆剖面局部放大詳圖。

14. 樓梯、電梯、昇降道詳圖：

(1) 各樓梯、電梯、昇降道放大平面圖，詳註各部尺寸(含淨寬)。

(2) 各樓梯、電梯、昇降道放大剖面圖。

(3) 標示各部份材料及裝修範圍等。

15. 門窗立面、大樣及五金表：

(1) 門窗尺寸、編號、材質、立面簡圖及一般說明。

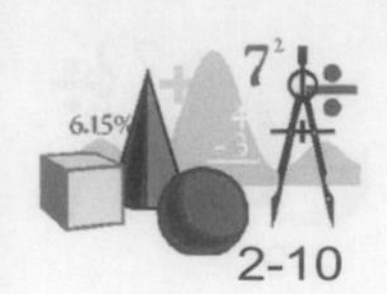

(2) 五金表及規格。

(3) 門窗剖面圖索引。

(4) 門窗剖面詳圖細剖大樣。

16. 其他特殊大樣詳圖：

(1) 裝修材料之標準大樣圖。

(2) 各剖面大樣詳圖，需標示材料及詳註各部尺寸。

2-A-4 工程圖樣之識圖要領

工程估價要勝任愉快，估算結果要正確，首重工程圖說的閱讀能力。今日的施工藍圖繪製大都採用電腦繪製，線條清晰、符號亦日趨統一。整套施工圖包括配置圖、立面圖、平面圖、剖面圖、部份元件大樣圖、結構平面圖、配筋圖、水電圖、消防圖等。

一、立面圖之讀圖要領：

立面圖是以正投影表現結構物一側的樹立外觀，包括正面圖、側面圖、背面圖等。

一般都以 1/50~1/200 的比例繪製，通常除了結構物的輪廓線外，常用不同之符號表現不同之用材，以減少文字之說明，甚或加上陰影表現法，使圖說更為生動美觀。立面圖上常見之符號如圖 2-A-1。

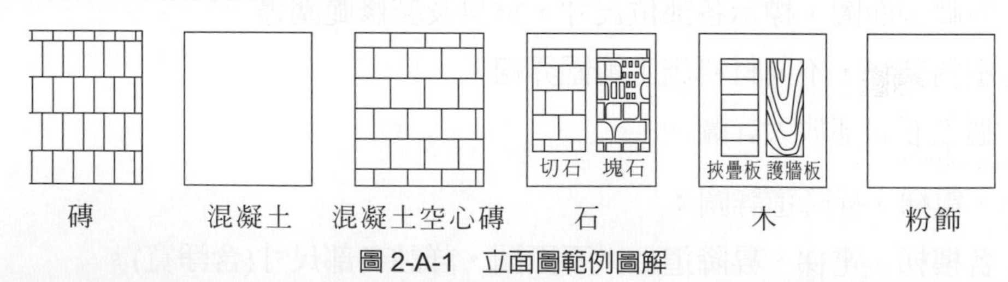

圖 2-A-1 立面圖範例圖解

※ 通常圖中若有標示尺寸，則優先以標示尺寸為準；若無，方以比例尺量得為準，但仍應考慮其合理性。

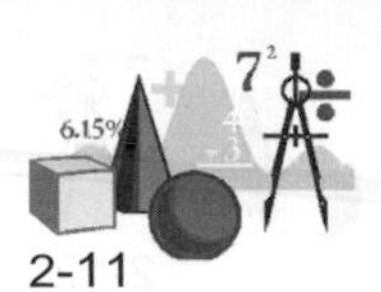

二、平面圖之讀圖要領：

平面圖是所有施工圖中最重要的部份。一個有經驗的估價者，只要花少數時間就可從平面圖中，獲得該工程大部份的訊息。學習閱讀平面圖，需要若干想像力；吾人應想像自己進了房屋前門，可看到哪些東西或樓梯、內隔間、窗戶、擺設，循著動線，由一房間移動至另一房間，許多空間擺設之變化。閱圖時須注意下列幾點：

1. 平面圖是從離地板約 1.5m 高處，以水平無限延伸的平面切開結構體再往下看的。通常牆面會切在較具水平變化處。
2. 平面圖是依正確的比例繪成，圖上之房間、門廳、櫥櫃、樓梯、牆柱皆表示彼此間正確關係。
3. 平面圖與立面圖應有相同之比例，兩相對照可得正確的位置與形狀。
4. 平面圖常用之記號與符號如圖 2-A-2。

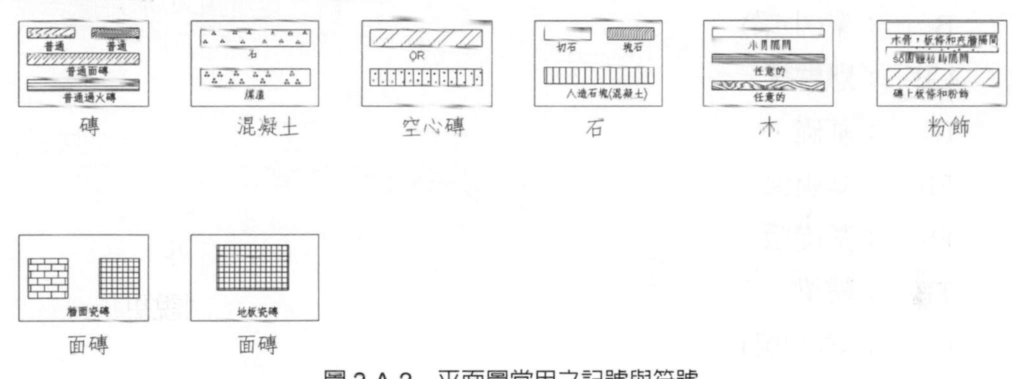

圖 2-A-2 平面圖常用之記號與符號

三、剖面圖之讀圖要領：

一棟結構物，因平面圖與立面圖之比例與取景，不足以表達尺寸之詳實及材料之清楚說明，故須再輔以較大比例之剖面大樣圖。剖面圖之比例通常皆在 1/30~1/10 之間，甚或有 1/1 之實體尺寸者。其種類有縱向剖面與橫向剖面。

1. 縱剖面圖(立面詳圖)：

   包括結構之基礎、梁、版、牆及隔間、門窗之縱向尺寸、樓梯、浴廁之尺寸關係。

2. 橫剖面圖(平面詳圖)：

　　如平面圖之局部放大，將變化較複雜之部位標示較清楚之相互關係與尺寸。

3. 縱向或橫向之表面大樣圖：

　　許多正面或天花板、地板之裝修圖案特別放大表示，加註說明。

　　剖面圖內所用符號與平面圖、立面圖有許多相同處，唯結構體或許多材料剖開後之符號表示較為特殊；常見者如圖 2-A-3 所示。

四、結構圖之讀圖要領：

　　以鋼筋混凝土結構為例，一般皆為梁柱結構。其施工圖包括結構平面圖、基礎、梁、柱、版、牆、樓梯與其它 RC 構造之配筋詳圖，及鋼筋施工標準圖等。通常在圖中常見之各元件之簡稱，說明如下：

C　：柱
B　：梁(小梁)
CB　：懸臂梁
F　：基礎
FB　：基礎梁
FS　：基礎版
TB　：繫梁
G　：梁(大梁)
S　：版
CS　：懸臂版
HOOP　：柱之肋筋
Stirrups：梁之箍筋
#3@15　：3 號鋼筋每 15 公分一根。

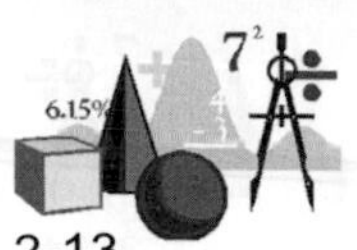

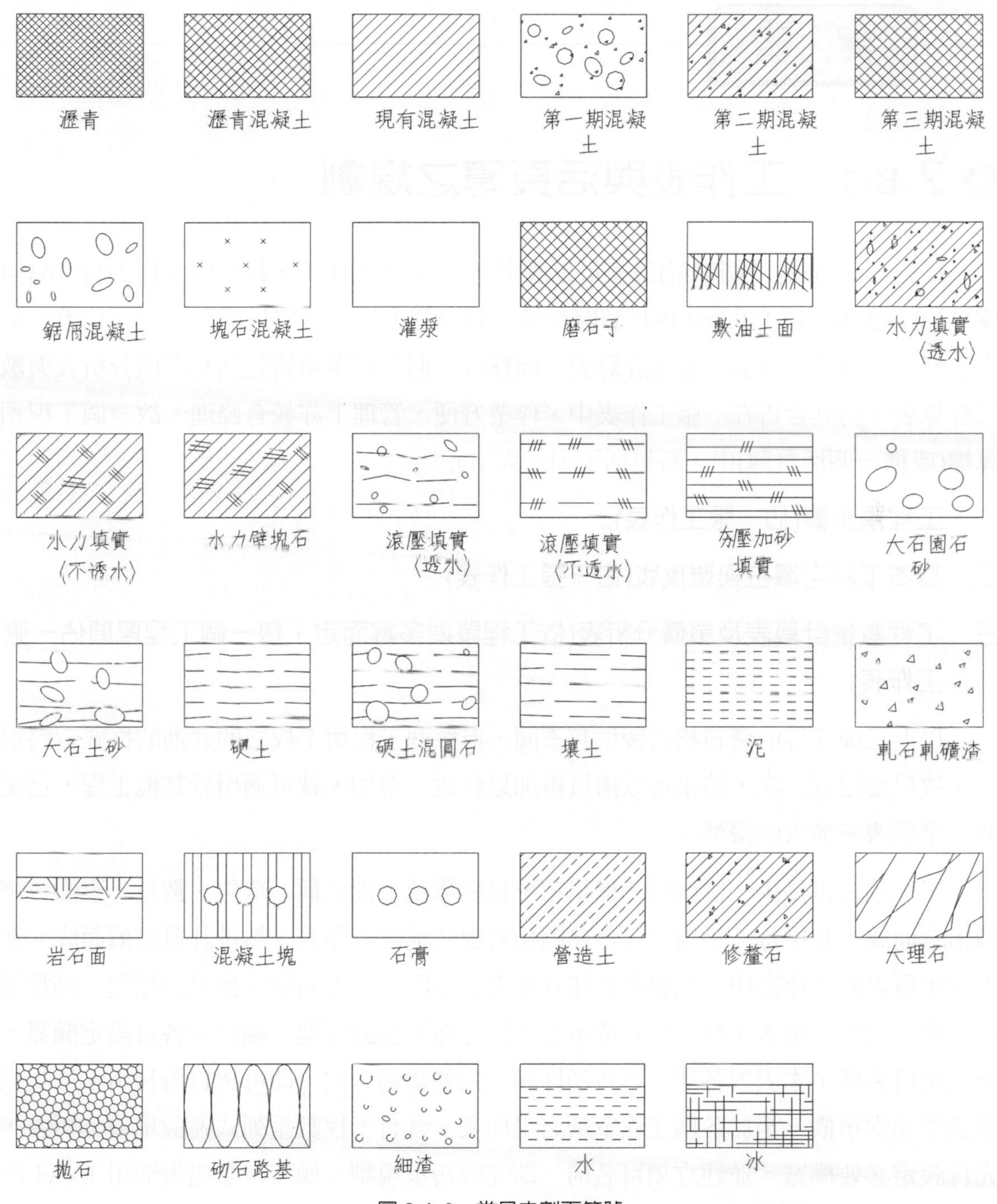

圖 2-A-3　常見之剖面符號

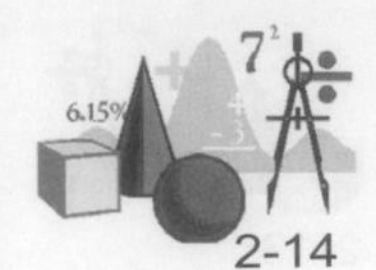

實 習

2-B-1 工作表與活頁簿之規劃

每一本活頁簿(一個檔案)最多可以設定到 255 個工作表，每一張工作表有 16384 欄×1,048,576＝17,179,869,184 個儲存格。而一個工程預算檔包括有工程預算書、基本工料表、單價分析表、數量計算表。因爲每一個工程單項皆包括有單價分析表與數量計算表，將其合併在一張工作表中，作業方便，管理上亦較有條理。故一個工程預算檔(或稱一個活頁簿)中，將包括下列三大項元件：

一、工程預算書(佔一張工作表)

二、基本工料之單位與單價表(佔一張工作表)

三、工程數量計算表及單價分析表(依工程單項多寡而定，每一個工程單項佔一張工作表)

以上三種元件的資料格式皆稍有不同，但每個工程與工程之間共通的格式資料很多，故只要建立一次，將來可以拷貝再加以修改、增加，就可適用於其他工程，這是個人電腦帶來最大的優勢。

工程預算書是由一個個的工程單項，包括單項工程名稱、單位、數量、單價、總價組合而成，其中每一項皆來自各參照相對應名稱之工作表，然後計算總價而成。在工程預算書的工作表中，只要預先建立此表之標題、工程名稱、預算書標題、調整適當之欄位寬度，基本工料檔則將眾多之工料分類，便於管理、編修。各自設定欄寬，鍵入項目名稱，本表對各個工程共通性高，只要建過一次，即可拷貝再利用，每次只要調整適當單價。至於各個工程單項之工作表，含有工程數量列式區與單價分析區，先行設定必要欄寬，並建立項目名稱，即完成初步規劃，操作時應儘量活用 Excel 所提供之功能(尤其拷貝)，使提高作業效率。

操作步驟如下：

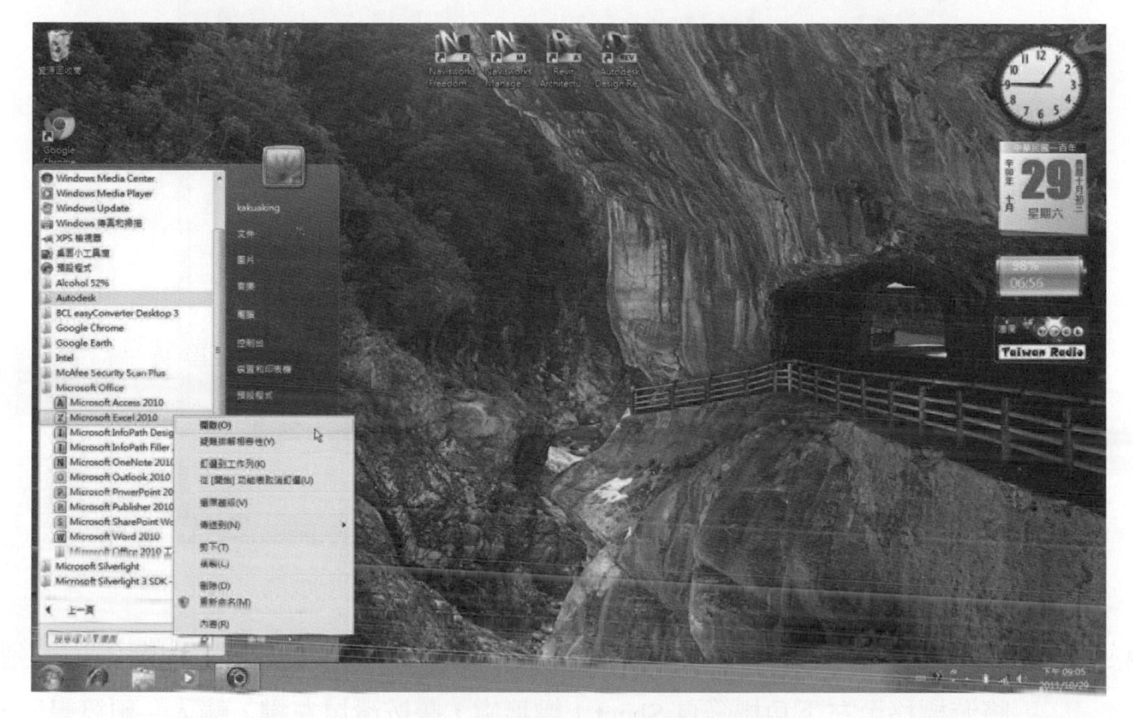

圖 2-B-1　選擇 Microsoft Excel

1. 開始

　　啓動 WINDOWS 系統，選擇 Microsoft Excel，如圖 2-B-1 所示：

2. 取檔名

　　點選 Office 按鈕→另存新檔→Excel 活頁簿→儲存位置(設定要存放本檔之資料夾)→檔案名稱(輸入檔名：估價教學_範例一) →[確定] 。

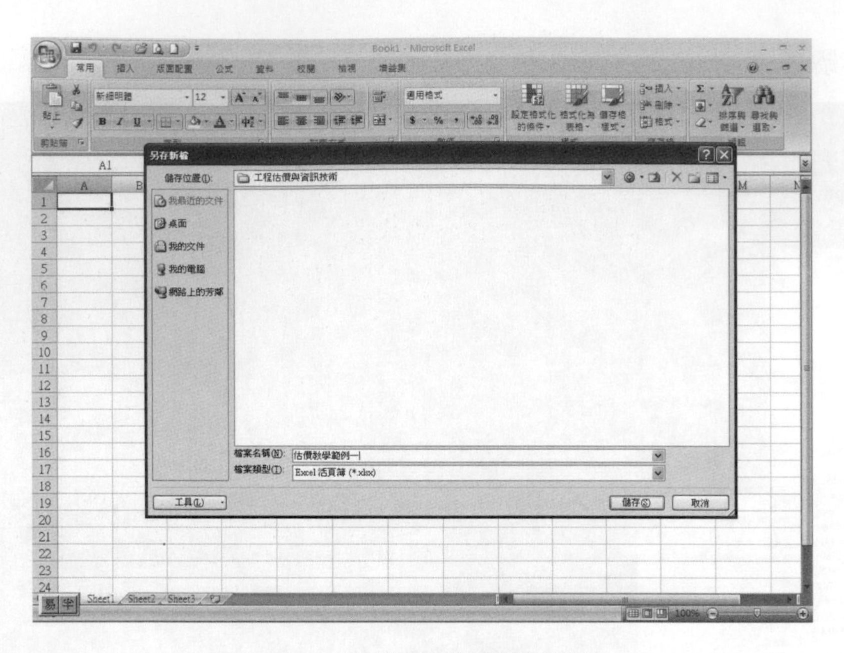

圖 2-B-2　取檔名：估價教學範例一

3.　修改標籤名稱

將游標移至左下角標籤頁 Sheet 1 標籤處，雙按滑鼠左鍵，輸入〞預算書〞，再按 Enter 鍵。Sheet 2 改為〞工料表〞，如下圖：

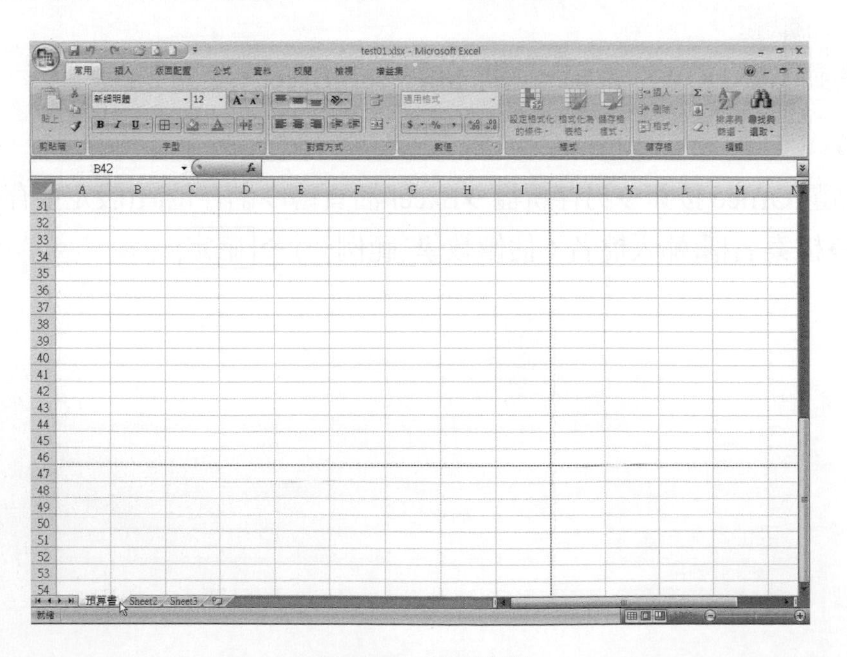

圖 2-B-4　修改標籤

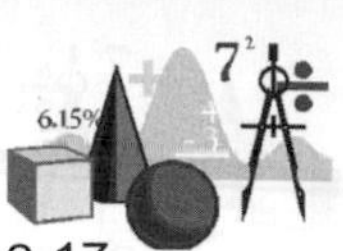

2-B-2 格式設定

一、工程預算書

1. 欄寬設定

A 欄———— 6
B 欄————20
C 欄———— 6
D 欄————10
E 欄————10
F 欄————14
G 欄————14

操作步驟：

游標停在左列 A ～G 各單欄上，選 常用 → 儲存格 → 格式 → 欄寬 → 輸入數值 → 確定 。

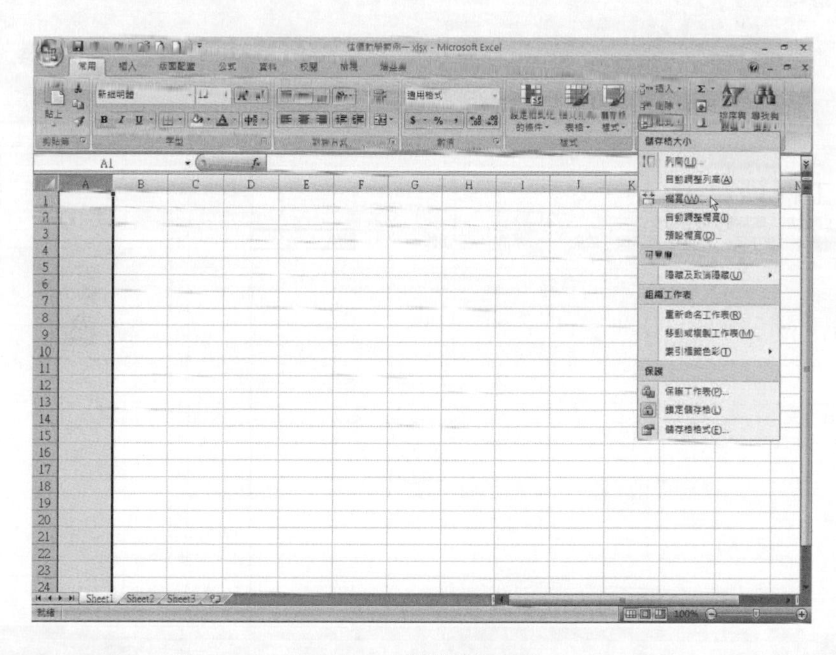

圖 2-B-5 欄位寬度設定

※ 以 A4 尺寸輸出(29.7 公分高，21 公分寬，標準邊界為上下各 2.5 公分，左右 1.9 公分)，上列各欄設定數字代表字元數，合計為 80，正好可印出一列寬度。其中字元大小係指每字 12 點數之標準大小。

2. 輸入標題

   (1) 在 A1 輸入〞工程預算書〞，字型大小設定為 28，字型自訂。

   (2) 在 A2 輸入〞工程名稱：學人宿舍新建工程〞。

   (3) 在 A3：G3 內陸續輸入(如圖 2-B-6)

   A3：編號

   B3：工程項目

   C3：單位

   D3：數量

   E3：單價

   F3：小計

   G3：附註

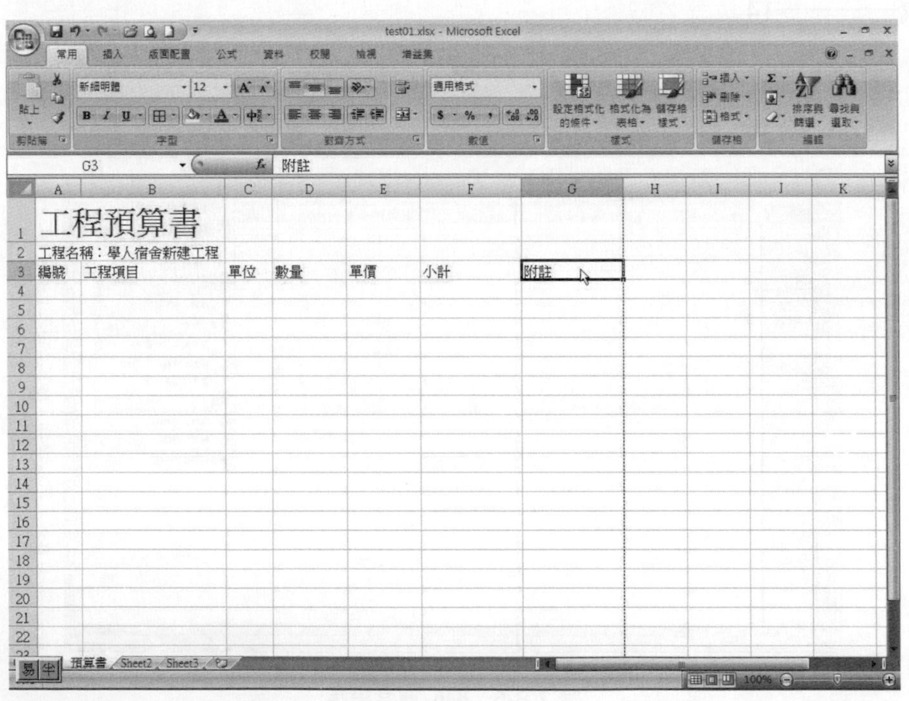

圖 2-B-6　輸入標題

3. 將游標停在 A1，壓住滑鼠左鍵，向右拖曳至 G1，點選跨欄置中按鈕，使工程預算書這幾個字，位於 A1~ G1 表格之中央。

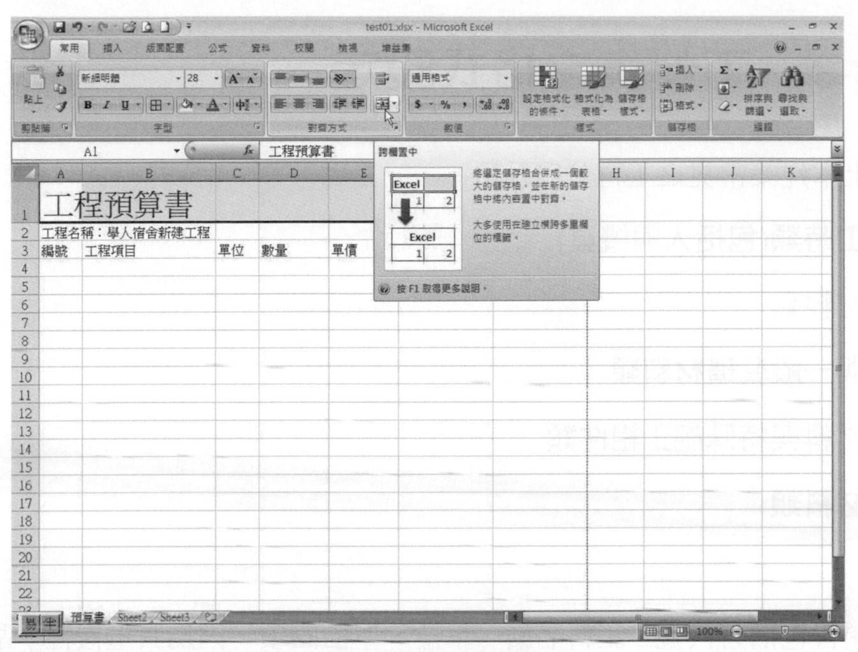

圖 2-B-7　使大標題跨欄置中

4. 將 A3 到 G3 標記起來，點選常用→對齊方式旁的向下箭頭→對齊方式→文字對齊方式→水平→分散對齊。

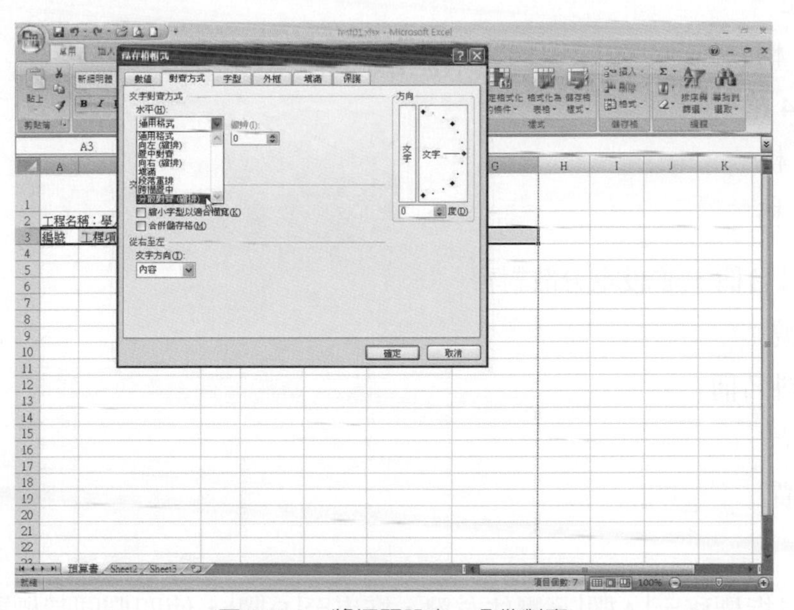

圖 2-B-8　將標題設定：分散對齊

5. 儲存檔案。

2-B-3 工料表之格式設定

一般土木建築常見之工料分爲五類：

一、作業工時類(包括人與機具)

二、圬工材料類

三、木作與一般裝璜材料類

四、金屬材料與特殊施工組件類

五、水電材料類

六、其他

每一類皆包括有代號、工料名稱、單位、單價四項，因爲其重複性，故可用複製的功能，在操作上，先行在 A、B、C、D 欄設定好一類之寬度並輸入項目名稱，然後再行複製即可。

1. 欄寬設定

   A 欄：4 格

   B 欄：24 格

   C 欄：4 格

   D 欄：8 格

2. 輸入項目名稱，並設定分散對齊

   A3：代號

   B3：工料名稱

   C3：單位

   D3：單價

3. 複製

   (1) 滑鼠指標移至 A欄 ，壓住左鍵，拖曳至 D欄 ，使四欄同時標記。

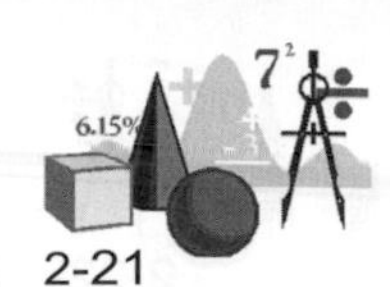

(2) 滑鼠指標放在標記範圍之邊界處(使指標變成右下往左上之箭頭，再按 CRTL 鍵，使成複製狀態，然後拖曳滑鼠，將出現一移動框，將其移至 E、F、G、H 四欄處，再放掉左鍵即成。

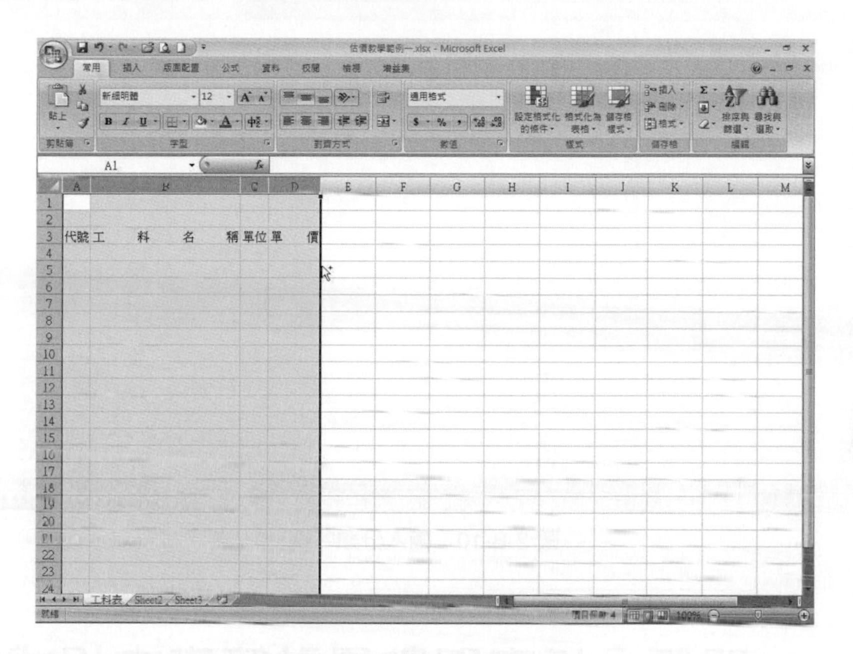

圖 2-B-9 複製格式與項目名稱

(3) 同 b 步驟，再複製到

I、J、K、L

M、N、O、P

Q、R、S、T 等三組。

(4) 在 A2、E2、I2、M2、Q2 五個儲存格內各別輸入上述六類之名稱。

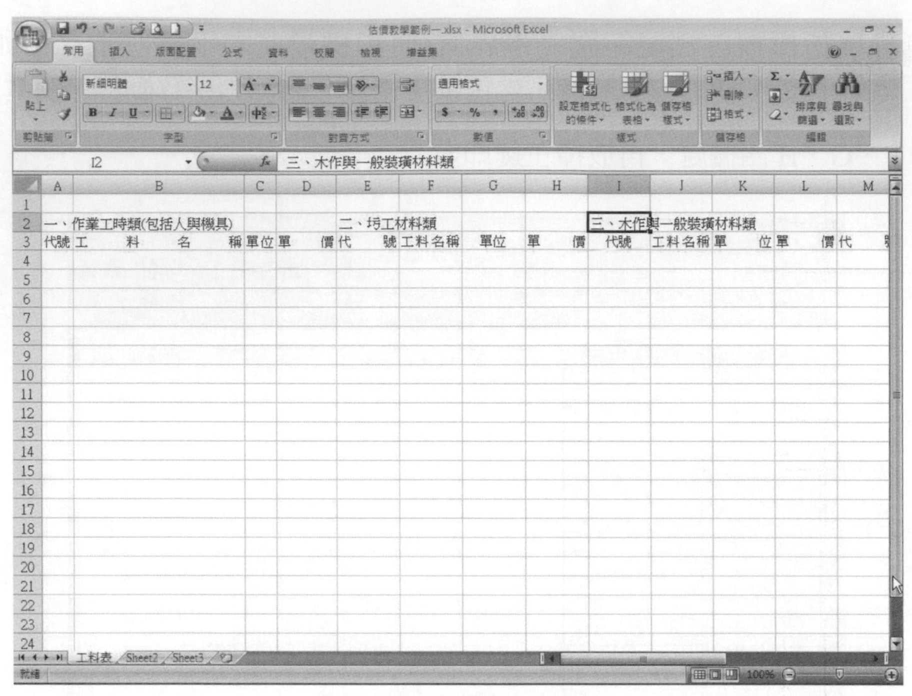

圖 2-B-10　輸入分類名稱

2-B-4　單價分析表與數量計算表之格式設定

每一件工程單項的單價分析表，其組成之工料項目數常常不一樣，但其表列項目架構都一樣。格式可充份利用複製。至於數量計算表，可分成面積類、體積類、鋼筋、及其他(例如門窗等)。吾人可先以 sheet3、sheet4、sheet5、sheet6 工作表先行設定四種不同之基本格式，再依實際需要作拷貝。事實上，許多工程的各項基本格式重複性很多，只要整個檔複製，再做修改(最需要修改是數量計算的內容，及工料單價)即可完成一份新的工程預算表。

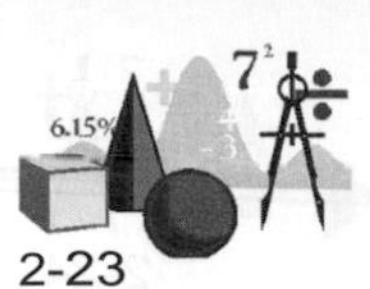

一、欄寬設定

A	10 格	
B	8 格	(鋼筋類改 4 格)
C	8 格	(鋼筋類改 6 格)
D	8 格	(鋼筋類改 8 格)
E	12 格	(鋼筋類改 6 格)
F、G	2 格	(F 欄、鋼筋類改 12 格)
H	4 格	
I	24 格	
J	4 格	
K	8 格	
L	6 格	
M	12 格	
N	20 格	

二、輸入各欄位名稱

A2：	′說明′	
B2：	′長′	(鋼筋類改輸入′號數′)
C2：	′寬′	(鋼筋類改輸入′個數′)
D2：	′高(厚)′	(鋼筋類改輸入′根數′)
E2：	′小計′	(鋼筋類改輸入′長(公尺)′)
F2：		(鋼筋類改輸入′小計′)
H2：	′代號′	
I2：	′工料名稱′	
J2：	′單位′	
K2：	′單價′	
L2：	′數量′	
M2：	′複價′	
N2：	′備註′	

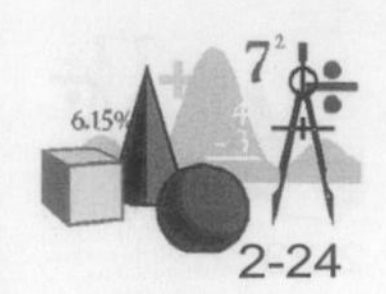

以上各欄位名稱輸入後皆設定置中對齊。

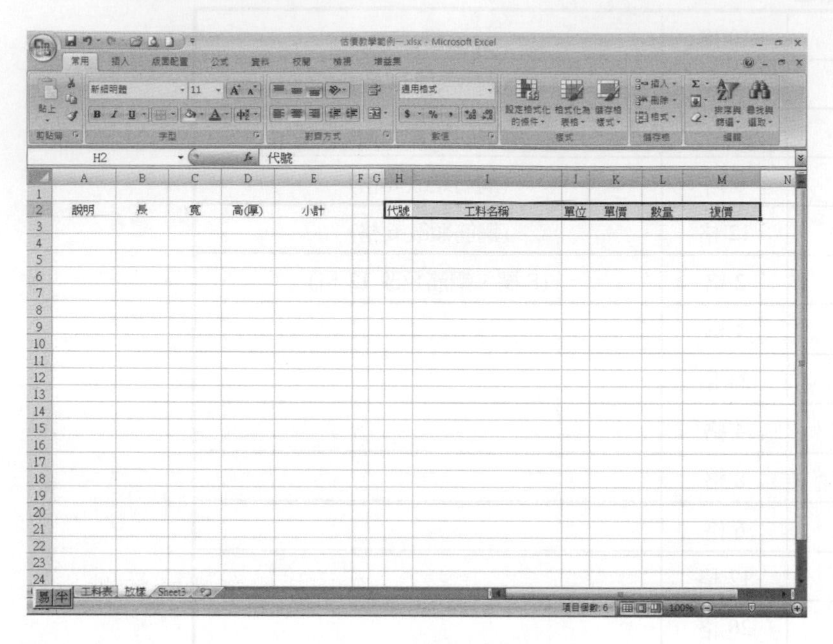

圖 2-B-11　輸入欄位名稱

三、整張工作表之複製

1. 首先游標移至工作表左上角 A 欄與列 1 之間的全選按鈕，點按一下滑鼠左鍵，則整張工作表會呈現標記狀態，再按一下滑鼠右鍵，選 複製 。

2. 切換至別張工作表，例如 Sheet3。將滑鼠指標移至 Sheet3 標籤處，按一下左鍵，即切換至 Sheet3。

3. 將滑鼠指標移至全選按鈕處，按一下滑鼠右鍵，點選 貼上 即完成複製。

4. 存檔。

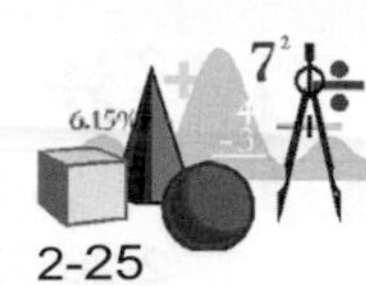

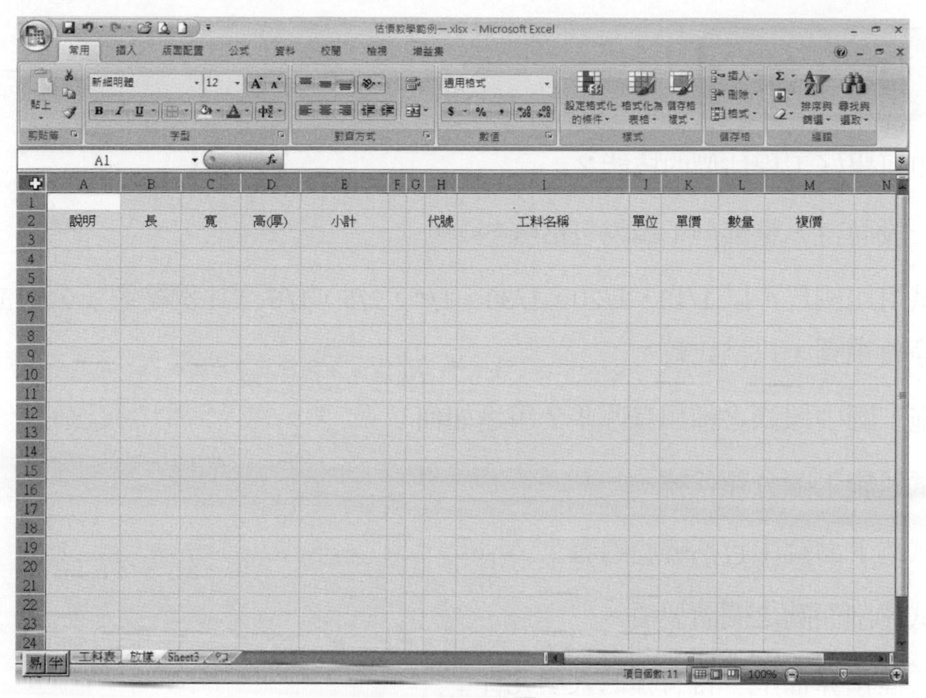

圖 2-B-12　選取整張工作表

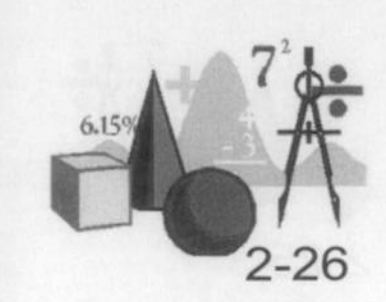

作　業

A01. 如何學好工程估價的技能？

A02. 一般而言，整套施工圖說包括哪些？

A03. 試用比例尺，以 1/10，1/20，1/30，1/4，1/5，1/6 之比例繪製 1 公尺立方體之等角視圖，以爲比較。

A04. 施工圖中線條之種類有哪些？用途如何？

A05. 試述施工圖分類代號。

A06. 試述平面圖中包括哪些內容？

A07. 試述剖面圖之閱讀要領。

B01. 工程預算檔中，含有哪三大項元件？

B02. 一般土木建築常見之工料分爲哪幾類？

B03. 試述整張工作表之複製如何操作？

3 工程數量計算原理

學習目標

1. 瞭解工程數量之計算原理
2. 如何掌握工程分項之要領
3. 如何建構工程預算書
4. 如何建立基本工料表

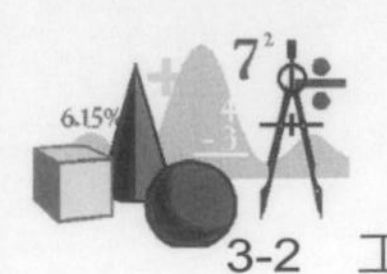

摘 要

工程數量計算是工程估價之始，亦是工程估價最繁雜，最需人工化的工作。一件龐大的工程，工程數量計算，不但要許多人而且要費時多日才能完成。雖近年常有優秀工程師兼程式設計師挖空心思設計數量計算自動化的軟體，但幾乎沒有一個軟體能眞正達到高效率及高精確度的地步。究其原因，工程數量與工程施作息息相關，與其背道而馳的計算方式終難完全符合要求。除非以 3D 繪製施工圖，即可完整描述估價之材料建置，否則難以徹底解決。本文仍以人工估算數量之角度，闡述其估算原理。

實習部份，介紹幾個有用的操作技巧，及如何建立基本工料表。

本 文

3-A-1 工程項目分項要領

估價人員拿到一份施工圖樣後，除了要對工地相關資訊進行瞭解以外，估價之始就是要將整個工程包含之各個施工項目進行分析條列。工程項目係依其性質、用料、施工人員之專業性、施工程序之一致性等所形成的，通常皆有舊例可循；但偶爾亦有新材料、新施工法、專利等特殊情況需增加分類者。隨著時代的進步，分工與專業的不斷調整演進，故工程施工分類亦有顯著的改變；是故，估價之項目分類亦跟著有所演變，且各家皆有其習慣分類方法。總之，最後之工程總價不應因分類方法之不同而異。

一般工程，不論規模大小，其項目條列多以施工程序之先後爲編列原則；每一個獨立之項目的分類原則如下：

一、依一般施工協力廠商之分類習慣：例如磨石子地坪、模板、紮鋼筋、排水溝‧‧‧‧‧‧‧。

二、以用料之品質要求為原則：例如 3000 PSI R.C.或 2000 PSI P.C.等。

三、以整套施工之特殊性為原則：例如地下室擋土設施、中空樓板等。

四、以專業分工為原則：例如水電、門窗、挖土等。

較大之工程，通常會分土木部份、建築部份、水電部份、造景部份、室內裝璜等等，而實施個別發包。本文以建築部份爲例，將常見之工程項目及計數單位條列於附錄A。

3-A-2　工程數量計算要領

工程數量之計算是工程估價中最主要，也是所有工程人員一定要會的一項技能。許多科班畢業的人，因為本身缺乏紮實的實務經驗，有者施工圖無法準確的閱讀，當然沒辦法列出詳盡的數量計算式；有者雖施工圖看得懂，因沒有現場經驗而列出之數量將流於僵化，沒有靈活反應實際之狀況，且常有掛一漏萬的現象發生。

工程數量之計算隨工程單項之確定而決定其計算的單位及尺寸列式的方式，無論是建築工程、土木工程、水利工程、道路工程或水電工程，不外乎將各工程單項之數量巨細無遺的條列出來。可是在條列式子的矣始，其最大的關鍵就在如何在數十張或甚至數百張的施工圖中理出一個有條不紊之計算程序。有些工程因材料規格特殊(如鋼骨工程)，或因施工方式自成一套(如連續壁工程)，以致數量列式之條列項目各異。要想確實掌握整個工程數量的計算，一定要嚴格遵循一套口訣般之要領，這看來似乎很簡單，但是，想確實做到卻是不容易的事。人為疏失永遠是造成工程估價錯誤最大的主因。

一、數量計算尺寸之依據以圖面註記之尺寸為準，沒有註記且無法以間接推算得到者，才以比例尺量之，但仍應在合理範圍內。

二、數量之單位，如下所示：

1. 以長度表示者：公尺(m)，小數一般取至第二位。工程圖常以公分(cm)為單位，估算數量時要記得除以 100，換算成公尺。
2. 以面積表示者：平方公尺(m^2)；才(大理石、門窗玻璃等)；坪。
3. 以體積表示者：立方公尺(m^3)；才(木材)。
4. 以重量表示者：噸(T)(鋼筋、鋼骨)，小數一般取到第三位。公斤(kg)(結構用鐵件、加工五金等)。

三、常用單位換算，如下所示：

1. 以長度表示者：1 公尺＝3.3025 台尺

   1 台尺＝0.303 公尺

2. 以面積表示者：$1M^2$＝11 才
   1 坪 ＝36 才
   $1M^2$＝0.3025 坪；1 坪＝3.3058M^2；
   1 甲＝2934 坪(1 甲大約等於 1 公頃)

   「面積」是工程施作時用的相當多的單位，民間最喜歡用的單位是「坪」與「才」，但因爲工程圖都是以公分或公尺爲單位，學工程的同學，踏入社會第一件事情要熟悉的可能就是由圖說的尺寸換算成「坪」或「才」的面積。

3. 以體積表示者：1 才=1 寸×1 寸×1 丈
   (1 寸角材，1 丈長)
   ＝1 尺×1 尺×1 寸
   (1 尺見方板料，1 寸厚)
   $1M^3$＝359.37 才(約 360 才)

四、數量計算之程序：以整套圖的數量估算而言，結構體工程依下述方式進行，較利於核對。

1. 以樓層區分爲準：

   數量計算的習慣養成，貴於整體程序之堅持。愈是規模大的工程，愈應保持有條不紊的程序進行，才不會發生大遺漏而不自知。尤其重要的是，此程序的訂定應嚴格遵循施工的流程，由下而上進行之，假想自己就是此工程施工的實際管理者，一邊規劃列式的綱要，一邊在心中想像工程的施作進程，然後先列出大的工程單項，再針對每個工項，以結構體(例如基礎、壹樓、貳樓等樓層區分)名稱先做大體拆解條列，然後才開始依這些要項，進行精細列式計算。

   鋼筋混凝土之建築工程的施作，通常以「預拌混凝土」、「紮鋼筋」、「模板裝拆」三種工項爲最大宗，而且三者又唇齒相依，如果不小心漏列或多列，影響整個工程經費最大，不得不小心。

   以樓層區分的原則，就是依施工的順序，由下而上，由基礎　地下室　壹樓　貳樓……屋頂突出物，分層計算。(如下圖所述)

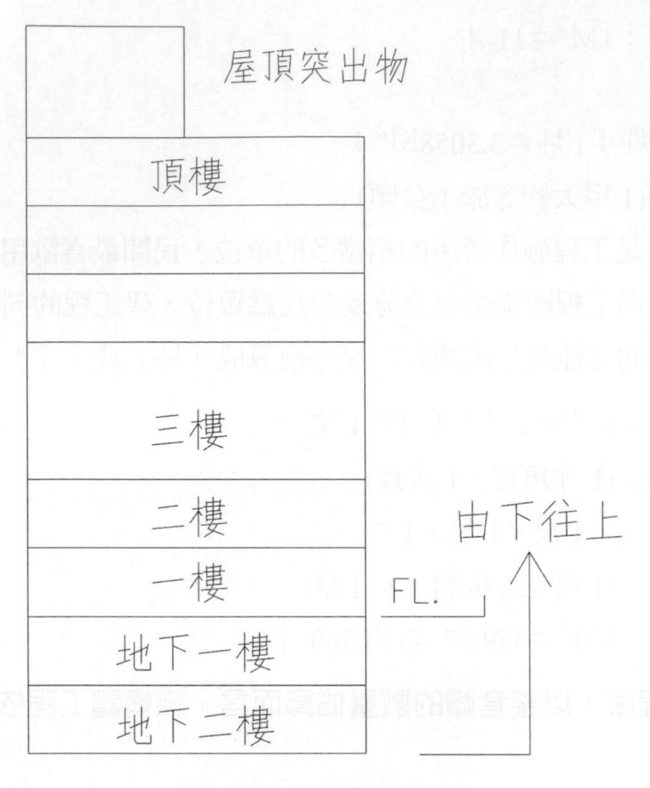

圖 3-A-1 以樓層區分為準

2. 以平面圖區分為準：由左而右，由下而上。

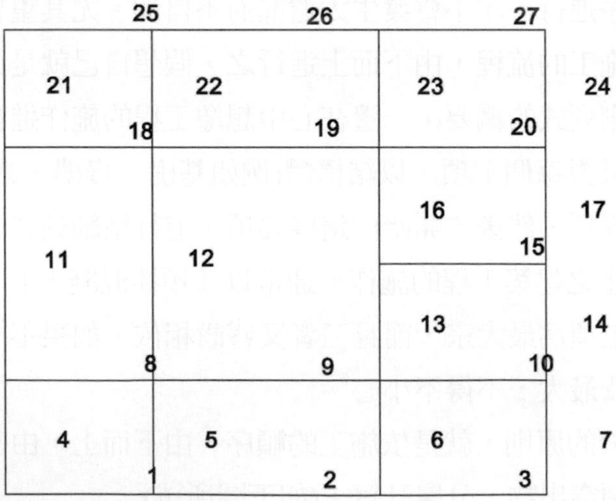

圖 3-A-2 以平面圖區分為準

當有平面架構要訂定估算順序時，由於結構平面常以卡氏座標的第一象限爲平面尺寸佈署之依據，座標原點皆在平面圖的左下方居多，然後 X 軸向由左向右延展，而 Y 軸向則由下向上延展，因此，估價列式的順序亦以此爲原則，如圖 3-A-2 所示。

3. 每層樓由柱→墻→樑→版→樓梯→其它，依序計算。每層樓皆能完整求出獨立之數量總和，依此規則列式，除了標準樓層可輕易拷貝之外(仍要小心檢查，並應修改附註說明文字)，施工時亦較有利於估計所需工料及估驗計價。

4. 設計階段編列預算書時要嚴格遵循施工的順序，不但可防止遺漏，而且有助於查核。

5. 每列出一式皆要將其代表何處說明清楚，各層樓分開列式(或依不同的估驗單元列式)。每個式子代表何處，一定要不厭其煩的敘述清楚，不但有助於檢查，後續引用時也才不會發生困擾。

6. 附錄 D 包含有單位換算及體積、面積計算之常用公式。

7. 不同之工程單項有不同之施工程序、不同之計量單位，除了要詳細閱讀施工圖說以外，施工說明書亦不可忽視。往往同一個工程單項，在不同的施工環境，施工方式可能稍有不同，或是設計者爲突顯其設計作品特殊的理念，而對某種工程單項的施工方式有特別的要求，施工說明書上對其用料與施工程序、品質要求等，會有較詳盡之說明，不可不注意。

8. 有些工程單項依圖說尺寸列式將因未計入耗損而低估，影響耗損量之因素很多，要準確的估算出結果，必須具備豐富的施工實務經驗。

在以下各章將陸續針對不同的工程單項分別說明其施工概要及工程數量計算的要領。

實　習

3-B-1 工程預算書的架構

一個工程預算書是由一件件之工程單項組合而成，通常在條列工程單項時，係盡量由施工的先後次序列出的，才不致雜亂無章，丟三漏四，造成嚴重的缺失。每一個工程單項包括有工程名稱、單位、數量、單價、複價等。其中數量來自數量計算表之合計總量、單價來自該單項之單價分析表之合計複價。單價分析表有一特性，即許多工程單項中常包括有相同之基本工料(例如大工、水泥等)，這些重複性的基本工料，正好發揮了電子試算表軟體之特色，就是將工料表集中管理，然後用位址參照的功能，分別設定到不同之工程單項的單價分析表中，然後再將單價分析表之合計單價及工程數量表中之合計數量參照到工程預算書中。如此的參照帶來的最大好處就是當基本工料單價修改時，馬上可反應到所參照之各單價分析表，並連帶自動改變工程預算之總價。而且經由電子試算表逆向參照計算亦可輕易求得整個工程所需之工與料之總量或期中估驗量。這是本書重要之架構理念，由於工程界雖然有些大型工程的工程預算有更自動化之軟體被使用，但畢竟數量有限且價錢昂貴。國內中小型規模之工程仍屬大多數，而以 Office/Excel 這種容易取得的軟體，加上本書提倡之容易上手的操作理念，必能大幅改善傳統估價的效率與精確度。茲以流程圖表達如下：

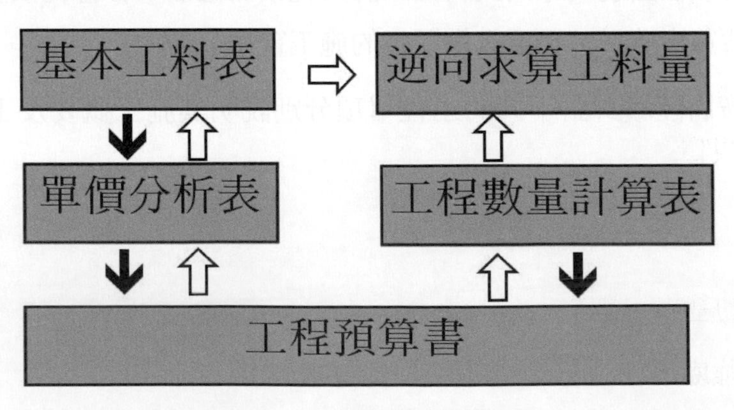

圖 3-B-1　工程預算書編製流程

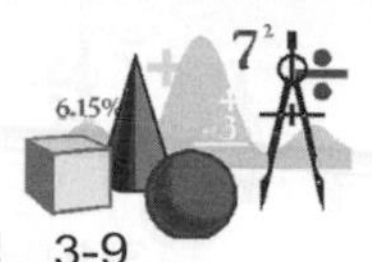

由上述可知，整個工程預算書的內容，連鎖性、重複性很高。在這種情況下，Excel 的軟體功能特性正好可以充分發揮，若爲了使整個工程估價更自動化，而設計巨集程式來控制，雖無可厚非，但可能反而失去機動應變的好處，某些計算的細節，各單位或多或少總有一點差異，故依照本書所闡揚之理念架構，再注入各單位的特殊考慮，必要的話，再設計一些符合自己單位的使用習慣之 VBA 程式(或巨集)，這可由自己去權衡。唯本文在設法僅用很基本的 Excel 操作就能解決極大部分估價的繁雜問題，並使品質大大提昇，產生高度延用性之附加價值。如此強調，無非在企圖將工程預算表之架構跟 Excel 的基本功能成功地連結起來。使所有工程人員不必花太多功夫在複雜程式或巨集的瞭解與維護上，只要具備很基本的 Excel 功能常識即可輕鬆操作，而將精神集中在工程本身之數量列式及單價分析的調整方面，使建立資料的正確性與提昇效率上。

3-B-2 基本工料之分類

所有營建工程，若針對施作分工，給予層層往內分析，最後不外乎一群不同專業的"工"與一堆不同種類的"料"的組合，在吾人做分析估算之層次，有些"工"、"料"可能已經經過整合成"成品"或"半成品"；吾人在估算時，如何將"工"、"料"訂定在某一層次，端賴估算者對工程本身施作之重點考量。以外牆貼磁磚爲例，一般的工程可以將整個外牆一起合計成一個工程單項分析。有的工程在其中某道牆設計有藝術圖案之磁磚拼圖，甚至所用的材料與技工師傅都不同，有的可能已先在工廠組合成一個個預鑄單元，再運至工地。這些情況都應該在估價時做不同的考慮。一般所謂"工"，常常泛指"工人(或技工)"與"工具(或機具)"兩種。不同性質的工程會用到部分不同之"工"與"料"，有些係較具專業性的獨特施工項目，而有些則爲普遍而通用的。將這些工料建立成檔，不斷累積，由於電腦軟硬體之演進，其累積量已不構成處理上的問題。因此，累積愈來愈完整的基本工料表，就愈能適用在更廣泛的工程估價上。

而爲了加強處理的效率，使將來之擴充更有彈性，幫助估算者使用上查尋之方便。以工料之不同特性，將其分成以下數種類型：

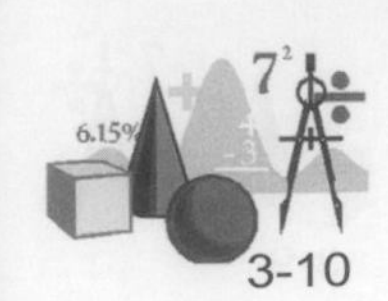

一、作業工時類(包括人與機具)

二、圬工材料類

三、木作與一般裝璜材料類

四、金屬材料與特殊施工組件類

五、水電材料類

六、其他

以上之分類，頗爲主觀，工程人員可依自己的習慣與需要，自行創建，讀者不必依循。公共工程委員會推廣之「公共工程經費電腦估價系統」(簡稱 PCCES)用綱要編碼將本書拆分之基本工料與單價分析項合爲一處理(本書基本工料亦有基本工項如 1：3 水泥砂漿係引自單價分析項)，亦有異曲同工之處，而其綱要編碼企圖統一全國工項名稱之舉，實值得讚揚與跟進。

3-B-3 基本工料之輸入

由於基本工料之延用性高，本書擬附上作者搜集之常用工料檔供參考使用，讀者可省下很多搜集與建立的工作，若多方考量仍需自行建立，下面將介紹幾點事半功倍之操作訣竅，對初學 Excel 軟體者，應有幫助。

一、累積性資料的複製

例如各分類第一欄的代號，A001，A002....的輸入

1. 首先在 A4 儲存格輸入 A001，在 A5 儲存格輸入 A002。
2. 將游標框格置於 A4，並將滑鼠指標瞄準填滿控點，壓住滑鼠左鍵，向下拖曳至所需之儲存格處，放開滑鼠左鍵即成

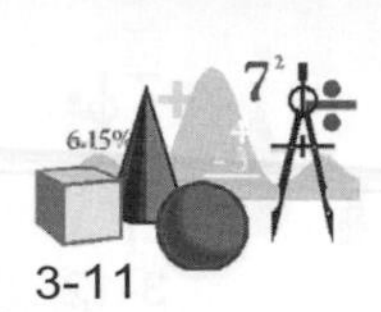

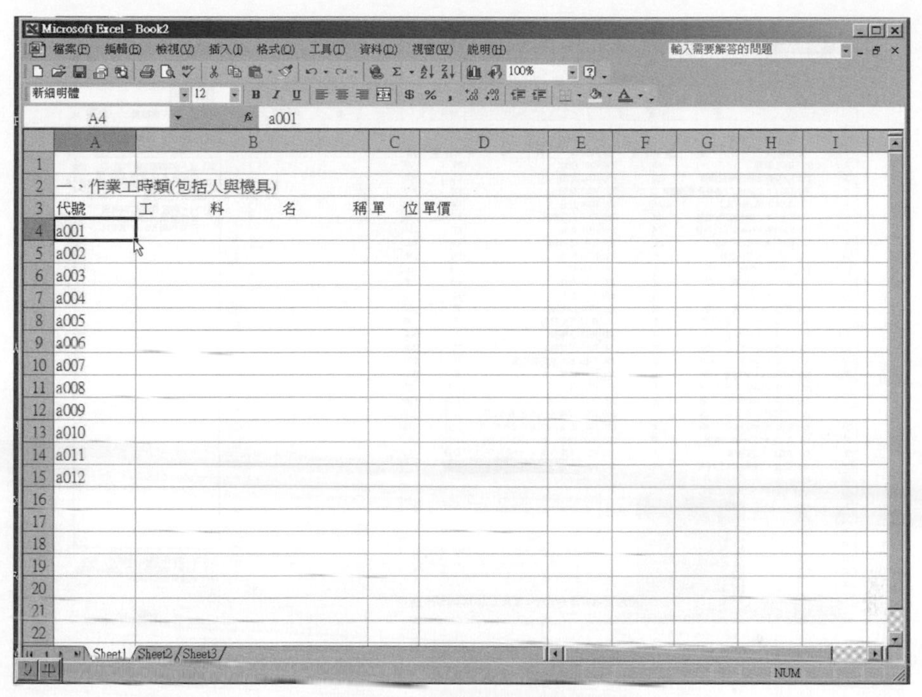

圖 3-B-2 累積性資料的複製

二、字串資料自動複製

1. 例如圖中所示，在 V26 內先建高級柴油(0.11 公升/HP.HR)，
2. 按 ENTER 游標移至 V27，當中文字"高"輸入之同時，V27 內馬上會將 V26 之字串複製下來，滑鼠指標移入 0.11 公升之 1 處，改成 2，再按 ENTER 即成。

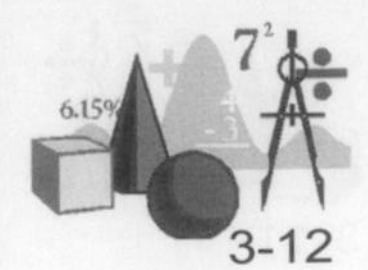

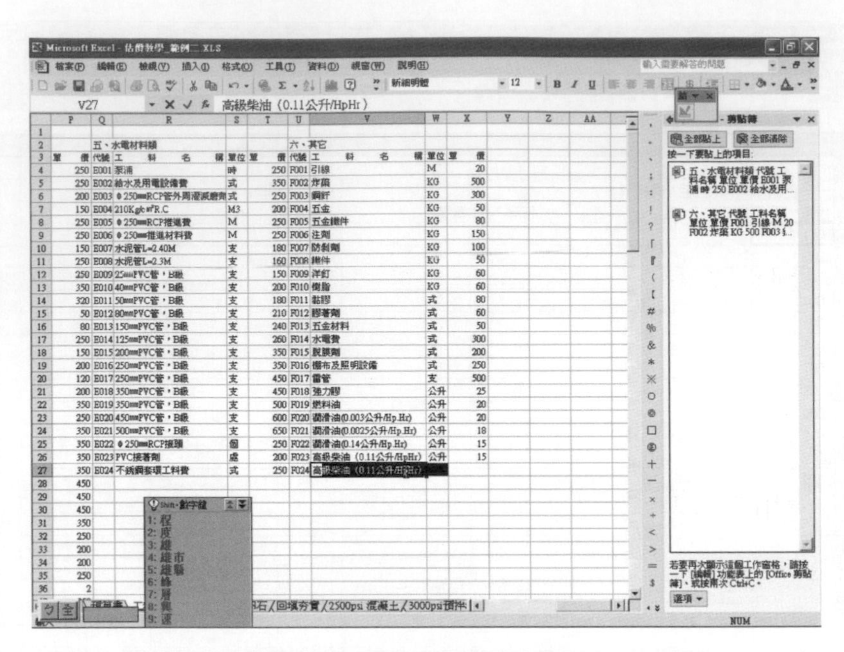

	P	Q	R	S	T	U	V	W	X
1									
2		五、水電材料類				六、其它			
3	單　價	代號	工　料　名　稱	單位	單　價	代號	工　料　名　稱	單位	單　價
4	250	E001	泵浦	時	250	F001	引線	M	20
5	250	E002	給水及用電設備費	式	350	F002	炸藥	KG	500
6	200	E003	φ250㎜RCP管外周灌減磨劑	式	250	F003	鋼釬	KG	300
7	150	E004	210Kg/c㎡R.C	M3	200	F004	五金	KG	50
8	250	E005	φ250㎜RCP推進費	M	250	F005	五金鐵件	KG	80
9	250	E006	φ250㎜推進材料費	M	250	F006	注劑	KG	150
10	150	E007	水泥管L=2.40M	支	180	F007	防銹劑	KG	100
11	250	E008	水泥管L=2.3M	支	160	F008	鐵件	KG	50
12	250	E009	25㎜PVC管，B級	支	150	F009	洋釘	KG	60
13	350	E010	40㎜PVC管，B級	支	200	F010	樹脂	KG	60
14	320	E011	50㎜PVC管，B級	支	180	F011	黏膠	式	80
15	50	E012	80㎜PVC管，B級	支	210	F012	膠著劑	式	60
16	80	E013	150㎜PVC管，B級	支	240	F013	五金材料	式	50
17	250	E014	125㎜PVC管，B級	支	260	F014	水電費	式	300
18	150	E015	200㎜PVC管，B級	支	350	F015	脫膜劑	式	200
19	200	E016	250㎜PVC管，B級	支	350	F016	棚布及照明設備	式	250
20	120	E017	250㎜PVC管，B級	支	450	F017	雷管	支	500
21	200	E018	350㎜PVC管，B級	支	450	F018	強力膠	公升	25
22	350	E019	350㎜PVC管，B級	支	500	F019	燃料油	公升	20
23	250	E020	450㎜PVC管，B級	支	600	F020	潤滑油(0.003公升/Hp.Hr)	公升	20
24	350	E021	500㎜PVC管，B級	支	650	F021	潤滑油(0.0025公升/Hp.Hr)	公升	18
25	350	E022	φ250㎜RCP接頭	個	250	F022	潤滑油(0.14公升/Hp.Hr)	公升	15
26	350	E023	PVC接著劑	處	200	F023	高級柴油（0.11公升/HpHr）	公升	15
27	350	E024	不銹鋼套環工料費	式	250	F024	高級柴油（0.11公升/HpHr）		
28	450								
29	450								
30	450								
31	350								
32	250								
33	200								
34	200								
35	250								
36	2								

圖 3-B-3　字串資料自動複製

三、快速刪除某範圍內之資料

1. 例如圖中 F2:I16 內之資料刪除，首先從 F2 標記至 I16

2. 滑鼠指標瞄準標記範圍右下方填滿控點處，壓住滑鼠左鍵，反向標記回到 F2，螢幕出現下圖之反白標記，放開滑鼠左鍵，資料即刻刪除。

	E	F	G	H	I	J	K	L	M
1									
2	M3	250	B091	摻砂石料	L.M3	450			
3	M3	150	B092	粗粒料(3/8")	L.M3	500			
4	M3	350	B093	煤渣	L.M3	450			
5	M3	250	B094	小卵石	L.M3	650			
6	M3	200	B095	水泥	包	200			
7	M2	250	B096	白水泥	包	350			
8	M2	250	B097	勾縫白水泥	包	350			
9	M2	250	B098	水泥勾縫	包	350			
10	M2	250	B099	小石粒	包	650			
11	M2	200	B150	飛灰	包	250			
12	M2	200	B101	固定端灌漿用水泥	包	350			
13	M	150	B102	預灌用水泥	包	350			
14	M	250	B103	自由端最後灌漿用水泥	包	250			
15	M	150	B104	紅磚(23*11*6cm)	塊	3			
16	KG	150	B105	紅磚(23*11*6cm)	塊	3			
17									
18									
19									
20									
21									
22									

圖 3-B-4　快速刪除某範圍內之資料

3-B-4 基本工料之尋找

基本工料表在一次一次的應用後，累積愈來愈多的工料，形成寶貴的工料庫。基本工料是單價分析表中主要之組成份子。通常一件工程從設計完成後，施工之工程單項就形成了。此時，若有新的工程單項，可能就出現新的基本工料。當基本工料表內容繁雜，吾人要在單價分析表的建置時去找相關之基本工料作爲參照時，首先就必須先行操作尋找基本工料的動作。若經過尋找動作而沒有找到，才進行新增基本工料的操作。

當正式要應用基本工料，參照到單價分析表中，往往先知道某件工料之名稱，有了名稱後，在工料表中，可應用 Excel 編輯功能表中之「尋找」指令，俟找到後，再將其相關之代號、名稱、單位、單價標記起來，再使用跨工作表之參照功能設定到單價分析表中(詳見單價分析表之操作)。例如，要尋找「螺旋輸送器」之工料名稱，操作如下：

一、選擇 編輯 → 尋找 ，則出現下圖交談視窗

圖 3-B-5 選擇 編輯 → 尋找

二、輸入「螺旋輸送器」後，選 找下一個 → 關閉 按鈕，或直接按 ENTER ，游標框格，馬上會移至該儲存格，倘若沒找到，即出現 找不到符合條件的資料

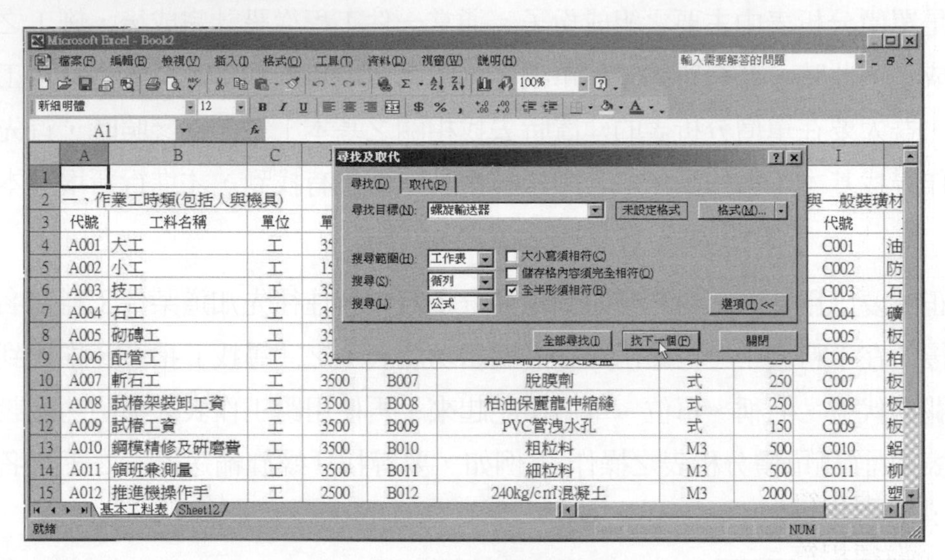

圖 3-B-6　輸入「螺旋輸送器」

圖 3-B-7　游標自動移至「螺旋輸送器」

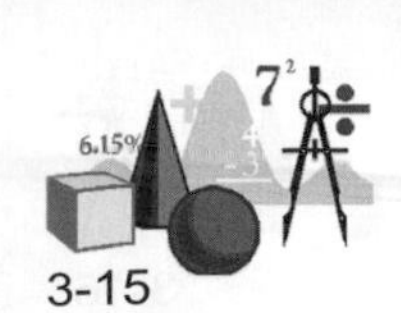

其實，只要輸入要尋找之資料的前頭幾字，即可找到，倘若這幾字是唯一的，則一次就可找到，若不是唯一，亦可一個個找下去，終將找到所要的資料。只是較浪費時間罷了。

在 尋找 之交談視窗中，有幾個選項，說明如下：

1. 順序(S)
   (1) 循列：即從目前游標所在之儲存格開始，一列接一列的尋找。
   (2) 循欄：即從目前游標所在之儲存格開始，一欄接一欄的尋找。
2. 搜尋(L)
   (1) 公式：在儲存格內之公式中尋找(亦含字串文字，函數)
   (2) 數值：在儲存格內之數值中尋找
   (3) 附註：在儲存格內之附註中尋找
3. 全半形須相符：選它，全形與半形將不相等。

   大小寫須相符：選它，大小寫字體將不相等。

   儲存格內容完全相符，選它，則尋找時，必須有與輸入資料完全相等者才算找到。

   尚有 取代 按鈕，係打算將找到的資料，更新別的資料時使用。

作　業

A01.　試述一般工程分項之原則有哪些？

A02.　請以自己角度說明工程數量計算之困難在哪裡？

A03.　設有一工地長 15.8M，寬 28.2M，試問有幾坪？

A04.　有一木門使用料尺寸如下，試問共有幾才？

單位：公分

240*12*6 —— 2 根

90*12*6 —— 3 根

120* 6*4 —— 4 根

90* 4*4 —— 1 根

A05.　試以圖示說明數量計算之程序原則。

B01.　試以流程圖說明整個工程預算書之流程。

B02.　試述本書對基本工料分成哪幾類？

B03.　試述 EXCEL 對產生連續性資料之操作步驟。

B04.　試述 EXCEL 如何找尋指定的一項基本工料？

B05.　請任意舉三項 EXCEL 較具特色之函數的功能，並舉例說明之(用在工程上爲佳)。

4

基本工料

學習目標

1. 瞭解基本工料分類之內涵
2. 單價分析表之實際操作

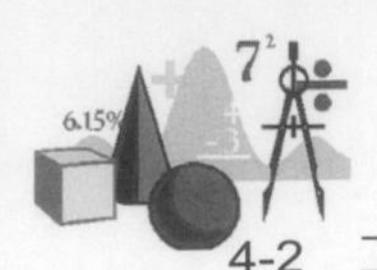

摘 要

基本工料係本書的特色之一，因為單價分析表，重複性的基本工料很多，利用 EXCEL 儲存格參照的特點，將工程預算書的組成從基本工料開始，當作最基本的細胞單位，逐層組立，不但可大量減少重複性工作，還可真正反應工程單價分析之細部，且歸納同質性的工料名稱與單位單價，對單價分析作業亦較合理。並且，最大的好處就是它還可反向求得整個工程全部所需之工料總量。

本章摘錄了幾個建築工程常見之單價分析表，希讀者實際上機演練。

本 文

4-A-1 概說

本書在整個估價過程中，特別將一般單價分析表中的基本工料析離出來，最主要原因就是對各工程單項之單價分析表架構之剖析與認識，融和了 Excel 試算表儲存格參照之功能的發揮。也就是說由於 Excel 試算表儲存格參照之功能的特性，整個估價由最基本的工料價格開始，能更確實、更機動地調整單價、總價外；而且也能提供反向求取工程耗用之人工與材料的計量。是故，基本工料之析出與歸納條列，是本書強調之 Excel 估價理念的奠基石。

每一個工程單項之單價分析表中，所有之工與料或其他零星項目都是基本工料的成員。為了充分應用工作表之資料管理功能，提供將來資料增減及查尋之方便性。所有的工料依其施工屬性之差異給于分類編組，分類方法見仁見智，沒有定論。本書將整個基本工料分成六大類：

一、作業工時類(包括人與機具)

二、圬工材料類

三、木作與一般裝潢材料類

四、金屬材料與特殊施工組件類

五、水電材料類

六、其他

以上各類之細分項目及單位名稱列示於附錄 B(附錄中單價僅供參考，讀者應依當地時價隨時調整之)，綜合了土木、水利與建築工程常用之工料，吾人可依需要增減之。

4-A-2 作業工時類(包括人與機具)

每一件工程，拆解成許多工程單項，每個工程單項又由數個基本工料組成，許多工程單項中的基本工料是相同的，例如砌紅磚的泥工或大工、小工，就跟牆壁水泥粉刷是相同的，除非較特殊的專業技工，否則一般各種工種的所謂技工、大工、小工的工資，行情都幾乎一樣的，故皆可共用一個基本工料。人與機具是基本工料中與工程主要用料較沒關係的項目，至於耗材則爲完成工程單項時零星耗用的物品器具(例如鐵鎚等)。

一、人工

所有工程都一定要經由人來完成，其中包括了大工、小工、特殊專長的技工、作業手等；甚至作業班班長、經理人員、管理者等等皆是工程進行不可或缺的人員。所有工程單項皆應儘可能將人工析離出來個別列項。理由很簡單，工與料之用料與單價，常隨時空環境與品質要求之不同而異，個別析出將有助於機動反應，得到更精確之單價分析。

大部分之人工係以「工」爲計價單位，一「工」即表示一個人做一個工作天的意思。但有些施工機具與機具之操作員或領班卻習慣用「時」爲計價單位。有些工作性質較零星、雜支、很難用「工」或「時」來估量，亦有用「式」計價者。

二、機具

大部分之施工機具皆屬工程之需而租用的，只要工程結束，皆須撤走。有些機具是活動性的，例如卡車、鑽機等。有些機具須長期固定在工地者，如高樓吊車。這些機具長期架設，活動於工地，耗損率高，其計價須考慮項目甚多，除了租金、運費、折舊外、維修、耗油、遷移、組裝等皆應計入。

三、耗材

這裡所稱之耗材，是指所有工程單項之零星消耗，它主要在反應工程單項在整個工程中之所佔份量多寡，調節其耗損量之變化，通常皆以該工程單項其他工料總和之百分比率計算。所有配合「工」與「料」之零星消耗性工料皆可列在此大類中。

4-A-3 圬工材料類

「Masonry」一詞原指石工業、石造建築(含砌磚、貼瓷磚、大理石等)，在我國這一類的工作統稱「圬工」，俗稱「泥水工」。嚴格而言，因爲「圬工」包含的技術類別太廣，許多技術頗爲專業，故實際上，仍分成好幾類。例如，貼花崗石或大理石的技術就與貼馬賽克或瓷磚的技術不同。斬假石的技工就與砌磚者不同，另外，磨石子、洗石子等亦泛稱「圬工」。

由於混凝土工程之用料與傳統「泥水工」用料頗多重複，爲了簡化分類，特將與水泥施工相關之材料皆列在本大項中。

極大部分之石造材料都以 M3(立方公尺)爲計量單位，有些貴重之石材亦有用才(體積)來計量。少部分在厚度規格上較固定的材料有用 M2(平方公尺)或才(面積)，甚至用坪計量的。有的材料皆須經工廠加工包裝出售者，有用包爲單位。紅磚則因規則固定，而用塊爲單位。

4-A-4 木作與一般裝潢材料類

近年來，木作工程已跟傳統有顯著改變，原木之昂貴與取得不易，木料加工成品不斷地改進，傳統的所謂「細木」(即較精緻的木工)已愈來愈少見，傢俱設計加工已企業經營化，使室內裝修的傢俱設備從傳統局限在桌椅傢俱擴展到衣櫥櫃與隔間櫃等原由裝修業現場加工的成品，而裝璜業亦與專業室內設計整合經營而漸生質變。

目前工程常見之木工類，除了模板工(歸類於圬工類)外，大都用在裝潢隔間，其施工方法與用具也跟傳統大異其趣。我們似乎可以用「速食文化」來描述現代的木作工程，它雖可使結構物表面富麗堂皇，但卻大都無法持久。由於施工之技術參差不齊，成品品質往往差異頗大，且需大量倚賴油漆工程或表面裝飾材料進行修飾。這種現象，恐怕整個工程界都有的現象吧。與裝潢有關常用之材料，除了木材加工品以外，尚有金屬、五金、石材、塑膠成品等多種配合零件，可視情況一併放在此分類內。

油漆的種類繁多，塗刷的對象亦有多種，但因油漆的施工常與裝潢密不可分，故將其劃歸一類。

4-A-5 金屬材料與特殊施工組件類

由於鋼構架之結構物愈來愈多，凡是與其相關之材料及組件材料皆歸此類。

土木工程中預力混凝土或橋樑、隧道等施工亦頗多金屬類材料。

除了鋼鐵類外，尚有鋁、鋅、鉛等材料之製品、管類、鈑類或網類等，皆集中於此類。

金屬材料常以重量公斤(Kg)爲單位，加工成品則有組、套、台、支、個、塊、公尺等單位。

型鋼本來就有一系列的標準規格，若要建置專爲鋼骨工程使用之檔案，可以詳細的建入所有規格之材料。若檔案大都使用在鋼筋混凝土工程，則可挑選較常使用之規格建入即可。

4-A-6 水電材料類

水電就是給排水與電氣的統稱，另外尚有空調工程用料亦可規併在此類，它是整個工程中不可或缺的一個專業類別，幾乎。規模較大的工程，常將水電部分，分開來另外發包。由於水電類與建築類本質上差異頗大，稍具規模的工程多數分開發包，因此，光是水電空調亦可獨立建檔處理。

一般而言，水電工程所使用的材料都有一定的規格，無論在材料尺寸或材質方面都有明確之標定。唯國內製造水電材料廠商甚多，而水電工程圖說常有註明廠牌或所謂「同等品」之習慣。將各廠產品皆建立在工作表中，恐怕太過繁雜，讀者宜自行斟酌建入。

4-A-7 其他

無法明確劃分在前述六大類中之工料皆可類在「其他」項下。

實 習

4-B-1 單價分析表之建立

一、切換回“放樣”工作表，輸入標題與公式。

B1→放樣

E 1 →M2

I 1 →放樣

J 1 →M2

K 1 → =ROUND(SUM(M3:M50),0)

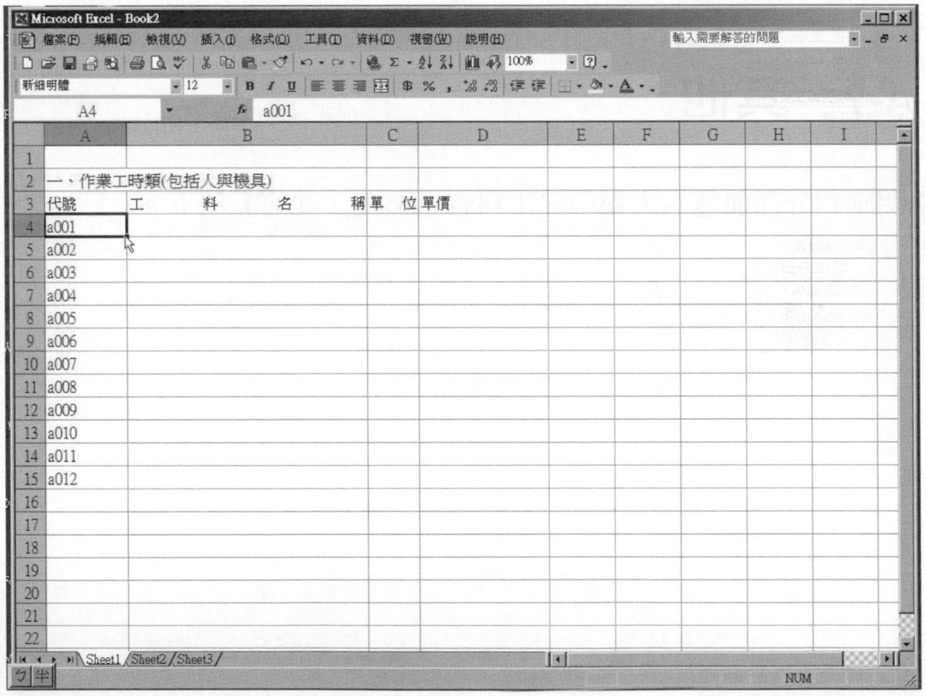

Microsoft Excel - Book2

A4 a001

	A	B	C	D
1				
2	一、作業工時類(包括人與機具)			
3	代號	工 料 名 稱	單 位	單價
4	a001			
5	a002			
6	a003			
7	a004			
8	a005			
9	a006			
10	a007			
11	a008			
12	a009			
13	a010			
14	a011			
15	a012			

圖 4-B-1 輸入標題與公式

※ K 1 內公式之範圍“M50”係考慮一般「單價分析」之細目多不超過 M50。

二、參考「表 4 -1」所列之單價分析表，再從工料表中找到相同之工料(例如：編號 C025 之杉木)，切換至“工料表”工作表。

1. 假設杉木尚未知在“工料表”中何處，故先將滑鼠指標移至 A1，再採用 編輯 → 尋找 的方式，輸入杉木兩字後(如圖 4-2)，按 找下一個 鈕，若有的話，游標即刻移至該處(如圖 4-3)，找到杉木位置，然後按 關閉 。

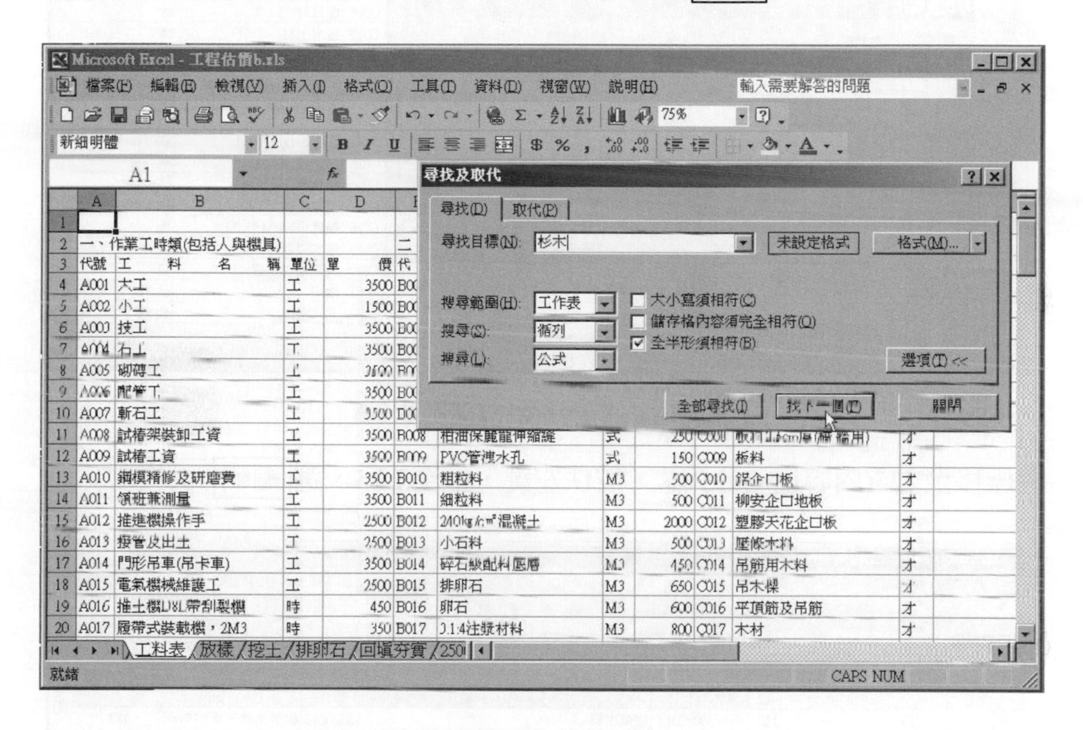

圖 4-B-2 在 尋找 交談視窗中輸入杉木兩字

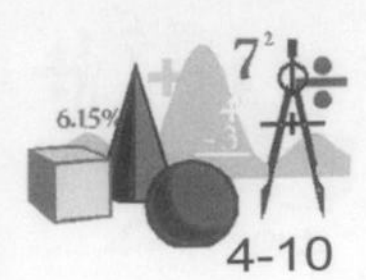

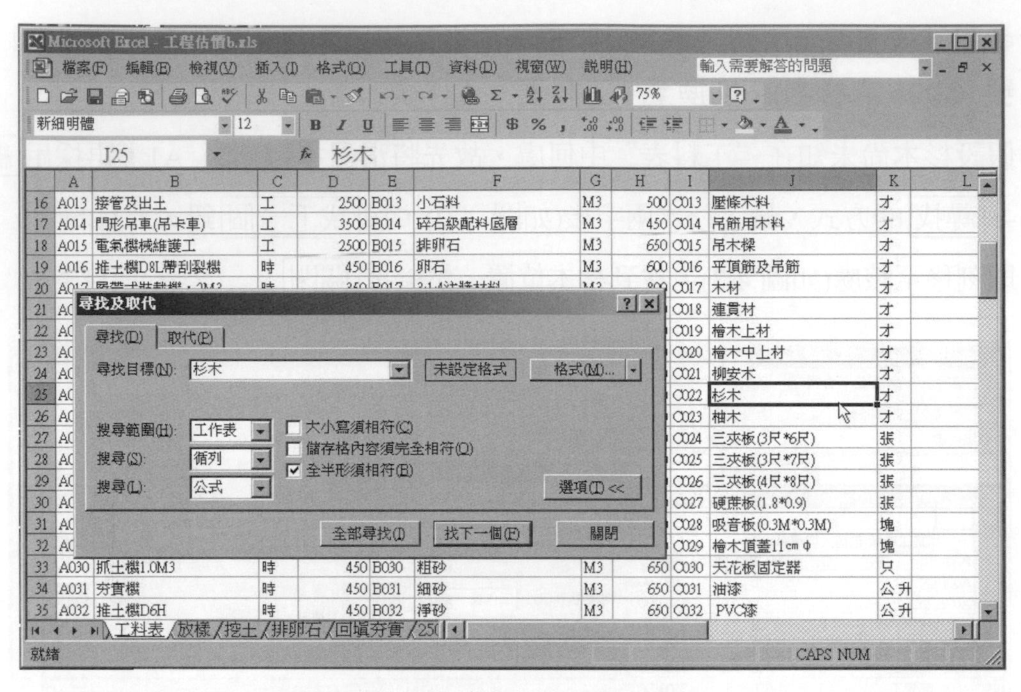

圖 4-B-3 游標移至杉木兩字之位置

2. 遊標移至 I25(內容爲 C025)處，按住左鍵，拖至 L25，選 編輯 → 複製 ；

Microsoft Excel - 工程估價b.xls

I25 C022

	E	F	G	H	I	J	K	L	M	N	O
16	B013	小石料	M3	500	C013	壓條木料	才	180	D013	鍍鋅鐵絲，φ4.191㎜	KG
17	B014	碎石級配料底層	M3	450	C014	吊筋用木料	才	250	D014	0.5㎝×15㎝×5㎝鐵板	KG
18	B015	排卵石	M3	650	C015	吊木樑	才	250	D015	角鐵(材料費)	KG
19	B016	卵石	M3	600	C016	平頂筋及吊筋	才	200	D016	加強支撐鋼材	KG
20	B017	3:1:4注漿材料	M3	800	C017	木材	才	200	D017	角鐵材料費，厚6㎜	KG
21	B018	泥漿運棄	M3	50	C018	連貫材	才	200	D018	裁切加工電焊	KG
22	B019	泥漿池	M3	150	C019	檜木上材	才	250	D019	鑄鐵蓋及框	KG
23	B020	粘土(皂土)	M3	350	C020	檜木中上材	才	250	D020	角鐵材料費	KG
24	B021	塊石(φ25 - 30㎝)	M3	350	C021	柳安木	才	250	D021	錨桿(含車牙、銲接)	組
25	B022	角石	M3	350	C022	杉木	才	350	D022	錨座槽鋼	組
26	B023	噴凝土材料費	M3	350	C023	柚木	才	350	D023	管推體	組
27	B024	人工土方開挖(H≦10m)	M3	250	C024	三夾板(3尺*6尺)	張	350	D024	推墊	組
28	B025	人工土方開挖(H>10m)	M3	180	C025	三夾板(3尺*7尺)	張	350	D025	反力座型鋼	組
29	B026	人工軟岩開挖	M3	350	C026	三夾板(4尺*8尺)	張	450	D026	導管拉拔接頭	組
30	B027	沉箱環混凝土	M3	500	C027	硬蔗板(1.8*0.9)	張	250	D027	手動操作箱	組
31	B028	心牆混凝土	M3	450	C028	吸音板(0.3M*0.3M)	塊	50	D028	承鈑及套管	組
32	B029	級配砂礫	M3	500	C029	檜木頂蓋11㎝φ	塊	150	D029	間隔器	只
33	B030	粗砂	M3	650	C030	天花板固定器	只	80	D030	鍵索端裝置(導尖)	只
34	B031	細砂	M3	650	C031	油漆	公升	120	D031	中心固定管	只
35	B032	淨砂	M3	650	C032	PVC漆	公升	150	D032	錨座承鈑	只

工料表 放樣 挖土 排卵石 回填夯實 2500

就緒 加總=350 CAPS NUM

圖 4-B-4 從 I25 標記至 L25

切換至“放樣”工作表→遊標放在 H3→按左鍵，選 編輯 → 選擇性貼上 →按 貼上連結 即成(新版 Excel 的 貼上連結 功能已改用「建立陣列公式」處理，操作細節請參考後述【注意】乙節)。 貼上連結 是很重要的關鍵，由此功能，使得跨工作表參照基本工料之名稱、單價成爲可能。使整體連鎖機動調變各參照之相關位址的資訊，這正是利用 Excel 最值回票價的地方了。

Microsoft Excel - 估價教學_範例一.XLS

檔案(F) 編輯(E) 檢視(V) 插入(I) 格式(O) 工具(T) 資料(D) 視窗(W) 說明(H)

新細明體 12 B I U $ % 80%

SUM =K3*L3

	F	G	H	I	J	K	L	M	N
1			1	放樣	M²	0	129.6		
2			代號	工料名稱	單位	單價	數量	複價	備註
3			C022	杉木	才	300.00	0.30	=K3*L3	
4			A002	法工	工	2500.00	0.02		
5			A124	零星損耗	式	0.00	1.00		
6									
7									
8									
9									
10									
11									
12									
13									
14									
15									

單價表 / 工料表 / 放樣 / 挖

編輯 CAPS NUM

圖 4-B-5 按 貼上連結 即複製了參照資訊

依前述步驟，將必需之基本工料陸續填入，並在“數量”下，填入必需之數量。

3. 輸入複價公式

首先將游標移到 M3 儲存格，輸入公式如下

=K3*L3

Microsoft Excel - 估價教學_範例一.XLS

SUM =K3*L3

	H	I	J	K	L	M	N
1	1	放樣	M^2	0	129.6		
2	代號	工料名稱	單位	單價	數量	複價	備註
3	C022	杉木	才	300.00	0.30	=K3*L3	
4	A003	技工	工	2500.00	0.02		
5	A124	零星損耗	式	0.00	1.00		

單價表 / 工料表 / 放樣 / 挖:

圖 4-B-6 輸入複價之公式

4. 游標對準填滿控點，向下拖曳至各工程細項(除了零星損耗以外)複製公式

5. 設基本工料填至第四列，最後一列(第五列，游標在 H5)，選用工料表中 A124，零星損耗→L5 處輸入 1→複價 M5 處輸入公式“=SUM(M3:M4)*0.05”。

圖 4-B-7 輸入零星損耗之公式

6. 零星損耗用以上細項複價總合之 5%計算，可視工程單項之性質調整之。

7. K1 儲存格中已有 =ROUND(SUM(M3:M50),0) 公式，它將隨以上之操作而不斷反應出最新的值。

【注意】新版的 Excel 在貼上連結的操作上已有改變，它稱「建立陣列公式」，操作如下：

8. 切換至“放樣”工作表→遊標標記 H3 到 K3(如圖 4-B-8)。

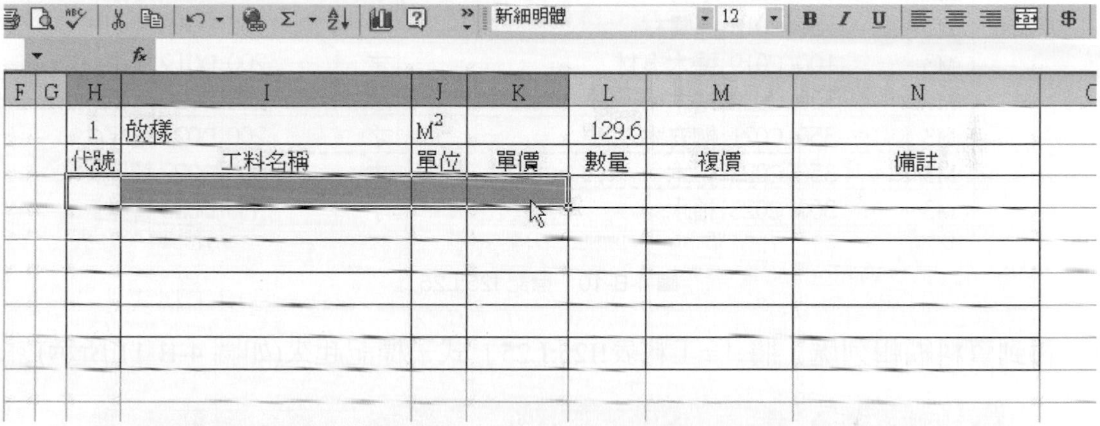

H	I	J	K	L	M	N
1	放樣	M^2		129.6		
代號	工料名稱	單位	單價	數量	複價	備註

圖 4-B-8　標記單項工料陣列

9. 輸入「＝」等號(如圖 4-B-9)。

H	I	J	K	L	M	N
1	放樣	M^2		129.6		
代號	工料名稱	單位	單價	數量	複價	備註
=						

圖 4-B-9　輸入「＝」等號

10. 切換到“工料表”的杉木位置(即 I25:L25 處)，將其標記起來。(如圖 4-B-10 所示)

=工料表!I25:L25

G	H	I	J	K	L	M	
M3	500	C011	柳安企口地板	才	150	D011	B級G
M3	1000	C012	塑膠天花企口板	才	150	D012	6㎜φ
M3	500	C013	壓條木料	才	180	D013	鍍鋅
M3	450	C014	吊筋用木料	才	200	D014	0.5cm
M3	600	C015	吊木樑	才	200	D015	角鐵(
M3	550	C016	平頂筋及吊筋	才	150	D016	加強
M3	800	C017	木材	才	150	D017	角鐵
M3	50	C018	連貫材	才	150	D018	裁切
M3	100	C019	檜木上材	才	200	D019	鑄鐵
M3	300	C020	檜木中上材	才	250	D020	角鐵
M3	350	C021	柳安木	才	200	D021	錨桿(
M3	350	C022	杉木	才	300	D022	錨座
M3	300	C023	柚木	才	350	D023	管推

圖 4-B-10　標記 I25:L25

11. 再到資料編輯列處，將「=工料表!I25:L25」式子標記起來(如圖 4-B-11 所示)。

=工料表!I25:L25

G	H	I	J	K	L	M	
M3	500	C011	柳安企口地板	才	150	D011	B級
M3	1000	C012	塑膠天花企口板	才	150	D012	6㎜
M3	500	C013	壓條木料	才	180	D013	鍍
M3	450	C014	吊筋用木料	才	200	D014	0.5
M3	600	C015	吊木樑	才	200	D015	角
M3	550	C016	平頂筋及吊筋	才	150	D016	加
M3	800	C017	木材	才	150	D017	角
M3	50	C018	連貫材	才	150	D018	裁
M3	100	C019	檜木上材	才	200	D019	鑄
M3	300	C020	檜木中上材	才	250	D020	角
M3	350	C021	柳安木	才	200	D021	錨
M3	350	C022	杉木	才	300	D022	錨
M3	300	C023	柚木	才	350	D023	管

圖 4-B-11　標記資料編輯列

12. 最後同時按一次 CTRL-SHIFT-ENTER，即完成基本工料的陣列公式操作。(如圖 4-B-12)

100% 新細明體 12

fx {=工料表!I25:L25}

資料編輯列

F	G	H	I	J	K	L	M	N
		1	放樣	M^2		129.6		
		代號	工料名稱	單位	單價	數量	複價	備註
		C022	杉木	才	300.00			

圖 4-B-12　完成基本工料的陣列公式操作

13. 接著就跟上述操作一樣。這個操作動作對整本書的應用理念影響很大。新版的操作方式跟舊版很不一樣，讀者宜小心。與傳統的 貼上連結 一樣，陣列公式的建置是本書很重要的關鍵，由此功能，使得跨工作表參照基本工料之名稱、單價成爲可能。使整體連鎖機動調變各參照之相關位址的資訊，這正是利用 Excel 最值回票價的地方了。

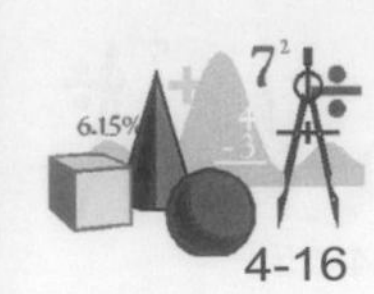

三、重複以上各步驟，在其它工作表中陸續建立單價分析表。

表 4-1　單價分析表舉例

工程類別：砌 1B 紅磚 (單位: m²)

項目	項目及說明	單位	工料數量	單價	複價	備　註
1	紅磚	塊	140			23cm×11cm×6cm
2	1:3 水泥砂漿	M^3	0.06			
3	技工	工	0.14			
4	小工	工	0.16			
5	工地小搬運	式	1			
6	工具損耗	式	1			
	合計	m^2	1			

四、大部份單價分析表係經常在一般工程中出現，較為固定的工作項目，建妥的單價分析表，將來皆可再利用。利用的方式有下列三種：

1. 將原檔案拷貝另一檔名，再至 Excel 系統中，載入新檔，刪除舊資料，留下要用的部份。再進行新資料的建立。

2. 同時載入新舊檔。若主記憶體夠大，吾人可利用群組拷貝的方式，同時挑選需要之工作表。利用「選擇性貼上」功能，一次就拷貝至新檔。

3. 指定不同單價分析表，並設定範圍，一個個拷貝至新檔。若主記憶體不夠大，則此法較可行。

五、以本教材所舉的工程圖說為例，吾人所需建立之單價分析表項目如下所示：

1. 放樣
2. 挖土
3. 排卵石
4. 回填夯實

5. 2500 psi PC
6. 3000 psi RC
7. 紮鋼筋
8. 裝模板
9. 砌 1B 磚
10. 砌 1／2B 磚
11. 地坪磨石子嵌銅條
12. 內牆 1：2 水泥粉光水泥漆
13. 外牆貼瓷磚
14. 浴室內牆貼馬賽克
15. 屋頂防水水泥粉刷
16. 樓梯櫸木扶手
17. DW
18. D1
19. D2
20. D3
21. D4
22. W1
23. W2
24. W3
25. W4

4-B-2 單價分析表實例演練

1	放樣	M2	147			
代號	工料名稱	單位	單價	數量	複價	備註
C022	杉木	才	300.00	0.30	90.00	
A003	技工	工	2500.00	0.02	50.00	
A124	零星損耗	式	0.00	1.00	7.00	

2	挖土	M3	630			
代號	工料名稱	單位	單價	數量	複價	備註
A002	小工	工	2000.00	0.30	600.00	普通土基礎 人工開挖
A124	零星損耗	式	0.00	1.00	30.00	(0~2m 深度)

3	排卵石	M3	1748			
代號	工料名稱	單位	單價	數量	複價	備註
B016	卵石	M3	550.00	1.10	605.00	
B089	填縫石子	L.M3	400.00	0.15	60.00	
A002	小工	工	2000.00	0.50	1000.00	
A124	零星損耗	式	0.00	1.00	83.25	

4	回填夯實	M3	315			
代號	工料名稱	單位	單價	數量	複價	備註
A002	小工	工	2000.00	0.15	300.00	人工
A124	零星損耗	式	0.00	1.00	15.00	

5	2500psi 預拌混凝土	M3	2178			
代號	工料名稱	單位	單價	數量	複價	備註
B095	水泥	包	150.00	6.00	900.00	
B033	清石子	M3	500	0.88	440.00	
B030	粗砂	M3	600.00	0.48	288.00	
A003	技工	工	2500.00	0.05	125.00	
A002	小工	工	2000.00	0.15	300.00	
A125	震動機	式	0.00	1.00	5.00	
B003	混凝土泵浦及輸送管	式	100.00	1.00	100.00	
A124	零星損耗	式	0.00	1.00	20.25	

6	3000psi 預拌混凝土	M3	2232			
代號	工料名稱	單位	單價	數量	複價	備註
B095	水泥	包	150.00	6.50	975.00	
B033	清石子	M3	500	0.85	425.00	
B030	粗砂	M3	600.00	0.47	282.00	
A003	技工	工	2500.00	0.05	125.00	
A002	小工	工	2000.00	0.15	300.00	

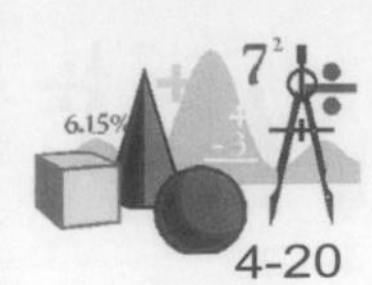

6	3000psi 預拌混凝土	M3	2232			
A125	震動機	式	0.00	1.00	5.00	
B003	混凝土泵浦及輸送管	式	100.00	1.00	100.00	
A124	零星損耗	式	0.00	1.00	20.25	

7	紮鋼筋	噸	21477			
代號	工料名稱	單位	單價	數量	複價	備註
B126	鋼筋	MT	9000.00	1.00	9000.00	
A001	大工	工	2500.00	2.50	6250.00	
A002	小工	工	2000.00	3.00	6000.00	
D053	#20 鐵絲	KG	30.00	4.00	120.00	
A124	零星損耗	式	0.00	1.00	106.85	

8	模板裝拆	M2	1056			
代號	工料名稱	單位	單價	數量	複價	備註
C008	板料 2.5cm 厚(橋,牆用)	才	200.00	1.00	200.00	(0.025M3x360 才/M3)/6
C041	支撐料	才	200.00	0.75	150.00	
A003	技工	工	2500.00	0.13	325.00	
A001	大工	工	2500.00	0.05	125.00	
A002	小工	工	2000.00	0.10	200.00	
D055	鐵絲鐵釘	KG	30.00	0.20	6.00	
A124	零星損耗	式	0.00	1.00	50.30	

9	砌 1B 磚	M2	1406			
代號	工料名稱	單位	單價	數量	複價	備註
B104	紅磚(23*11*6cm)	塊	3.00	140.00	420.00	
B128	1:3 水泥砂漿	M3	3066.00	0.06	183.96	
A003	技工	工	2500.00	0.15	375.00	
A002	小工	工	2000.00	0.18	360.00	
A124	零星損耗	式	0.00	1.00	66.95	

10	砌 1/2B 磚	M2	700			
代號	工料名稱	單位	單價	數量	複價	備註
B104	紅磚(23*11*6cm)	塊	3.00	70.00	210.00	
B128	1:3 水泥砂漿	M3	3066.00	0.025	76.65	
A003	技工	工	2500.00	0.08	200.00	
A002	小工	工	2000.00	0.09	180.00	
A124	零星損耗	式	0.00	1.00	33.33	

11	1:3 水泥砂漿	M3	3066			
代號	工料名稱	單位	單價	數量	複價	備註
B095	水泥	包	150.00	9.00	1350.00	
B032	淨砂	M3	600.00	0.95	570.00	
A002	小工	工	2000.00	0.50	1000.00	
A124	零星損耗	式	0.00	1.00	146.00	

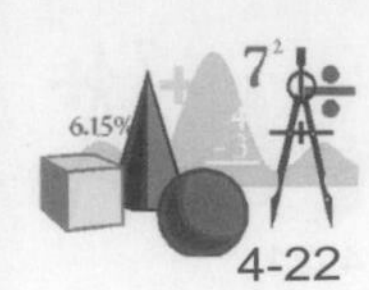

12	地坪舖馬賽克	M2	2684			
代號	工料名稱	單位	單價	數量	複價	備註
B119	馬賽克	才	100.00	11.00	1100.00	
B128	1:3 水泥砂漿	M3	3066.00	0.025	76.65	
B098	水泥勾縫	包	300.00	0.60	180.00	
A003	技工	工	2500.00	0.32	800.00	
A002	小工	工	2000.00	0.20	400.00	
A124	零星損耗	式	0.00	1.00	127.83	

13	內牆水泥粉光水泥漆	M2	426			
代號	工料名稱	單位	單價	數量	複價	備註
B128	1:3 水泥砂漿	M3	3066.00	0.02	61.32	
B095	水泥	包	150.00	0.18	27.00	
A003	技工	工	2500.00	0.07	175.00	
A002	小工	工	2000.00	0.05	100.00	
C037	水泥漆	公 升	120.00	0.35	42.00	
A124	零星損耗	式	0.00	1.00	20.27	

14	牆面貼瓷磚	M2	1799			
代號	工料名稱	單位	單價	數量	複價	備註
B113	白 磁 磚(11*11cm)	塊	10.00	86.00	860.00	
B128	1:3 水泥砂漿	M3	3066.00	0.02	61.32	
B098	水泥勾縫	包	300.00	0.008	2.40	
A003	技工	工	2500.00	0.22	550.00	
A002	小工	工	2000.00	0.12	240.00	
A124	零星損耗	式	0.00	1.00	85.69	

15	屋頂蓋水泥瓦	M2	521			
代號	工料名稱	單位	單價	數量	複價	備註
B129	水泥瓦	塊	15.00	13.00	195.00	
F009	洋釘	KG	60.00	0.012	0.72	
D056	#8 鐵絲	KG	30.00	0.01	0.30	
A003	技工	工	2500.00	0.04	100.00	
A002	小工	工	2000.00	0.10	200.00	
A124	零星損耗	式	0.00	1.00	24.80	

16	DW 落地鋁門窗	扇	14701			
代號	工料名稱	單位	單價	數量	複價	備註
C042	鋁製落地門窗	才	200.00	41.67	8334.00	150cm*250cm (41.67 才)
A066	安裝	式	1000.00	1.00	1000.00	
A059	運什費	式	500.00	1.00	500.00	
C047	玻璃(4mm)	才	100.00	41.67	4167.00	
A124	零星損耗	式	0.00	1.00	700.05	

17	D1 鋁門	扇	7665			
代號	工料名稱	單位	單價	數量	複價	備註
C043	鋁製門	才	180.00	25.00	4500.00	90cm*250cm (25 才)
A066	安裝	式	1000.00	0.50	500.00	
A059	運什費	式	500.00	0.60	300.00	
C046	玻璃(3mm)	才	80.00	25.00	2000.00	
A124	零星損耗	式	0.00	1.00	365.00	

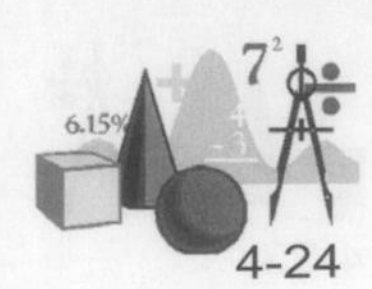

18	D2 鋁門	扇	7233			
代號	工料名稱	單位	單價	數量	複價	備註
C043	鋁製門	才	180.00	23.61	4249.80	85cm*250cm (23.61 才)
A066	安裝	式	1000.00	0.50	500.00	
A059	運什費	式	500.00	0.50	250.00	
C046	玻璃(3mm)	才	80.00	23.61	1888.80	
A124	零星損耗	式	0.00	1.00	344.43	

19	D3 鋁門	扇	6827			
代號	工料名稱	單位	單價	數量	複價	備註
C043	鋁製門	才	180.00	22.22	3999.60	80cm*250cm (22.22 才)
A066	安裝	式	1000.00	0.50	500.00	
A059	運什費	式	500.00	0.45	225.00	
C046	玻璃(3mm)	才	80.00	22.22	1777.60	
A124	零星損耗	式	0.00	1.00	325.11	

20	D4 鋁門	扇	4878			
代號	工料名稱	單位	單價	數量	複價	備註
C043	鋁製門	才	180.00	15.56	2800.80	70cm*200cm (15.56 才)
A066	安裝	式	1000.00	0.40	400.00	
A059	運什費	式	500.00	0.40	200.00	
C046	玻璃(3mm)	才	80.00	15.56	1244.80	
A124	零星損耗	式	0.00	1.00	232.28	

21	W1 鋁窗	樘	7550			
代號	工料名稱	單位	單價	數量	複價	備註
C044	鋁製窗	才	160.00	26.00	4160.00	130cm*180cm (26 才)
A066	安裝	式	1000.00	0.70	700.00	
A059	運什費	式	500.00	0.50	250.00	
C046	玻璃(3mm)	才	80.00	26.00	2080.00	
A124	零星損耗	式	0.00	1.00	359.50	

22	W2 鋁窗	樘	5775			
代號	工料名稱	單位	單價	數量	複價	備註
C044	鋁製窗	才	160.00	20.00	3200.00	100cm*180cm (20 才)
A066	安裝	式	1000.00	0.50	500.00	
A059	運什費	式	500.00	0.40	200.00	
C046	玻璃(3mm)	才	80.00	20.00	1600.00	
A124	零星損耗	式	0.00	1.00	275.00	

23	W3 鋁窗	樘	5664			
代號	工料名稱	單位	單價	數量	複價	備註
C044	鋁製窗	才	160.00	19.56	3129.60	220cm*80cm (19.56 才)
A066	安裝	式	1000.00	0.50	500.00	
A059	運什費	式	500.00	0.40	200.00	
C046	玻璃(3mm)	才	80.00	19.56	1564.80	
A124	零星損耗	式	0.00	1.00	269.72	

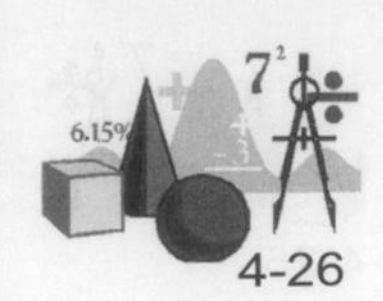

24	W4 鋁窗	樘	2264			
代號	工料名稱	單位	單價	數量	複價	備註
C044	鋁製窗	才	160.00	7.11	1137.60	80cm*80cm (7.11 才)
A066	安裝	式	1000.00	0.30	300.00	
A059	運什費	式	500.00	0.30	150.00	
C046	玻璃(3mm)	才	80.00	7.11	568.80	
A124	零星損耗	式	0.00	1.00	107.82	

作　業

A01. 請依專業需要爲自己編列基本工料之分類。

A02. 請任意舉出五種「人工」並探訪目前之單價(每日工資)爲何？

A03. 請任意舉出五種「施工機具」，並探訪其目前之單價爲何？

A04. 請任意舉出五種有關裝洪之材料，並探訪其目前之單價爲何？

A05. 請任意舉出五種水電材料，並探訪其前之單價爲何？

B01. 請實際將 A01 題之分類建成檔案，並輸入一些必要之工料。

B02. 請實際將 A02 題，建入 B01 題之檔案內。

B03. 請實際將 A03 題，建入 B01 題之檔案內。

B04. 請實際將 A04 題，建入 B01 題之檔案內。

B05. 請實際將 A05 題，建入 B01 題之檔案內。

5 單價分析原理

學習目標

1. 瞭解單價分析之原理。
2. 單價分析之範例。
3. 單價分析之實際操作演練。

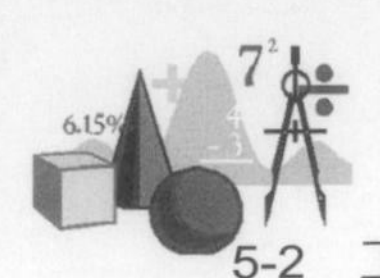

摘 要

工程估價的目的，不外乎將一件複雜的工程，有條不紊的整理出工程花費的問題。為了方便工程期間的計價付款，自然要將龐雜的工程耗資，依照種種規則，化整為零，分出細項，訂出單價。單價分析的方法有引用法、成本分析法、統計法三種。

工程單項有其計價的單位，而每一個單位亦由不同數量的基本工料組合而成。決定工料之因素有：

1. 工地之人文地理條件差異。
2. 品質與強度要求不同。
3. 施工方法不同。
4. 使用材料之材質不同。
5. 施工規範不同。
6. 累積經驗與統計數據。

本文

5-A-1 概說

單價分析表是整個工程中，各分項工程的單價之組成表。工程單項的形成，主要與施工方法或使用材料或施工之獨立性或程序之一致性相關。例如 3000psi 混凝土工程項目，主要在混凝土產品之強度要求，不同強度之混凝土，其配比用料不同，致使單價不同，就要分別列一項。有些工程單項中所包含的工料，亦可以是一個工程單項；例如室內水泥粉刷水泥漆、水泥粉光 P.V.C 漆等工程單項，其中皆須 1：2 水泥粉光或 1：3 水泥粉光。1：2 水泥粉光或 1：3 水泥粉光本身就是一個常見的工程單項。本書雖沿用一般設計部門常用之工程分項習慣，將油漆併在水泥粉光內，但仍主張避免使用工程單項中又有工程單項的現象，而將其化整爲零，回歸到每項皆爲基本工料，則較能簡化參照之複雜性及各項工與料之反向統計工作的進行。若有大型工程，無法避免使用子單項的情形，則在儲存格參照上須加以規劃。

工程估價的範疇，實以「工程數量計算」及「建立單價分析表」爲最主要的工作。「建立單價分析表」是一件高度靈活而深具經驗性的技術。一件工程單項的單價，除了要掌握精確的工料單價外，每個基本工料數量多寡之拿捏對單價亦是具有相當的影響。

5-A-2 單價分析原理

一、單價分析表之組成

任何一個工程單項，不外乎人工與材料爲其組合之大宗。再加上設備或機具之損耗、租金等，由上述不同的「工」、「料」種類與各自不同之數量，組合成一個個不同之單價分析表，其架構如下表：

表 5-A-1　單價分析表組成架構

<table>
<tr><td rowspan="7">單價分析表</td><td rowspan="2">材料</td><td rowspan="2">材料規格</td><td rowspan="2">材料單位用量</td><td>材料單價</td><td rowspan="2">複價</td></tr>
<tr><td>材料運費</td></tr>
<tr><td>人工</td><td>技術等級</td><td>人工單位耗時</td><td>人工單價</td><td>複價</td></tr>
<tr><td rowspan="2">機具設備</td><td rowspan="2">機具規格</td><td rowspan="2">機具單位耗時</td><td>機具租金</td><td rowspan="2">複價</td></tr>
<tr><td>機具運費</td></tr>
<tr><td rowspan="2">損耗</td><td>材料損耗</td><td>單位損耗量</td><td rowspan="2">單價</td><td rowspan="2"></td></tr>
<tr><td>機具損耗</td><td>單位損耗量</td></tr>
</table>

二、單價分析法

1.　引用法

許多工程單項可能在目前正在進行中或最近完成的工程中已有用過，可直接引用。此法是估價實務工作最常使用的方法。因大部分的工程，其所含之工程單項，重複性很高。故可不斷引用，雖組成單項幾乎都一樣，唯其中工料單價應視當時物價情況而調整，單項工程中使用的工料量亦應考慮工地實況而彈性調整，以符合實際。

本書用 Excel 軟體處理單價分析表，就是因爲 Excel 試算表，儲存容量超大，處理速度又快，故可充分地將常用之基本工料及單價分析表建立在檔中，並可不斷擴充，當實際用在某項工程，有不須要之單價分析表時，可將其暫時設定隱藏。由於 Excel 在這方面卓越之功能，使整個估價工作，縮減了相當多繁雜而重複的工作。更重要的是，只要確保輸入的資料正確無誤，則我們幾乎都不用擔心其計算的正確性。

2.　成本分析法

有些工程單項，因時因地變異較大，組合之工料無法單純地引用舊有的資料。必須依據實際情形，採取成本分析法，所謂成本分析法，就是將一個單項工程，依其進行之總工程數量之進行，其中所需之全部人力、材料、機具，甚至利潤等各項開銷統統條列出來，整合後再給予單位化。這樣的方法最精確，但較耗時。土木工程往往一個工程單項因施工規模不同而在單價方面有很大的差異，雖所須工料項目相同，但單位用量變化頗多，故採成本分析法較正確。

3. 統計法

引用法所採用之舊單價分析表，其工料項目與用量常常是日積月累，由許多次類似之工程累積歸納統計出來的。雖然不同的工程規模或不同的施工條件，其用料、單價皆有少許出入，但累積愈多，應會趨於穩定，而得到一適用於多數情況之統計值，故稱統計法。

三、工料需求之決定因素

每一工程單項中之工料需求量多寡，隨著不同因素而定，吾人在進行單價分析實作時，不得不特別注意。

1. 工地之人文地理條件之差異。

同樣的工程單項，施工所在之工地如果不一樣，最大的差異就是各工程細項的單價。例如混凝土工程，台北市因不是砂與石子的原產地，其單價就要增加運費的成本。

2. 品質與強度之要求不同。

再以混凝土工程爲例，同樣稱呼混凝土，用在無筋混凝土，只要 2000 psi 的強度(每立方公尺需水泥 4.5 包,石子 0.87m3,砂 0.57m3)，而一般鋼筋混凝土則爲 3000psi 的強度(每立方公尺需水泥 7 包,石子 0.83m3,砂 0.54m3)。

3. 施工方法不同。

目前民間地面貼瓷磚的施工有所謂「硬底」、「軟底」之分。「硬底」是水泥砂漿底層全部打好，水平也要訂好，等凝固有了相當的強度後，再開始用純水泥漿(加海菜粉)塗佈在瓷磚底面貼在地面。「軟底」則先打完初層底層，大略水平也要訂好，等凝固有了相當的強度後，再開始用比率較佳水泥砂漿(加海菜粉)塗佈在地面，再即刻鋪貼瓷磚上去並須準確調校水平。以上兩種施工方法，使用之「工」、「料」皆稍有差異，所以單價就要相對調整。

4. 使用材料之材質不同。

標準的室內籃球場地板需使用北歐之原木材料，若改用本省原木則單價就減少許多，差異頗大。

5. 施工規模不同。

以紮鋼筋爲例，十幾噸的小工程與幾百噸的大工程，在零星損耗方面的考慮就不盡相同，而且，使用鋼筋號數大者用量愈多愈能降低單價，因爲同樣一噸所耗的人工較少。

6. 累積長期之經驗與統計數據。

本項是大部分基本工料需求量之決定基礎。一個長期從事工程實務而且相當敬業的工程專家，對每一個工程單項必定下過一番工夫進行統計歸納，將「工」、「料」作最合理的調整。

總之，吾人在進行單價分析時，需對每個工程項目做定性、定量之成本分析。進而得到每個工程之單位需要費用。

工程人員切記，絕不可因方便就隨意問一個包商來決定一項工程單價，經常向多位包商訪價，瞭解最新的行情，作爲參考是絕對需要的。但本身對組成一個工程單項之細項「工」與「料」之單價與用量之分析原理及掌握，還是最正確最重要的作法，否則幾家同工種的協力廠商聯合壟斷，無理漲價，下游業者或估價師卻無力討價還價，將直接造成業主的損失，長期這樣不健全的機制將使營造業積非成是，工項單價無法合理化，品質也永遠無法提昇。個人建議，有必要作工程訪價時，應把握以下幾項原則：

(1) 訪價應以基本工料爲訪查單位，若有問到工程單項之價錢，亦僅能作爲參考，不可直接套用。

(2) 「貨比三家不吃虧」，訪價應至少問三家，爲了避免被商人壟斷，盡可能保留身份，並跨縣市訪價較能得到正確的訊息。

(3) 「工」與「料」之付款方式亦會影響單價，訪價時務必考慮在內。有些工人按月計酬，或按日計酬、按件計酬，有發現金或即期支票、有開一個月以上支票者，工程材料亦同，以上皆會影響資金的運轉，利息的額外負擔，自然亦會影響工程成本。

5-A-3 範例

例一：預力預鑄基樁打樁成本分析：

一、條件設定：

1. 樁長 15m，直徑 50cm 之預鑄基樁 240 根。
2. 採用 2500kg 之打樁機配合 13.6T 吊車工作。
3. 依據以往工作經驗，平均每天可打設 4~8 根基樁。
4. 工期：240/6=40 天。
5. 所需日曆天：40×(3/2)=60 天。

※ 通常工作天約估為日曆天的 2/3。

二、施工機械費用：

1. 打樁機　8hr×　800 元/hr　=6,400 元
2. 吊　車　8hr×1,800 元/hr =14,400 元

　　合計　=20,800 元

三、人工費用：

1. 領　班　1×2,500 元/天　=2,500 元
2. 作業手　1×2,500 元/天　=2,500 元
3. 技　工　2×2,000 元/天　=4,000 元
4. 小　工　2×1,500 元/天　=3,000 元

　　合計　=12,000 元

四、平均單價：

[(20,800×40)+(12,000×60)]/3,600M=431 元/M

例二：測量工程

一、市區道路拓寬測量

1. 界定條件：

   道路長 5 公里

   道路寬 40 公尺

   圖測範圍 80 公尺

2. 圖測面積：A=5000×70=350000 平方公尺

   =35 公頃

   比例尺：1/1000

3. 每公頃所需人員及費用：含圖根測量(導線、水準及計算)，細部測量，及地形原圖描繪整飾等工作，(不含交通及膳宿費)。

   組 長 1×2,500 元/工 =2,500 元

   技 工 3×2,200 元/工 =6,600 元

   小 工 3×1,500 元/工 =4,500 元

   材料及機器折舊費 =4,000 元

   合計每公頃測量費 =14,000 元

4. 總計圖測費用為 14,000 元/公頃×35=490,000 元

二、丘陵區新建道路測量工程

1. 界定條件

   道路長 15 公里

   道路寬 15 公尺

   圖測範圍 30 公尺

2. 選線定線測量：選定路線每 20 公尺釘一中心樁，其工作包含選點及導線測量等。

   組 長 1×2,500 元/工 =2,500 元

   技 工 2×2,200 元/工 =4,400 元

   小 工 2×1,500 元/工 =3,000 元

材料及機器折舊費　　　　　=　300 元

　　合計　　　　　　　　　=10,200 元

平均每日選線定線長度約 200 公尺每公里約需 10,200×(1,000/200)=51,000 元

3. 水準測量

含組長一人，技工一人，小工兩人，每日平均可測一公里來回需經費

1×2,500＋1×2,200＋2×1,500＋300＝8,000 元

4. 縱斷面測量

每組人數與水準測量同，每日平均可測 500 公尺來回，故每公里需經費：

8,000×2=16,000 元

5. 橫斷面測量

平均每 20 公尺測一橫斷面，寬度約 20 公尺，每公里 50 個橫斷面，測量組與前項相同，平均每日可測橫斷面六個，故每公里經費：

8,000×(50/6)=66,667 元。

6. 地形圖測量

圖測面積共 15,000×30=450,000 平方公尺=45 公頃，比例尺：1/1000

組　長　　1×2,500 元/工　=2,500 元

技　工　　1×2,200 元/工　=2,200 元

小　工　　1×1,500 元/工　=1,500 元

材料及機器折舊費　　　　　=　300 元

　　合計　　　　　　　　　=6,500 元

平均每日可測一公頃，故每公頃 6,500 元

7. 15 公里所需測量總經費

(1) 選線定線測點：

51,000 元/公里×15=　765,000

(2) 水準測量：

8,000 元/公里×15=　120,000

(3) 縱斷面測量：

16,000 元/公里×15= 240,000

(4) 橫斷面測量：

66,667 元/公里×15=1,000,000

(5) 地形圖測量：

6,500 元/公頃×45 公頃= 292,500

合計測量費=2,417,500

實　習

5-B-1 單價分析表編輯實例

以橋樑工程中一個工程單項—吊樑爲例設以一支 25 公噸(MT)，一天架設 3 支共計 75MT 作爲分析的單位，當然亦可化爲每單位公噸多少元。本文將其整個操作步驟分述如下：

一、複製其他現成的單價分析表

這個步驟有兩種選擇：

1. 只複製必要的格式

(1) 在現有的單價分析表中，游標置於 II 欄，從 H 欄壓住滑鼠左鍵再拖曳至 N 欄。然後按 複製格式 工具按鈕。

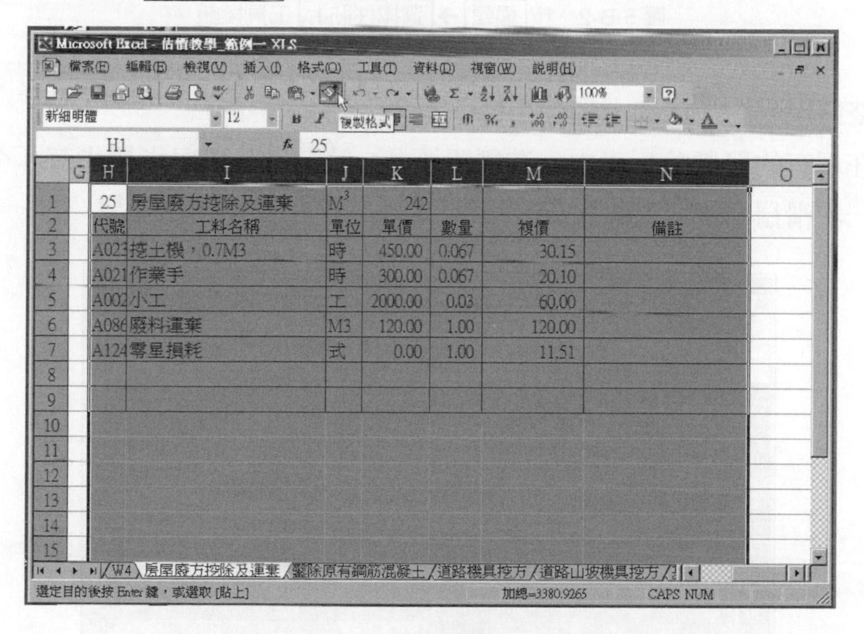

圖 5-B-1 按 複製 工具按鈕

(2) 切換至一張新的工作表，游標置於 H 欄，壓住滑鼠左鍵再拖曳至 N 欄。則新的工作表將只複製所有格式(包括表格)。

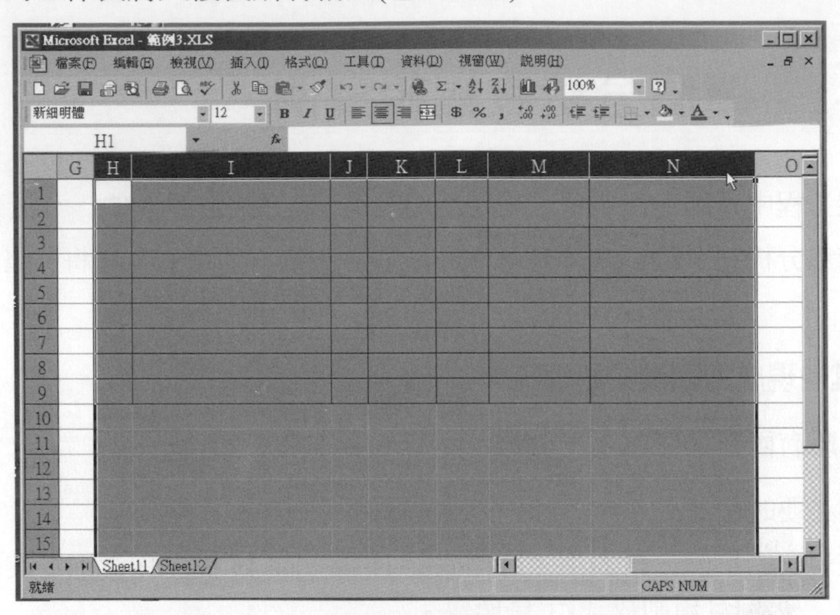

圖 5-B-2 按 編輯 ➔ 選擇性貼上 工具按鈕

2. 複製整個現成的工作表，然後再修改。

(1) 在現有的單價分析表中，游標置於 A1 儲存格，滑鼠指標指著「全選鈕」按一次滑鼠左鍵。然後按 複製 工具按鈕。

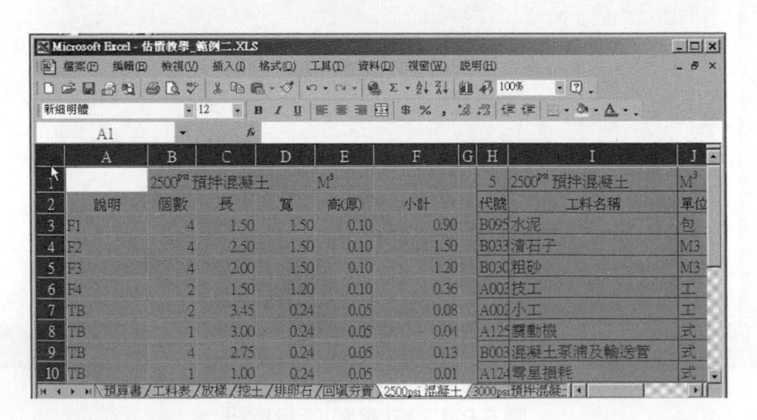

圖 5-B-3 在「全選鈕」按一次滑鼠左鍵。然後按 複製 工具按鈕

(2) 切換至一張新的工作表，游標置於 A1 儲存格，按一次 貼上 按鈕，即可全部複製，然後再更改左下角的標籤名稱，並作必要的內容更改。

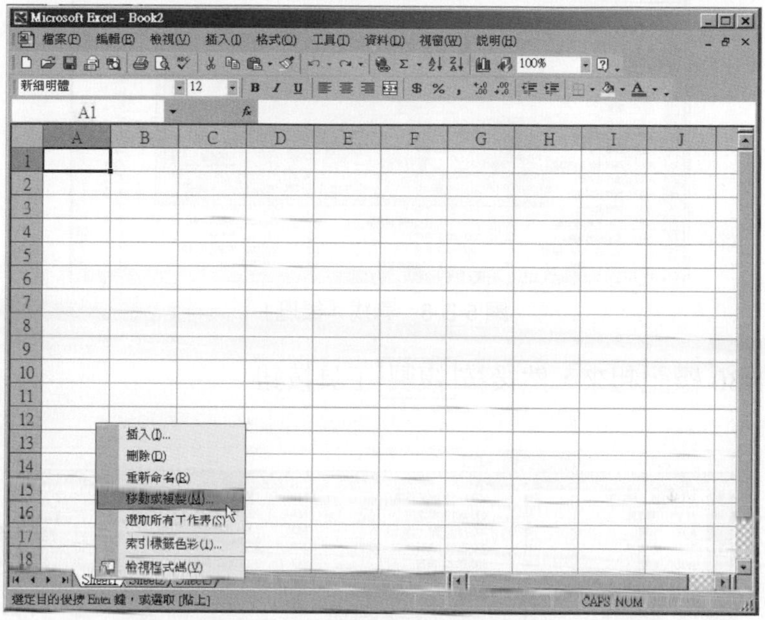

圖 5-B-4 更改左下角的標籤名稱

二、貼上連結基本工料(新版改用 建立陣列公式 的操作，參考第四章實習)

1. 游標放置在 H3

	H	I	J	K	L	M	N	O
1	30	吊樑	MT		取25MT/支分析(即25MT/支,1日架設3支,計75MT			
2	代號	工料名稱	單位	單價	數量	複價	備註	
3								
4								
5								
6								

圖 5-B-5 游標放置在 H3

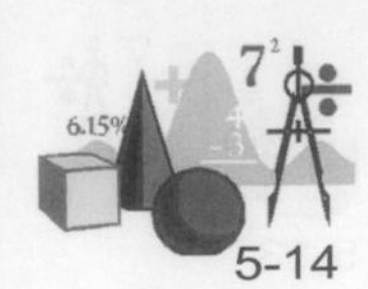

2. 切換至「工料表」，游標放置在 A1，尋找「領班」。

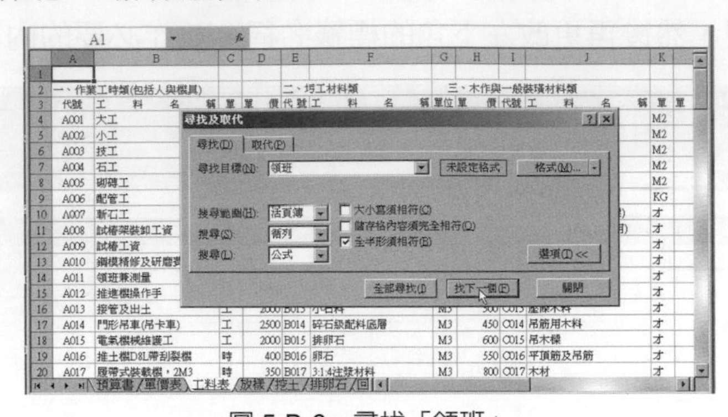

圖 5-B-6 尋找「領班」

3. 將 A30：D30 標記起來，然後按 複製 工具按鈕。

A30 ▾ fx A027

	A	B	C	D	E	F	G	H	I	J	K
21	A018	推土機D7H	時	400	B018	泥漿運棄	M3	50	C018	連貫材	才
22	A019	鋸縫機	時	400	B019	泥漿池	M3	100	C019	檜木上材	才
23	A020	水車	時	300	B020	粘土(皂土)	M3	300	C020	檜木中上材	才
24	A021	作業手	時	300	B021	塊石(φ25 - 30cm)	M3	350	C021	柳安木	才
25	A022	司機	時	300	B022	角石	M3	350	C022	杉木	才
26	A023	挖土機，0.7M3	時	450	B023	噴凝土材料費	M3	300	C023	柚木	才
27	A024	油壓式破碎機	時	500	B024	人工土方開挖(H≦10m)	M3	200	C024	三夾板(3尺*6尺)	張
28	A025	空氣壓縮機	時	400	B025	人工土方開挖(H>10m)	M3	180	C025	三夾板(3尺*7尺)	張
29	A026	手提鑽岩機	時	200	B026	人工軟岩開挖	M3	350	C026	三夾板(4尺*8尺)	張
30	A027	領班	時	400	B027	沉箱環混凝土	M3	500	C027	硬蔗板(1.8*0.9)	張
31	A028	傾卸卡車，載重8MT	時	300	B028	心牆混凝土	M3	400	C028	吸音板(0.3M*0.3M)	塊
32	A029	裝載機1.5M3 955L	時	300	B029	級配砂礫	M3	500	C029	檜木頂蓋11cmφ	塊

圖 5-B-7 將 A30：D30 標記起來

4. 編輯 → 選擇性貼上 → 貼上連結

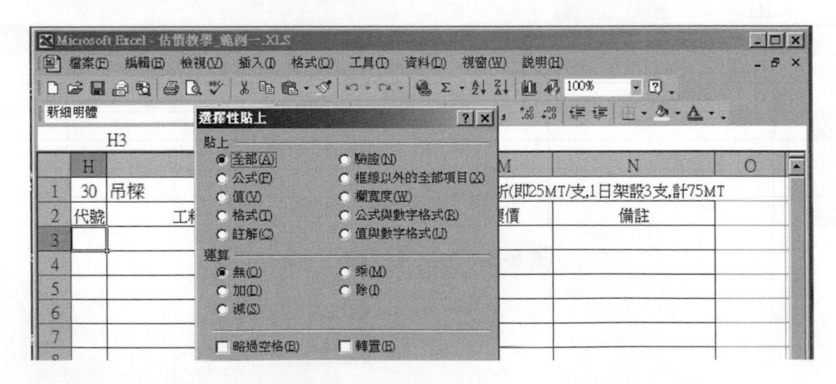

圖 5-B-8 編輯 → 選擇性貼上 → 貼上連結

5. 連續以上述步驟將「技工」、「大工」、「吊車，25MT，2 台」、「作業手」分別貼上。加上「零星損耗」

L3

	H	I	J	K	L	M	N	O
1	30	吊樑	MT		取25MT/支分析(即25MT/支,1日架設3支,計75MT			
2	代號	工料名稱	單位	單價	數量	複價	備註	
3	A027	領班	時	400				
4	A003	技工	工	2500				
5	A001	大工	工	2500				
6	A129	吊車,25MT,2台	時	2500				
7	A021	作業手	時	300				
8	A124	零星損耗	式	1				
9								

圖 5-B-9　將各工料組合

三、輸入各工料之「數量」，並鍵入「複價」公式。

SUM =K3*L3

	H	I	J	K	L	M	N	O
1	30	吊樑	MT		取25MT/支分析(即25MT/支,1日架設3支,計75MT			
2	代號	工料名稱	單位	單價	數量	複價	備註	
3	A027	領班	時	400	8.00	=K3*L3		
4	A003	技工	工	2500	4.00			
5	A001	大工	工	2500	4.00			
6	A129	吊車,25MT,2台	時	2500	13.00			
7	A021	作業手	時	300	16.00			
8	A124	零星損耗	式	1	1.00			
9								

圖 5-B-10　輸入各工料之「數量」，並鍵入「複價」公式

四、輸入「零星損耗」的計算公式。

M8 =SUM(M3:M7)*0.05

	H	I	J	K	L	M	N	O
1	30	吊樑	MT		取25MT/支分析(即25MT/支,1日架設3支,計75MT			
2	代號	工料名稱	單位	單價	數量	複價	備註	
3	A027	領班	時	400	8.00	3200.00		
4	A003	技工	工	2500	4.00	10000.00		
5	A001	大工	工	2500	4.00	10000.00		
6	A129	吊車,25MT,2台	時	2500	16.00	40000.00		
7	A021	作業手	時	300	16.00	4800.00		
8	A124	零星損耗	式	1	1.00	3400.00		
9								

圖 5-B-11　輸入「零星損耗」的計算公式

五、輸入「總價」公式。

K1 =ROUND(SUM(M3:M58),0)

	H	I	J	K	L	M	N	O
1	30	吊樑	MT	71400.00	取25MT/支分析(即25MT/支,1日架設3支,計75MT			
2	代號	工料名稱	單位	單價	數量	複價	備註	
3	A027	領班	時	400	8.00	3200.00		
4	A003	技工	工	2500	4.00	10000.00		
5	A001	大工	工	2500	4.00	10000.00		
6	A129	吊車,25MT,2台	時	2500	16.00	40000.00		
7	A021	作業手	時	300	16.00	4800.00		
8	A124	零星損耗	式	1	1.00	3400.00		
9								

圖 5-B-12 輸入「總價」的計算公式

5-B-2 單價分析表編輯練習

25	房屋廢方挖除及運棄	M3	242			
代號	工料名稱	單位	單價	數量	複價	備註
A023	挖土機，0.7M3	時	450.00	0.067	30.15	
A021	作業手	時	300.00	0.067	20.10	
A002	小工	工	2000.00	0.03	60.00	
A086	廢料運棄	M3	120.00	1.00	120.00	
A124	零星損耗	式	0.00	1.00	11.51	

26	鑿除原有鋼筋混凝土	M3	879			
代號	工料名稱	單位	單價	數量	複價	備註
A024	油壓式破碎機	時	500.00	0.50	250.00	
A023	挖土機，0.7M3	時	450.00	0.05	22.50	
A021	作業手	時	300.00	0.55	165.00	
A002	小工	工	2000.00	0.14	280.00	
A086	廢料運棄	M3	120.00	1.00	120.00	
A124	零星損耗	式	0.00	1.00	41.88	

27	道路機具挖方	M3	66			
代號	工料名稱	單位	單價	數量	複價	備註
A023	挖土機，0.7M3	時	450.00	0.03	13.50	
A021	作業手	時	300.00	0.03	9.00	
A002	小工	工	2000.00	0.02	40.00	
A124	零星損耗	式	0.00	1.00	3.13	

28	道路山坡機具挖方	M3	19			
代號	工料名稱	單位	單價	數量	複價	備註
A018	推土機 D7H	時	400.00	0.014	5.60	
A029	裝載機 1.5M3 955L	時	300.00	0.014	4.20	
A021	作業手	時	300.00	0.028	8.40	
A124	零星損耗	式	0.00	1.00	0.91	

29	基礎機具挖方(0~4m 深)	M3	66			
代號	工料名稱	單位	單價	數量	複價	備註
A023	挖土機，0.7M3	時	450.00	0.03	13.50	
A021	作業手	時	300.00	0.03	9.00	
A002	小工	工	2000.00	0.02	40.00	
A124	零星損耗	式	0.00	1.00	3.13	

30	基礎機具挖方(4~8m 深)	M3	102			
代號	工料名稱	單位	單價	數量	複價	備註
A023	挖土機，0.7M3	時	450.00	0.05	22.50	
A021	作業手	時	300.00	0.05	15.00	
A002	小工	工	2000.00	0.03	60.00	
A124	零星損耗	式	0.00	1.00	4.88	

31	甲種擋土板樁	10M	24468	(管溝,雙邊)		(t=9cm,l=5m)
代號	工料名稱	單位	單價	數量	複價	備註
A107	擋土板打拔費	支	200.00	80.00	16000.00	
A087	擋土板料(0.09×5×20)	M3	100.00	0.90	90.00	
A126	腹板支撐料 [(2*5+20)*0.152]*2	M3	1000.00	0.07	70.00	
A003	技工	工	2500.00	3.00	7500.00	
A124	零星損耗	式	0.00	1.00	808.00	

32	H=9M 鋼鈑樁	M	4930		每 M2.5 片	單邊
代號	工料名稱	單位	單價	數量	複價	備註
A127	租金(純租金)	月	2000.00	1.00	2000.00	假設租一月
A128	施工費	M	2500.00	1.00	2500.00	(含打拔、機電設備
A104	運費(含小搬運)	M	100.00	1.00	100.00	、鋼鈑樁
A057	支撐拉固工料費	式	100.00	1.00	100.00	損耗)
A124	零星損耗	式	0.00	1.00	230.00	

33	級配碎石基層	M3	7961			每 100M3 計
代號	工料名稱	單位	單價	數量	複價	備註
B014	碎石級配料底層	M3	450.00	1.35	607.50	
A041	平路機，12ft，12G	時	400.00	2.39	956.00	
A042	三輪壓路機，10-12MT	時	400.00	2.08	832.00	
A033	震動壓路機，9.5MT	時	1000.00	0.93	930.00	
A035	洒水車，載重 8MT	時	350.00	1.20	420.00	

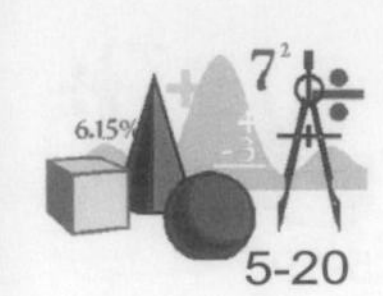

33	級配碎石基層	M3	7961			每 100M3 計
A036	抽水機，4"	時	150.00	0.40	60.00	1000 公升/分
A027	領班	時	400.00	2.40	960.00	
A021	作業手	時	300.00	4.47	1341.00	
A022	司機	時	300.00	1.20	360.00	
A003	技工	工	2500.00	0.05	125.00	
A002	小工	工	2000.00	0.625	1250.00	
A124	零星損耗	式	0.00	1.00	119.78	

34	瀝青混凝土舖築與壓實	MT	6238		配合拌合	廠 48MT/Hr
代號	工料名稱	單位	單價	數量	複價	備註
A045	舖面機，W=3.75M	時	300.00	1.00	300.00	
A043	二輪壓路機，6-8	時	350.00	1.00	350.00	
A042	三輪壓路機，10-12MT	時	400.00	1.00	400.00	
A034	膠輪壓路機，8.5-20MT	時	1000.00	1.00	1000.00	
A035	洒水車，載重 8MT	時	350.00	0.20	70.00	
A036	抽水機，4"	時	150.00	0.20	30.00	1000 公升/分
A027	領班	時	400.00	1.00	400.00	
A021	作業手	時	300.00	4.00	1200.00	
A022	司機	時	300.00	0.20	60.00	
A003	技工	工	2500.00	0.05	125.00	
A001	大工	工	2500.00	0.50	1250.00	
A002	小工	工	2000.00	0.50	1000.00	
A124	零星損耗	式	0.00	1.00	52.50	

作業

A01. 試製做一份單價分析的組成表。

A02. 單價分析法有哪些？請詳述之。

A03. 請舉例說明「工地人文地理條件差異」造成之工料需求差異。

A04. 請舉例說明「品質與強度要求不同」造成之工料需求差異。

A05. 請舉例說明「施工方法不同」造成之工料需求差異。

A06. 請舉例說明「使用材料之材質不同」造成之工料需求差異。

A07. 請舉例說明「施工規模不同」造成之工料需求差異。

A08. 試述工程訪價應把握幾項原則。

B01. 請以辦一次同樂會(或同學會)爲例，建立以一個人爲單位的單價分析表，需要之基本工料由自己假設。

B02. 請嘗試將實習所建立的單價分析表列印出來。

6

施工機具之估價方法

學習目標

1. 瞭解土方工程之估算方法
2. 瞭解施工機械的費率分析
3. 瞭解工程性質與施工機械之選用
4. 瞭解施工機械工作量之計算
5. 瞭解「放樣」、「挖土」、「回填夯實」之上機操作。

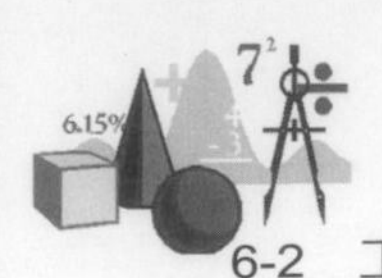

摘　要

土方計算常因結構體不同與土質不同而異。故數量計算方法可分：

1. 梯形斷面法、
2. 矩形斷面法、
3. 角錐體公式、
4. 長方體公式、
5. 全部開挖等。

施工機械之費率分析，以「小時」爲單位居多，包括成本費與操作費、成本費又包括折舊費、利息與保險。

實習方面包括書本附錄的工程圖之「放樣」、「挖土」、「回填夯實」的工程數量。

本文

6-A-1 土方工程估算法

一、基礎開挖之形態

1. 種類

(1) 依型態分成

① 槽挖：獨立基礎之挖土

② 溝挖：連續基礎之挖土

③ 全挖：建築物範圍全部之挖土，又分兩種工法：

a.明挖(open cut)工法

b.擋土工法

(2) 依施工法分成

① 人工開挖(已相當罕見)

② 機械開挖

2. 開挖坡度

開挖坡度依土質而定，通常爲

(1) 普通土質 ϕ=45°

(2) 軟土質 ϕ=30°

(3) 硬土質 ϕ=60°～75°

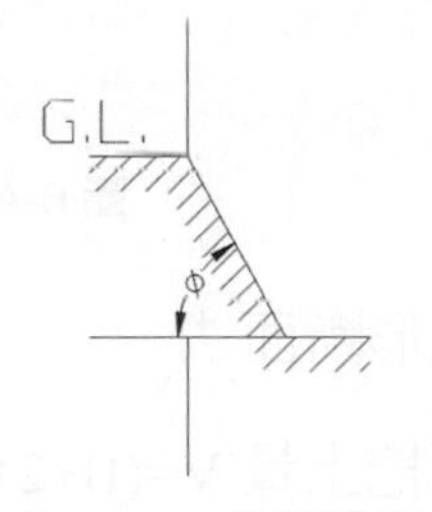

圖 6-A-1 挖基坡度

3. 基底餘寬

不須要擋土措施之深度(1.5m～2m)時，從基礎混凝土外側預留模板裝拆作業所需寬度 15～20cm。

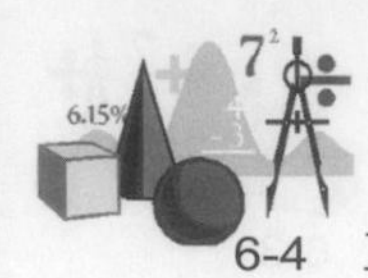

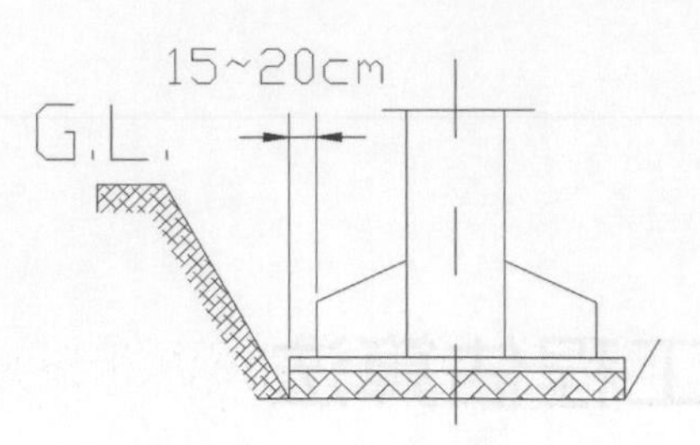

圖 6-A-2　基底餘寬

二、開挖數量計算法

1. 梯形斷面法

開挖土量 $V=(a+b)/2\times H\times L(m^3)$

a.b：開挖頂邊、底邊寬度

H：開挖深度

L：開挖長度

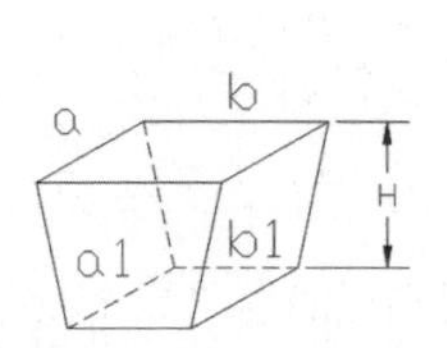

圖 6-A-3　溝挖

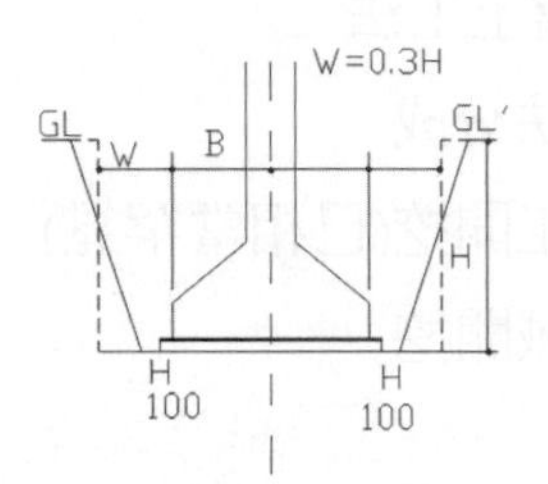

圖 6-A-4　矩形斷面法

2. 矩形斷面法

開挖土量 V=(B+2W)×H×L(m3)

W：0.3H

B：基礎加寬。

W：開挖加寬，考慮開挖坡度與基底，餘寬採用 0.3H。

3. 角錐體公式

$V=H/6\times[(2a+a_1)\times b+(2a_1+a)\times b1]$

若基礎平面為正方形時，$a=b$，$a_1=b_1$ 則

$V=H/3\times(a_2+a \cdot a_1+a_1^2)$

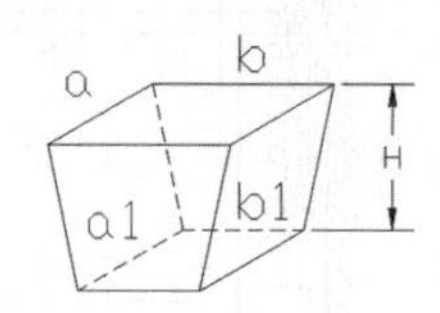

圖 6-A-5 槽挖

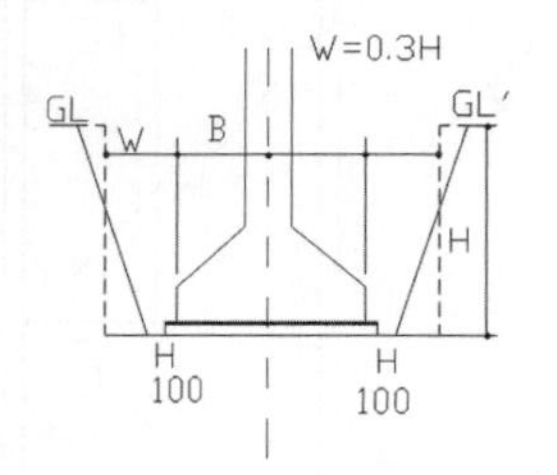

圖 6-A-6 獨立基礎斷面圖

4. 長方體公式

   $V=(B+2W)\cdot(B'+2W)\times H$

   $W=0.3H$

   基礎平面爲正方形時

   $B=B'$

   $V=(B+2W)^2\cdot H$

5. 全部開挖之土方

   (須要擋土工之開挖)

   開挖土量 V=挖土面積×挖土深度

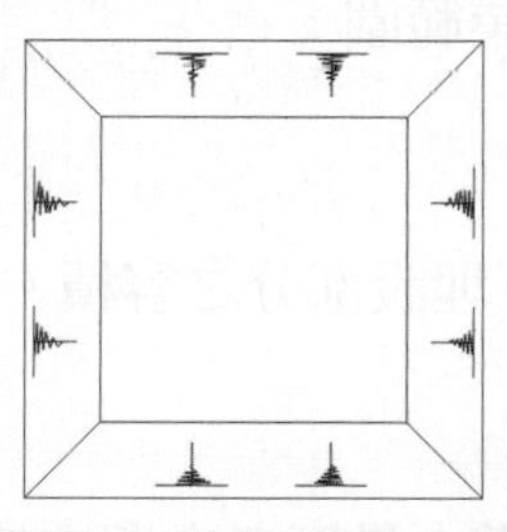

圖 6-A-7 獨立基礎平面圖

基礎混凝土外側必須預留擋土工及模板裝設空間，其距離 W 如下：

H=6m 以下　　W=0.6～1.2m

H=6m 以上　　W=1.2m

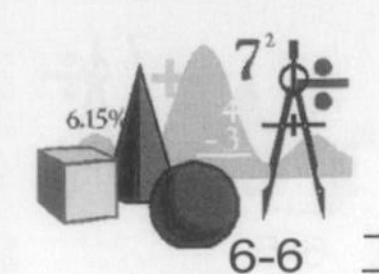

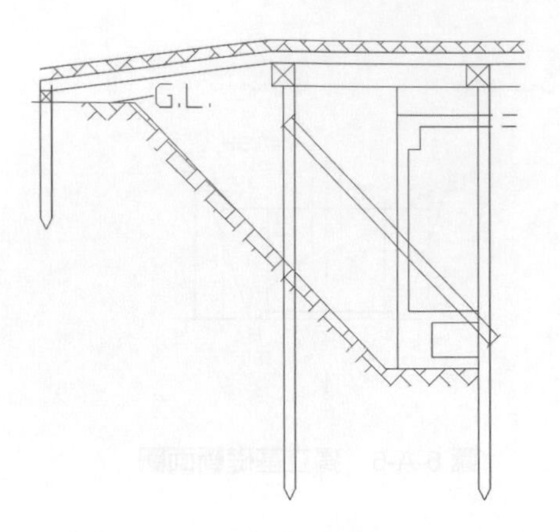

圖 6-A-8　全挖(邊坡工法)

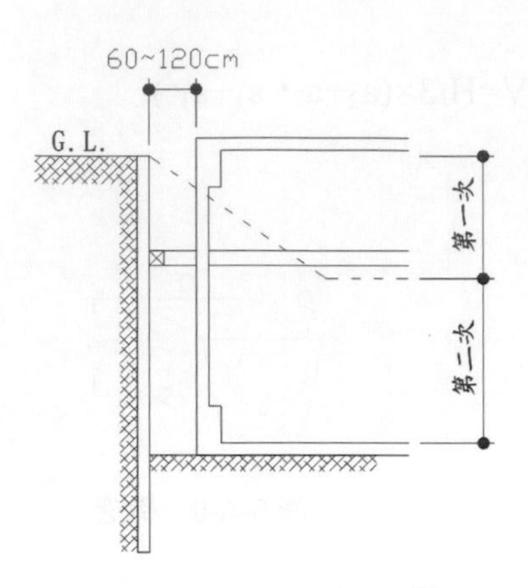

圖 6-A-9　全挖(擋土工法)

全挖以其挖土深度之深淺，採用不同之挖掘方法及不同之集土、運土等方法，開挖土量亦應隨方法之不同分別計算其數量。計算方法有下列二法：

(1) 淺開挖(鏟土臂可達基底)

① 以挖土機械直接挖土、集土及裝土範圍

挖土量=挖基面積×H1

② 人工整平部分

整平量=挖基面積×(0.05m～0.3m)

(2) 深開挖(鏟土臂無法一次到底)

① 挖掘機械直接作業範圍。

② 以不同機種機械作業範圍。

三、回填土

回填土量=開挖土量－地盤下埋設部分之容積。

四、填土

填土量=填土面積×高度(但填土量應考慮鬆方或實方)。

填土面積以建築物周圍或內部為對象，基地全部之填土應列入整地工程內。

五、棄土

開挖土量，如基地內有堆積場所時，應暫時堆積於基地內，以備回填時使用，剩餘土如無特別指示且情況許可時，可平均舖填於基地內。依基地狀況而不能在場內自由處理剩餘土時，或依特別指示必須將挖土量之全部或一部分搬出場外時，以其搬出土量作爲棄土量。

棄土量：

1. 基地內可以堆積　　V=挖土量-(回填土量+填土)
2. 基地內不可以堆積　　V=挖土量全部

六、配合土方工程之其他項目計算

1. 鋪砂

去除開挖底面之軟泥部分，鋪設砂層後撒水搗固，係一種改良地盤之工法。

鋪砂=鋪砂面積×厚度

2. 舖礫石

舖礫石=舖礫石面積×厚度

挖基底面之地盤比較良好時所用之改良地盤工法。

3. 排卵石

排卵石=排卵石面積×厚度

可用卵石、石塊、石片、混凝土屑等，其空隙必須填充礫石或砂，用搗棒或搗固機搗實。

4. 擋土工

擋土工以擋土牆及支持擋土牆之支撐工(橫擋、撐樑、支柱)等各構材組合而成。

擋土工之使用材料：

擋　土　牆：木製擋土板、鋼製擋土板、混凝土擋土板。

橫擋、撐樑：木材、鋼骨、鋼筋混凝土。

支　　　柱：木樁(松圓木)，鋼製樁(工型鋼，H 型鋼)，預鑄 R.C.樁。

擋土工應分別計算擋土牆總長，撐樑面積乘以各單價，估算其工程費；但在估價明細表上係將該兩項工程費合併，以一式計價之。

6-A-2 施工機械的費率分析

工程施工之前，皆需依性質不同，研究需要採用之施工機械種類，判斷分析其可能效率最高、獲益最大者，方可決定購置或租借。適宜甲工程之機械，不一定適合乙工程。而大部份工程皆適合採用之施工機械，可謂之標準型施工機械。適合某特殊工程之機械；例如 30.6 立方公尺之動力鏟，作爲開挖煤礦頂層覆被物之用，極爲相宜；而以之作爲普通挖土工作之用，則不適宜。當年蘇花鐵路開闢工程之「大約翰」就是一個實例。故特殊機械的購置，尤其需要慎重，以免遭受損失。新購機械經使用後，各部份逐漸損壞，雖有養護，但時常更換零件，久之亦不甚經濟。

施工機械之費率分析，常以每小時爲單位；整個費率包括成本費與操作費。而成本費又包括折舊費、利息與保險等。

一、成本費

即一部施工機械之費用，包括折舊費、利息與保險等。

1. 折舊費

指施工機械在預估使用年限或工作時間中，由於磨損與逾齡，使原購置之價值逐漸減低。甚至可以假設其無殘餘價值。

一般施工機械之使用年限，視機械特性與施工工地情形而異，約在 10000 至 15000 小時之間。

$$每小時之折舊費 = \frac{購價}{折舊期間之工作小時}$$

2. 利息與保險

一般而言，每年投注在利息與保險的經費，約佔購價之 20%。即

$$每小時之利息與保險費 = \frac{購價 \times 20\%}{工作年數 \times 2000小時 / 年}$$

$$= 每小時折舊費 \times 20\%$$

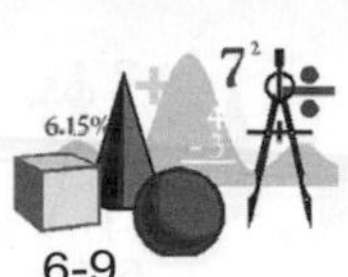

二、操作費

指工程機械操作時所消耗之燃料、潤滑油、保養修理等費用。

1. 保養修理費：

   包括例行維護、保養與定期大修、所需一切材料配件及工資。通常以折舊率之 80％～90％估計之。

2. 燃料費：

   一般施工機械均以高級柴油爲燃料，每小時消耗之燃料與馬力數有關。其範圍爲 0.1 公升/馬力*小時 到 0.4 公升/馬力*小時。

3. 潤滑油：

   亦與馬力數有關。約在 0.002～0.0035 公升/馬力*小時之間。

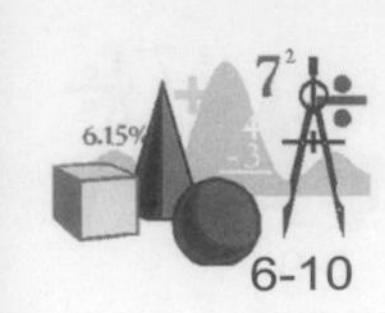

6-A-3 機械之選用

表 6-A-1 以工程性質分類之施工機械組合表

工程性質	施工機械	適用之工程概況
挖管溝	挖土機、運土卡車	
涵管或路燈吊裝	吊車與人工	
熱拌柏油路面舖築	舖料機、卡車、鐵輪三輪壓路機、鐵輪二輪壓路機、膠輪壓路機	
路基整平及噴溶油地瀝青	平路機、震動壓路機、水車、掃把機、、噴油車	
挖土石方及裝車	挖土機配合卡車	開挖管溝、基礎開挖或數量較小，工作單純之地區
	動力鏟配合卡車	用於土質或軟岩向上挖高 2M～6M 之地區
	推土機、裝載機、挖土機、動力鏟、卡車	地形複雜或較大之土石方工程
	推土機加掛斗	
	推土機、刮運機	面積廣闊，工作量大之工程
	空壓機、鑽機、鑽桿與鑽頭、炸藥、引線、雷管、推土機、挖土機、卡車	(岩)石方開挖
運　輸	推土機	適用 20M～100M 之挖方與推平
	推土機加掛斗	100M～500M 之挖運棄挖運舖
	刮運機	工作面積大，數量較多之工程，300M～2000M 中程運輸工作
	卡車	中長程運距
	軌道台車	隧道開挖或遠程故定料源之運輸
舖、填、滾壓	舖料機	舖築級配基層、底層及柏油路面
	平路機	舖築級配基層、底層及土方，並刮平面層或道路維護工作
	羊腳滾	適用填方區黏性土層之滾壓
	震動壓路機	適用非年性土層及級配料之滾壓
	五十噸級膠輪壓路機	適用於面積廣，厚度大之岩石填方之滾壓

6-A-4 工作量計算舉例

一、推土機

$$每小時工作量W = \frac{3600 \times q \times f \times k \times g \times e}{C_m}$$

其中 q： 每鏟之鬆方容量(詳表 4-3)

f： 土石方體積脹縮係數(詳表 4-4)

k： 砂及普通鬆土 k=100%

普通土 k= 85%

硬黏土、砂礫 k= 75%

頁岩 k= 50%

卵石及爆破岩石 k= 30%～35%

g： 坡度係數

上坡(10%以內) g= 60%

水平 g=100%

下坡(10%左右) g=185%

下坡(20%左右) g=270%

e： 工作效率與工地因素(詳表 4-5)

C_m：推土作業循環時間

推距 20M Cm= 62 秒；

30M Cm= 84 秒；

40M Cm=105 秒；

60M Cm=148 秒；

80M Cm=190 秒；

100M Cm=233 秒；

工作量計算舉例

1. 普通土：

使用 D7H，推距 60M 左右，水平工地。

查表：q=4.7，f=0.8，k=0.85，g=1，e=0.75

$$W=\frac{3600\times4.7\times0.8\times0.85\times1\times0.75}{148}=58.3\ BM^3/hr$$

2. 普通土：

同上例，並改用 D4H，推距 30M～40M

$$W_{min}=\frac{3600\times1.8\times0.8\times0.85\times1\times0.75}{105}=31.47BM^3/hr$$

$$W_{max}=\frac{3600\times1.8\times0.8\times0.85\times1\times0.75}{84}=39.34BM^3/hr$$

$W_{ave}=35.41\ \ BM^3/hr$

二、挖土機

1. 配合卡車裝運

(1)挖土機每一挖斗之循環時間約 20 秒

(2)挖土機開挖深度與吊桿旋轉角之校正因素 R(如表 4-6)

(3)以容量 5M3 卡車配合施工時，每一車次倒車裝土及裝滿後開出，所消耗時間約 90 秒。

(4) 每裝一卡車所需的時間爲

5M3÷1.0M3/斗×20 秒/斗＝100 秒

5M3÷0.7M3/斗×20 秒/斗＝143 秒

5M3÷0.4M3/斗×20 秒/斗＝250 秒

(5) 容量 1.0M3/斗之挖土機，每裝一卡車所需時間爲：

t＝(90 秒＋100 秒)/60＝3.2 分

同理 0.7M3/斗者　　　t＝3.9 分

0.4M3/斗者　　　t＝5.7 分

(6) 每小時實際工作時間以 50 分計

工作量 w＝(5/t)×50×f×k×R

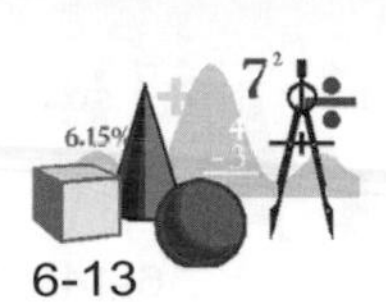

以普通土，同容量 1.0M3/斗之挖土機爲例：

Wmax＝(5/3.2)×50×0.8×0.85×1＝53 B.M3

Wmin＝(5/3.2)×50×0.8×0.85×0.71＝38B.M3

Wave＝61 B.M3

2. 純挖掘土方(挖土機單獨作業)

(1) $W=\dfrac{36000\times g\times f\times e}{C_m}$

其中 W ：每小時之工作量

g ：每挖斗容量；以 0.9 計(M3)

f ：土石方體積脹縮係數(表 4-4)

e ：機械作業效率 0.6～0.8(表 4-5)

Cm：挖土機作業循環時間(分)

旋轉角	Cm
45。	0.45
90。	0.50
180。	0.60

旋轉角爲 90。時，E＝1、f＝100%

Q＝67×q(60 分/hr)

Q＝56×q(50 分/hr)

(2) 工作量計算

C_m＝0.5 分，t＝0.8，e＝0.7

容量 0.7M3/斗，每 60 分/hr 之挖土量

Q＝67×q＝67×0.9×0.7＝42M3/hr

容量 0.4M3/斗，每 60 分/hr 之挖土量

Q＝67×q＝67×0.9×0.4＝24M3/hr

容量 0.7M3/斗，每 50 分/hr 之挖土量

Q＝56×q＝56×0.9×0.7 ＝35M3/hr

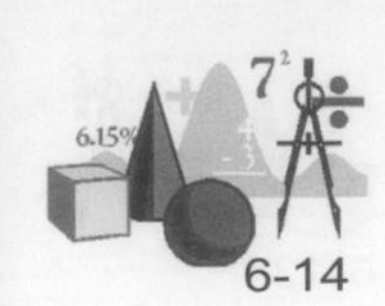

容量 0.4M3/斗，每 50 分/hr 之挖土量

Q＝56×q＝56×0.9×0.4 ＝20M3/hr

(3) 理想工作量

(旋轉角度 90° ，f=1)

60 分/hr

表 6-A-2 理想工作量

e	挖斗 0.7 M3	挖斗 0.4 M3
0.8	60	35
0.7	53	30
0.6	45	26
0.5	38	22
0.4	30	17
0.3	23	13

表 6-A-3 各型推土機直錘鬆方容量 q 值表與理想工作量(60 分/hr)

型式	馬力(HP)	錘力尺寸	直錘容量 (L*M3)	20M	30M	40M	60M	80M	100M
D9L	460	454x1.99	13.5	784	578	463	328	256	208
D8L	335	417x1.81	10.2	592	437	350	248	193	157
D7H	215	3.8x1.28	4.7	273	201	161	114	89	73
D6H	165	3.2x1.17	3.3	192	141	113	80	63	51
D5H	120	2.95x1.07	2.5	145	107	86	61	47	39
D4H	90	2.58x0.97	1.8	105	77	62	44	34	28

表 6-A-4　土石方脹縮係數 f 值表

土壤種類	土壤狀態	單位重量	換算係數		
			天然	挖鬆	壓實
粗砂	天然	$1785Kg/B.M^3$	1	1.11	0.89
	挖鬆	$1600Kg/B.M^3$	0.90	1	0.80
	壓實	$2000Kg/B.M^3$	1.12	1.25	1
普通土	天然	$1875Kg/B.M^3$	1	1.25	0.90
	挖鬆	$1500Kg/B.M^3$	0.80	1	0.72
	壓實	$2080Kg/B.M^3$	1.11	1.39	1
黏土	天然	$1790Kg/B.M^3$	1	1.43	0.92
	挖鬆	$1250Kg/B.M^3$	0.7	1	0.65
	壓實	$1940Kg/B.M^3$	1.09	1.55	1
岩石	天然	$2670Kg/B.M^3$	1	1.67	1.19
	挖鬆	$1600Kg/B.M^3$	0.60	1	0.71
	壓實	$2240Kg/B.M^3$	0.84	1.40	1

表 6-A-5　推土及刮運作業時 K 值表

材料種類	K 值 %
砂及普通鬆土	100
普通土	85
硬黏土、砂礫	75
頁岩	50
卵石及爆破岩石	30～35

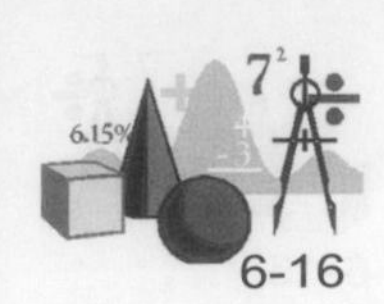

表 6-A-6 挖土機開挖深度與吊桿旋轉角之校正因素 R 值表

相對於最佳挖深之百分率	旋轉角						
	45°	60°	75°	90°	120°	150°	180°
40	0.93	0.89	0.85	0.80	0.72	0.65	0.59
60	1.10	1.03	0.96	0.91	0.81	0.73	0.66
80	1.22	1.12	1.04	0.89	0.89	0.77	0.69
100	1.26	1.16	1.07	1.00	0.88	0.79	0.71
120	1.21	1.11	1.03	0.97	0.86	0.77	0.70
140	1.12	1.04	0.97	0.91	0.80	0.73	0.66
160	1.03	0.96	0.90	0.85	0.75	0.67	0.62

實 習

6-B-1 「放樣」工程數量之計算

一、切換至「放樣」工作表

Microsoft Excel - 範例3.XLS

檔案(F) 編輯(E) 檢視(V) 插入(I) 格式(O) 工具(T) 資料(D) 視窗(W) 說明(H)

新細明體 12 B I U $ % 75%

A1

	A	B	C	D	E	F	G	H	I	J
1			放樣		M^2			1	放樣	M^2
2	說明	長	寬	高(厚)	小計			代號	工料名稱	單位
3								C022	杉木	才
4								A003	技工	工
5								A124	零星損耗	式
6										
7										
8										
9										
10										
11										

Sheet1 Sheet2

就緒 NUM

圖 6-B-1 切換至「放樣」工作表

二、參考施工圖之平面圖部份，輸入一樓與二樓長與寬之尺寸，單位為公尺。

新細明體 12 B I U $ %

C7 f_x 1

	A	B	C	D	E	F	G	H	I	J	K	
1			放樣		M^2			1	放樣	M^2	2800	12
2	說明	長	寬	高(厚)	小計			代號	工料名稱	單位	單價	數
3	一樓	7	7.5					C022	杉木	才	300.00	0
4	一樓	2.5	1.8					A003	技工	工	2500.00	0
5	二樓	7	9.3					A124	零星損耗	式	0.00	1
6	二樓	1	3.5									
7	二樓	4	1									
8												
9												

圖 6-B-2 輸入長與寬尺寸

三、在 E3 輸入第一個「小計」的公式：=B3*C3↵」。

SUM　=B3*C3

	A	B	C	D	E	F	G	H	
1			放樣		M^2			1	
2	說明	長	寬	高(厚)	小計			代號	
3	一樓	7	7.5		=B3*C3			C022	杉木
4	一樓	2.5	1.8					A003	技工
5	二樓	7	9.3					A124	零星
6	二樓	1	3.5						
7	二樓	4	1						
8									
9									

圖 6-B-3　在 E3 輸入第一個「小計」的公式：=B3*C3↵」

四、將 E3 複製到 E4：E7，滑鼠對準 E3 儲存格之填滿控點，向下拖曳至 E7。

E3　=B3*C3

	A	B	C	D	E	F	G	H	
1		放樣			M^2			1	放樣
2	說明	長	寬	高(厚)	小計			代號	
3	一樓	7.0	7.5		52.5			C022	杉木
4	一樓	2.5	1.8		4.5			A003	技工
5	二樓	7.0	9.3		65.1			A124	零星
6	二樓	1.0	2.5		2.5				
7	二樓	4.0	1.0		4.0				
8									
9									

圖 6-B-4　將 E3 複製到 E4：E7

五、計算「合計」，游標停在 E8，按一次 自動加總 之工具按鈕。

SUM =SUM(E3:E7)

	A	B	C	D	E	F	G	H	I
1			放樣		M^2			1	放樣
2	說明	長	寬	高(厚)	小計			代號	工料名
3	一樓	7	7.5		52.5			C022	杉木
4	一樓	2.5	1.8		4.5			A003	技工
5	二樓	7	9.3		65.1			A124	零星損耗
6	二樓	1	3.5		3.5				
7	二樓	4	1		4				
8					=SUM(E3:E7)				
9					SUM(**number1**, [number2], ...)				
10									

圖 6-B-5　計算「合計」

6-B-2　「挖土」工程數量之計算

挖土的計算單位是立方公尺(M3)，在前節本文中已有詳細說明計算方法。依照前述之方法，分別將要挖土之部位或構件名稱、個數、長、寬、高(厚)輸入。再輸入小計公式，然後加總；參考附錄 C 之基礎平面圖及基礎剖面圖及基礎表操作如下：

一、切換至「挖土」工作表

Microsoft Excel - 估價教學_範例一.XLS

	A	B	C	D	E	F	G	H	I
1		挖土			M^3			2	挖土
2	說明	個數	長	寬	高(厚)	小計		代號	
3								A002	小工
4								A124	零星損耗
5									
6									
7									
8									

圖 6-B-7　切換至「挖土」工作表

二、參考附錄 C 之基礎平面圖及基礎剖面圖及基礎表分別列式，要特別留意「個數」一欄。

新細明體 12 100%

F3 fx

	A	B	C	D	E	F	G	H	
1		挖土			M^3			2	挖土
2	說明	個數	長	寬	高(厚)	小計		代號	
3	F1	4	1.50	1.50	1.10			A002	小工
4	F2	4	2.50	1.50	1.10			A124	零星損
5	F3	4	2.00	1.50	1.10				
6	F4	2	1.50	1.20	1.10				
7	TB	2	3.45	0.24	0.55				
8	TB	1	3.00	0.24	0.55				
9	TB	4	2.75	0.24	0.55				
10	TB	1	1.00	0.24	0.55				
11									

圖 6-B-8 切換至「挖土」工作表

第一列之「TB」，長度 3.45M 係

$$3-1.5\times3-\frac{1.5}{2}-\frac{1.2}{2}=3.45$$

高度 0.55M 係從配筋圖之尺寸 50 公分再加上打底的 5CM。

三、輸入「小計」公式

新細明體 12

F3 fx =B3*C3*D3*E3

	A	B	C	D	E	F	G	H	I
1		挖土			M^3			2	挖土
2	說明	個數	長	寬	高(厚)	小計		代號	工料名
3	F1	4	1.50	1.50	1.10	9.90		A002	小工
4	F2	4	2.50	1.50	1.10			A124	零星損耗
5	F3	4	2.00	1.50	1.10				
6	F4	2	1.50	1.20	1.10				
7	TB	2	3.45	0.24	0.55				
8	TB	1	3.00	0.24	0.55				
9	TB	4	2.75	0.24	0.55				
10	TB	1	1.00	0.24	0.55				
11									

圖 6-B-9 輸入「小計」公式

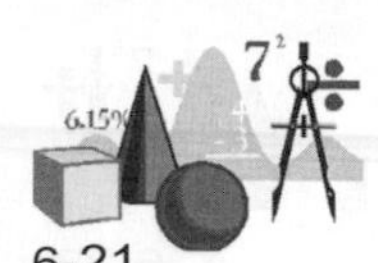

四、複製 F3 到 F4：F10，首先將游標停在 F3，然後滑鼠指向 F3 的填滿控點，再拖曳至 F10。

新細明體 12 B I U $ % ,

F3 fx =B3*C3*D3*E3

	A	B	C	D	E	F	G	H	
1		挖土			M³			2	挖土
2	說明	個數	長	寬	高(厚)	小計		代號	
3	F1	4	1.50	1.50	1.10	9.90		A002	小工
4	F2	4	2.50	1.50	1.10	16.50		A124	零星損
5	F3	4	2.00	1.50	1.10	13.20			
6	F4	2	1.50	1.20	1.10	3.96			
7	TB	2	3.45	0.24	0.55	0.91			
8	TB	1	3.00	0.24	0.55	0.40			
9	TB	4	2.75	0.24	0.55	1.45			
10	TB	1	1.00	0.24	0.55	0.13			
11									
12									

圖 6-B-10 複製 F3 到 F4：F10

五、合計全部的「小計」，首先將游標停在 F11，然後滑鼠指向 「自動加總」工具按鈕，按一下左鍵。

新細明體 12 B I U $ % 自動加總

SUM fx =SUM(F3:F10)

	A	B	C	D	E	F	G	H	
1		挖土			M³			2	挖土
2	說明	個數	長	寬	高(厚)	小計		代號	
3	F1	4	1.50	1.50	1.10	9.90		A002	小工
4	F2	4	2.50	1.50	1.10	16.50		A124	零星
5	F3	4	2.00	1.50	1.10	13.20			
6	F4	2	1.50	1.20	1.10	3.96			
7	TB	2	3.45	0.24	0.55	0.91			
8	TB	1	3.00	0.24	0.55	0.40			
9	TB	4	2.75	0.24	0.55	1.45			
10	TB	1	1.00	0.24	0.55	0.13			
11						=SUM(F3:F10)			
12						SUM(number1, [number2], ...)			

圖 6-B-11 合計全部的「小計」

6-B-3 「排卵石」工程數量之計算

本範例只在一樓地坪舖排 10 公分厚的卵石。

F5 =SUM(F3:F4)

	A	B	C	D	E	F	G	H	
1		排卵石			M^3			3	排卵石
2	說明	個數	長	寬	高(厚)	小計		代號	工料
3	FL地坪	1	7.00	9.30	0.10	6.51		B016	卵石
4	扣	-1	3.50	0.80	0.10	-0.28		B089	填縫石子
5						6.23		A002	小工
6								A124	零星損耗
7									
8									
9									

圖 6-B-12 排卵石只有一個列式

6-B-4 「回填夯實」工程數量之計算

本範例除了地平線 G.L.到一樓地坪 F.L.之間尚有 10 公分厚的回填級配砂礫外，獨立基礎的混凝土基礎面到地平線 G.L.之間亦需要回填級配砂礫，可先包含柱頭整個 55 公分厚之體積一起算，再扣除柱頭(0.24*0.24*0.55)。

F13 =SUM(F3:F12)

	A	B	C	D	E	F	G	H	
1		回填夯實			M^3			4	回填夯實
2	說明	個數	長	寬	高(厚)	小計		代號	
3	F1	4.00	1.50	1.50	0.55	4.95		A002	小工
4	扣柱頭	-4.00	0.24	0.24	0.55	-0.13		A124	零星損耗
5	F2	4.00	2.50	1.50	0.55	8.25			
6	扣柱頭	-4.00	0.24	0.24	0.55	-0.13			
7	F3	4.00	2.00	1.50	0.55	6.60			
8	扣柱頭	-4.00	0.24	0.24	0.55	-0.13			
9	F4	2.00	1.50	1.20	0.55	1.98			
10	扣柱頭	-2.00	0.24	0.24	0.55	-0.06			
11	FL地坪	1	7.00	9.30	0.10	6.51			
12	扣	-1	3.50	0.80	0.10	-0.28			
13						27.57			
14									

作 業

A01. 基礎開挖依型態分成幾種？

A02. 試述基礎開挖之梯形斷面法計算公式。

A03. 試述基礎開挖之角錐體公式。

A04. 試述施工機械之費率公析原則。

A05. 設有一工地，土質爲硬黏土、坡度爲上坡(10％)，採 D4H 堆土機作業，推距 80M，試求其每小時工作量。

A06. 試述刮運機適用之工程概況。

B01. 依課堂指示，實際上機建立「放樣」之工程數量表。

B02. 依課堂指示，實際上機建立「挖土」之工程數量表。

B03. 依課堂指示，實際上機建立「回填夯實」之工程數量表。

B04. 將以上「放樣」、「挖土」、「回填夯實」工程數量表印出。

7

初期工程之估價方法

學習目標

1. 瞭解假設工程之估算原則。
2. 瞭解整地工程之估算原則。
3. 瞭解鷹架工程之估算原則。
4. 瞭解基樁工程之估算原則。
5. 瞭解擋土工程之估算原則。
6. Excel 試算表之編輯技巧。

摘 要

工程初期有許多預備工作需做，我們統稱假設工程，包括工地放樣、臨時水電、臨時排水、工地辦公室、施工道路、安全設施等。

「整地工程」包括土石方工程、地上物拆遷工程等。「鷹架」依用材有木製、竹製、鋼管製三種，依結構不同有支撐鷹架與踏腳鷹架兩種，本書所稱「鷹架」皆為需搭設多日使用，而油漆或室內天花板與牆壁粉刷之臨時性工作架皆考慮在各該工程單項內，不另計於「鷹架」項下。「基樁」依特性及用途可分支承樁、摩擦樁、合成樁、斜樁、夯實樁、拉力樁、擋土樁；依用料而分有木樁、鋼樁、預鑄混凝土樁、場鑄樁、合成樁等。「擋土工程」包括深開挖擋土工程及護坡工程等；「深開挖擋土工程」大致可分版樁支撐法、地錨支撐法、預力地錨法、連續壁工法。「護坡工程」可分漿砌卵石、駁崁、蛇籠、格籠、沉箱環、噴凝土護坡、預力岩錨等。

本 文

7-A-1 假設工程估價原則

所謂假設工程，係指工程進行中必要的臨時措施，而施工完畢即拆除之工程單項統稱，通常依照工程之規模、特性、地理環境、施工期等決定其有無及施作規模之實際需求。估價工程師應衡量其輕重並考慮是否要分別列項詳估，或依工程總價之百分比計列，而合併至間接費用內，規模較小之工程，可不予考慮，視爲已包括在間接費用之內。

常見之假設工程有：

一、工地放樣

包括整個工程在水平向與垂直向之控制點的施設，較詳細者亦有包括柱邊線與牆邊線之放樣。建立控制點須施設龍門樁，故會有杉木之類的耗材，放樣工作多爲木工(即模板技工)爲之。一般計算單位爲平方公尺，有以地坪面積計算者，亦有建坪面積計算者。對稍具規模之工程，應採後者，則水平與垂直之控制施測才屬完善。工地放樣工作及其施測建立的標誌設施經常有意無意地被現場施工人員疏忽，這是對工程人員的極大諷刺。一件工程的品質優劣，水準之高低，都是由工地放樣工作及其施測建立的標誌設施是否確實開始的。

較理想的作法除了上述需在現場確實的施作相關樁位，並註記清楚外，工地負責人應先繪製放樣計畫詳圖，標明各控制點，並在施作現場依圖示記號標明，並囑咐現場人員小心看顧，使尺寸控制保持正確完善。

二、臨時水電

臨時水電單價比一般水電費高，業主若無免費供應，對於工期較長之工程，仍是一筆可觀的費用，其單價可查尋水電公司，依工期長短及預估使用量，可估出整個工程大約之臨時水電費。單位用「式」或「月」、「度」亦可。

三、臨時排水

此項工程視工地情況而定；地下水位高，進水量大而有地下開挖之工程，必須實施點井，降低地下水位，以利施工，尤其是地下室開挖，水位控制甚爲重要，空曠之工地可在鄰近處考慮挖臨時排水明溝以利排水，矣基礎施工告一段落，再回塡，單位可用「式」,或點井處數計價。

四、工地辦公室

規模大且工期較久之工程需編列工地辦公室之費用,在市區內若無適當空間搭建，可考慮租用鄰近民房，郊外工地則須考慮住宿甚至娛樂場所等，有些工程尙須「材料試驗室」、「工地辦公室」、「洗手間與浴室」、甚至「簡報室」等，大多以簡單鐵皮屋或組合房屋爲主。單位以平方公尺或間數計，並加上室內必須之設備等。承包商所需工地辦公室之費用應列入工程間接費用內，而業主或監造單位之工地辦公室及材料試驗室，由承包商負責搭建或租用。

五、交通費

監工所用之車輛，其購置、保險、保養、各類稅金、油料、司機等費用可在發包工程中另列項目給付，或列於委託監造服務合約中說明由監造單位支付。例如國道高速公路局，估列公務車輛項目，且詳細分爲上述各小項,由業主置產購車。另編列預算交由承包商支付之費用包括每月按實支付之油料費、保養費、每季支付稅金‘每年支付保險費等。較小之工程可忽略本項費用。

六、施工道路

常見於郊區工程或橋樑改建工程，爲維持原有之交通路線暢通，必須在工程期間建造臨時道路或便橋，此項費用有時達數百萬之鉅，故須另列工程項目，並在施工規範中詳細說明或繪製施工道路設計圖,據以施工與估價。

七、供給材料管理費

工程材料因施工順序及訂貨、到貨、儲存等經濟上的考量，常須設置儲存場所與小搬運，而編列「供給材料管理費」，通常約爲供給材料費之５％左右，較小之工程可忽略。

八、安全設施

工程施工期間，工地安全已有完備的法令規定，其所需之下列設施費用，亦需詳細編列。

1. 爲維護非工作人員之安全，工地附近周圍需加設圍籬，施工標誌，警示燈及其他特別防護設施。
2. 爲維護工作人員之安全，澆注混凝土前應設置必要之安全設施。
3. 爲維護交通安全，常需增設臨時紅綠燈、拒馬、交通錐、指揮工等。
4. 爲維護鄰近建物之安全，需打鋼板樁、木樁、鋼樁或用大型工字樑支撐，或編列預算強迫鄰近居民租屋他遷，完工後該民房經檢查安全無虞時再行遷回原址居住。

九、工程保險

工程保險又分爲第三人身意外險及工程險兩項，前者係指施工中第三者或施工人員之意外傷亡保險，後者係指對已完成或施工中之工程，遭受不可抗拒之災變而所受損失之保險。

以上九項假設工程，可依工程之規模、特性、期間長短、環境關係，決定各項工程之編列，並需詳載施工規範或說明書，以免引起日後不必要之糾紛。

目前工程專案若採用 BIM，依工程進行不同階段，模型的細緻程度(或稱發展層級，Level of Development)可分 LOD 100 ~ LOD 500，一般 LOD 300 通指設計完成，完成可發包的圖說文件，但以 Revit 爲例，工具本身雖對建築物的元組件都能準確表達與呈現，但對假設工程部份的描述就甚爲缺乏，必須尋求額外的加工，或研發補強的工具程式。

7-A-2 整地工程估價原則

整地工程包括土石方工程(即挖填土)，地上物拆遷工程等。

一、土石方工程

土石方工程以機械施工為主，有專業的承包商。包括機械及人工挖土，回填夯實等。其中尚需考慮工地搬運棄土，取土等問題。其計價與工地地質情況關係密切，工程人員在測量時，除了地形資料外，亦需勘測基地地質資料，做為估價之重要依據，必要時應在設計前進行鑽探以瞭解地質情況。

挖方除了註明者外，均包括 20 公尺之免費運距，簡易擋土及積水排除，如挖掘深度較深，土質鬆軟，易崩坍 或情形特殊者，應另列擋土費及排水費。

棄土或取土應註明指定地點，並註明平均里程數。土石方估價時，單位應註明自然方(B.M3)或壓實方(C.M3)或鬆方(L.M3)。並考慮其間之調整。

土石方估算應注意脹縮係數之調整。

1. 專用術語：
   (1) 自然方：(B.M3)表示未擾動前自然之土石方。
   (2) 壓實方：(C.M3)表示經機械夯實後之體積。
   (3) 鬆　方：(L.M3)表示挖掘後搬運中之體積。
2. 適用情形：

單位：M3	自然方	壓實方	鬆　方
土　　方	1	0.90	1.25
軟　　岩	1	1.07	1.67
硬　　岩	1	1.19	1.67
級 配 料		1.00	1.30

表 7-A-1

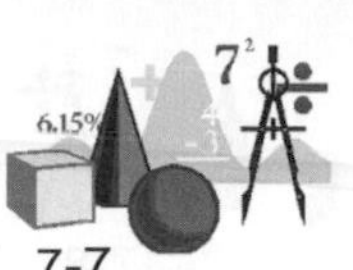

二、地上物拆遷工程

地上物包括農作物、樹木、水電或電信設施，雜項或一般建築物等，依其實際情形或需要，有原物遷移或破壞搬離等，其分析單位視規模大小，可用「式」或「M3」或「M2」計價。

7-A-3 鷹架工程估價原則

水泥工爲了要粉刷天花板、外牆貼瓷磚或單獨之樑、柱爲了灌漿，都要搭建臨時工作架，工程小、數量少之工作架可併入各項工程中。但規模大且可供多項工程共同使用者，應單獨列一項「鷹架工程」，早期鷹架以孟宗竹爲材料，近年則採組合式鋼管架居多。以架設之面積 M2 爲計價單位，唯視施工期間長短調整其單價，估算時須考慮有時施工程序上之需要而拆下，又再組合，則仍需重複計量，唯少了一次進場運費，單價應可稍低。

鷹架依設置位置可分爲內部鷹架與外部鷹架兩種，不論在土木工程或建築工程都用得到。由於結構物立面的高度往往遠超過人所能及，所以勢必要組構臨時鷹架，雖說是臨時，但有些工程亦有可能多達數月。建築工程的內鷹架因爲有每一層樓的樓板阻隔，使鷹架組構的高度較爲固定，而且內鷹架主要功能爲天花板與內牆的粉刷、油漆等，內鷹架通常較爲臨時性，且高度大多不高。外部鷹架主要在外牆的各項施工，包括砌磚、水泥粉刷、貼磁磚、油漆、或混凝土灌漿等。外部鷹架隨著結構物高度而累層搭組，而且可能需架設經年累月，其結構要特別注意安全性。

鷹架依用材可分三種：

1. 木製：以杉木組構而成，多用在較小而可活動移用之場合。
2. 竹製鷹架：以桂竹、孟宗竹等較粗長之竹材爲主，一般在十公尺左右高度之結構物使用較適宜。
3. 鋼管鷹架：晚近由於工程規模愈來愈大，鷹架已幾乎都採用鋼管鷹架，它是一組標準規格的鋼管組件依需要的高度及長度一套一套的組裝起來。鋼管鷹架結構硬實、耐久、可重複多次使用、裝拆容易，是非常理想的鷹架材料，目前連模板支撐材料亦多改用鋼管鷹架。

鷹架依結構不同亦可分兩種：

1. 支撐鷹架：

又可分外部支撐鷹架與內部支撐鷹架兩種。外部支撐鷹架有全面與單面鷹架，全面鷹架用於外牆整飾及安全。單面鷹架除用於外部安全外，亦作油漆塡縫等簡單作業。支撐鷹架又可分爲單柱鷹架與雙柱鷹架兩種。前者支撐係單排，後者係雙排，可以舖設踏板或稱腳手板(即腳手板鷹架)，工人施工時較安全方便也。

2. 踏腳鷹架：

分爲全面吊腳架、輕便吊腳架及吊掛桁腳架三種。多用於塗裝、平頂整飾、外部整飾或維護。

圓木、竹材鷹架距建築物外緣應小於二公尺半，第一支橫條低於三公尺，垂距間隔約爲一層高度之一半，支柱水平間隔約三公尺至五公尺。橫條與支柱接頭以鐵絲綑綁，尙要加雙向斜撐支承，且必須與建築物結構體已施工完成的部份做壁栓固定。雙柱鷹架應做雙面之雙向斜撐支承，但勿妨害作業，愼選支撐位置。

近來改用鋼管鷹架(自成一空間立體結構體)，因鋼管鷹架每一單元皆自有斜桿，固不必做斜撐。於超高層建築物使用時，自頂起超過三十公尺部份，鋼管鷹架之支管應改爲雙管合成者爲宜。

鷹架外面務必敷設安全鐵絲(或代用品)網或尼龍幕簾以策安全。或做防護棚(在二樓四周部份)。以上大多在施工說明書上皆有明載。

鷹架組裝係由鷹架工負責作業。但施工時一般工人或攜帶工具、材料即無法上下。因此鷹架中另設斜棧橋(或稱腳手架馬道、跳板、便橋等)俾能登步上下。斜棧道分爲下列兩種，其中前者較多用。

上登便橋：即在雙柱鷹架中間設斜便道(中間連以踏板)，以坡道上下者。

階梯式棧橋：即如一般屋內樓梯，且設階級(有踏步者)俾上下者。

腳手板(踏板)兩邊有橫支條，或排橫條，上面舖木板，(寬 15~30cm，厚 1.5~3.6cm，長約 50cm)作爲腳部站立用，且以鐵絲綑於下面橫條，切勿以鐵釘釘接以防鬆懈。如作斜棧橋之踏板者，其長度要足夠兩人相遇通行才可。

總之，建築工程必須有鷹架，否則無法作立體施工，爲施工品質、效率計，應注意下列諸項，才能有妥善之鷹架：

1. 考慮建築物之結構、用途、樓高。
2. 外部裝飾材料。
3. 從業員工數量。
4. 施工作業內容、材料。
5. 工程材料之進出口(含散裝材料)。
6. 工程材料存放地點。
7. 本建築物對周圍環境關係。
8. 斜棧橋之位置。
9. 鷹架本身材料。

7-A-4 基樁工程估價原則

一、基樁種類

基樁種類甚多，一般之分類有兩種方式，第一種以樁之特性及用途來分類，第二種以樁的材料及施工方法來分類。其分類方法略述如下：

依樁之特性及用途分類：

1. 支承樁：樁身貫穿軟弱土層，使樁尖直接達堅硬岩層，上部載重完全由樁尖支承於岩盤來達到力量之傳導，故又稱點支樁。
2. 摩擦樁：當地下岩層距地面甚深，而且中間爲軟弱土層時，若採支承樁則甚不經濟，改利用樁身表面與軟弱土層間之摩擦力爲支承對象，此種以樁身摩擦力來支承者叫摩擦樁。

3. 合成樁：樁之支承力同時由樁尖及樁身摩擦力支承者。

4. 斜樁：樁身呈傾斜者，以供抵抗水平或側向力者常用於碼頭河岸護堤等工程，或高層建築工程基礎。

5. 夯實樁：樁身打入土中，使土層更加堅密以加強地盤承載力者，因具夯實作用故稱夯實樁。

6. 拉力樁：樁身打入土中，供錨錠或承拉力用者常使用於地下道基礎以抵抗水壓上浮力，及作爲地錨用等。

7. 擋土樁：樁打入土中作爲防止土壤崩塌或側向滑動者，以達到擋土效果者。

依樁之材料及施工方法分類：

1. 木樁：有木板樁(擋土用)及圓木樁二種。

2. 鋼樁：有鋼管樁及鋼板樁、型鋼樁三種。

3. 預鑄混凝土樁：有各型斷面之鋼筋混凝土樁及預力鋼筋混凝土樁。

4. 場鑄樁：利用各種不同機具或施工方法，先在工地掘成樁孔，然後搗製鋼筋混凝土樁身者，如預壘注漿樁，百力達樁，反循環樁，預壘樁，雷蒙樁，法蘭基樁等等。

5. 合成樁：樁身爲適應地質及環境，採用上述幾種樁之聯合或混合者。

二、樁基礎

以基樁做基礎，其單位視樁的種類有別。木樁隨樁徑與長度不同而單價不同，但通常用「支」。大部份預鑄的樁皆以「支」爲計算單位，而一支之單價有另外之單價分析。反循環樁則以「公尺」爲計量單位，因雖有設計樁徑與根數、每根長度等計量單位，但現場施工爲了地質或其他原因而常有變更，故以「公尺」爲計量單位較具彈性。

樁基礎與結構物之間尚有「樁帽」，「樁帽」大都爲鋼筋混凝土造，設計時雖以基樁承載爲主體，然因與結構物的柱子直接相連，材料亦與上體結構物一樣，固估價時與上體結構物之鋼筋混凝土一併考慮。

三、基樁工程估價要領原則

一般結構物的基礎可分爲淺基礎與深基礎。

淺基礎包括獨立基礎、聯樑基礎、連續基礎與筏式基礎等。一般皆爲鋼筋混凝土造，故其計算原則詳於第八、九、十章。

深基礎包括基樁基礎、沉箱基礎等。雖亦有以鋼筋混凝土爲材料者，然因施工技術特殊，具有整體性，故須個別列項分析其數量與單價。本文僅以基樁爲例，介紹其估價原則。

常用之基樁有預力混凝土基樁、R.C.基樁、預壘樁、反循環樁、鋼管樁及木樁等。

基樁之打設工率與土質情況關係密切，故在設計與施工之前應先行辦理地質鑽探工作，以獲取土(岩)層分佈情形之正確資料。

基樁之打設，在陸地上與水中之差異頗大，其單價亦截然不同。水中施工尚須考慮圍堰及施工便道(橋)，小者可均攤在陸上作業之單價中，大者應另列工程項目。

基樁一般皆以垂直打設爲主，若需要施打斜樁，其工作時數可酌增 10%~20%。

計算基樁數量時，以公尺爲單位。但雖同一類的基樁，單根基樁仍因長度不同而有不同之工率，故每公尺之單價仍可能不盡相同。

基樁上之樁帽，大多爲鋼筋混凝土造，估算時與上部結構之鋼筋混凝土一併分析計算，不計入基樁之單價中。

7-A-5 擋土工程估價要領原則

「擋土工程」，廣義而言，包括深開挖擋土工程及護坡工程。護坡工程一般可分爲漿砌卵石、駁崁、蛇籠、格籠、沉箱環、噴凝土護坡、預力岩錨等。護坡所用透水材料應爲潔淨，堅硬耐磨之砂、礫石或碎石，不得含有機物、黏土或其它有害物質。圓形沉箱環擋土牆通常使用在邊坡已發生滑動之穩定處理，或都市臨接民房之高挖方處。施工時因多屬人工開挖，故在設計施工前宜先行鑽探，以瞭解土(岩)層分佈情況。

深開挖擋土工程係高度專業化之工作。爲了防止開挖時可能造成周圍地盤移動或變形，應採取必要之安全措施。整體架構須考慮到其對水壓、土壓之可能承受強度，及如何減少變形。擋土工法種類甚多，同樣的工法亦有因用料不同而有甚大之差異。要決定一種適當的擋土工法，除了對該工法之特性深入瞭解外，並對工程本身之設計條件、地質條件、環境因素等等，皆應通盤考慮，再決定最安全、經濟而有效率之方法。擋土工法大致可分爲：

1. 版樁支撐法
2. 地錨支撐法
3. 預力地錨法
4. 壕溝式工法
5. 連續壁工法

以上工法之說明，詳於其它施工學書籍。不論護坡或開挖擋土，其估價之單位常用公尺，即每公尺進行所須之單價。故不同用料、不同深度皆有不同之單價。深開挖工程之水平支撐通常又獨立出一個工程項目，而以平方公尺之單位計價；因支撐之層數不同而有不同之單價。其中之鋼料係以工期之長短，按每月租金分攤於單價之中。

實 習

7-B-1 Excel 編輯技巧

一、改變工作表數量

剛開一新檔時，活頁簿會自動定義三個工作表，這個數字可以隨吾人需要改變它。其更改步驟如下：

1. 工具 ➔ 選項
2. 選 一般 標籤，如下圖：

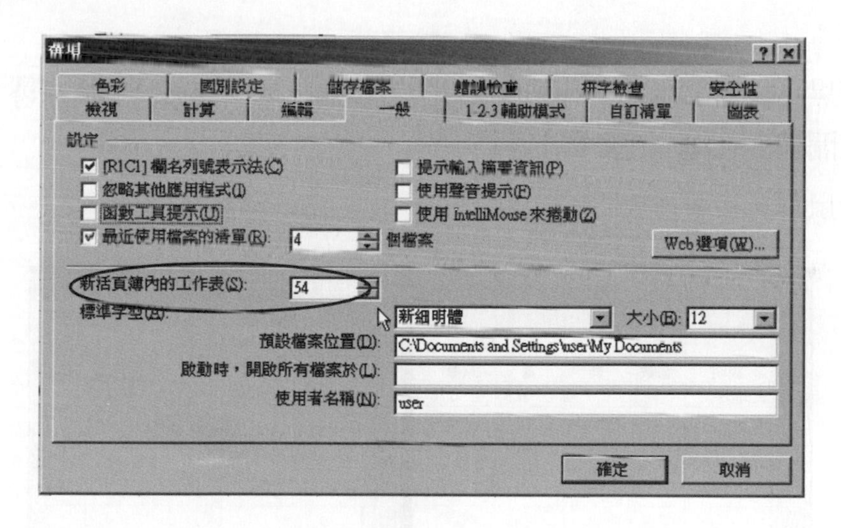

圖 7-A12

3. 在 新活頁簿內的工作表 以右格子內輸入所須要的數值。

若有需要，活頁簿內可直接插入工作表，也可直接刪除工作表。插入工作表會出現在所選工作表的前面，插入張數隨所選而定。其插入工作表操作步驟如下：

1. 先選取活頁簿內的一張或數張工作表。
2. 選 插入 ➔ 工作表 (或圖表或巨集表)。

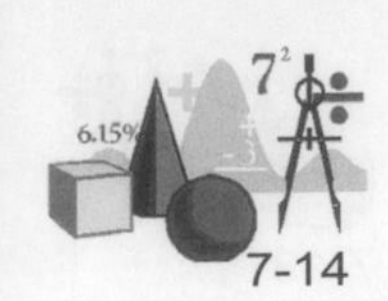

刪除工作表操作步驟如下：

1. 先選取活頁簿內要刪除的一張或數張工作表。
2. 選 編輯 ➔ 刪除工作表 或在標籤上按一次右滑鼠鍵，再選 刪除 ➔ 確定 。

二、工作表的複製與搬移

許多單價分析表常有類似之處，故整張工作表的複製與搬移動作常常被需要。工作表的複製與搬移，可在同一活頁簿，也可以在兩個活頁簿之間進行。複製工作表的操作步驟如下：

1. 先選要複製的工作表(可選數個工作表，工作表可以不必相連)
2. 壓住 Ctrl 鍵，拖曳工作表標籤，黑色三角形會出現，滑鼠指標也會有工作表的圖示出現。
3. 拖曳使黑點移到工作表要出現的地方。黑點亦可拖曳到另一個活頁簿，此活頁簿必須已開啓，且顯示在螢幕上。
4. 放開滑鼠鍵，接著再放開 Ctrl 鍵。

BOOK2.XLS

	1	2	3	4	5
1		排卵石			M³
2	說明	個數	長	寬	高(厚)
3	FL地坪	1	7.00	9.30	0.10
4	扣	-1	3.50	0.80	0.10
5					
6					
7					
8					
9					
10					
11					

排卵石 / Sheet1 / Sheet2 / Sheet3 / Sheet4 / Sheet5 / S

估價教學_範例一.XLS

	1	2	3	4	5
1		排卵石			M³
2	說明	個數	長	寬	高(
3	FL地坪	1	7.00	9.30	
4	扣	-1	3.50	0.80	
5					
6					
7					
8					
9					
10					
11					

工料表 / 放樣 /

圖 7-A-2

利用指令也可複製工作表，操作步驟如下：

1. 選要複製的工作表。
2. 選 編輯 ➔ 移動或複製工作表

3. 從[活頁簿]的下拉功能表內，選工作表要存入的活頁簿。
4. 在[選定工作表之前]，選一工作表。所複製的工作表會插入到此處所選的工作表之前。
5. 選[建立複製版本]，使✔號出現➔[確定]。

移動工作表操作步驟如下：

1. 選要移動的工作表。
2. 水平拖曳工作表標籤。黑色三角形會出現，滑鼠指標也會有工作表的圖示出現。
3. 拖曳使黑點移到工作表要出現的地方。
4. 放開滑鼠鍵。

利用指令也可移動工作表，操作步驟如下：

1. 選要移動的工作表。
2. 選[編輯]➔[移動或複製工作表]
3. 從[活頁簿]的下拉功能表內，選工作表要移去的活頁簿。
4. 在[選定工作表之前]，選一工作表。
5. 不選[建立複製版本]，使✔號消失➔[確定]。

三、提高輸入效率

提高輸入效率的功能有

1. 工具

Excel 內有很多編輯指令，都有工具可用。編輯工具可拖到螢幕上方，以利以後使用。將編輯工具拖到螢幕上方的步驟如下：

(1) 選用[檢視]➔[工具列]，工具列的對話方塊會出現。

(2) 在[自訂工具列]鈕上按一次滑鼠鍵。

(3) 選[類別]➔[編輯]，使用者自訂方塊如下圖所示：

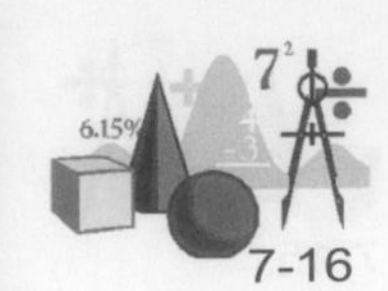

圖 7-A-3

(4) 拖曳所要的工具至對話方塊外，然後放開滑鼠。

(5) 若拖曳到工具列，則工具會插入工具列中，若拖曳到其他地方，則 Excel 會自己加入一列新的工具列。

(6) 選 關閉 鈕。

要刪除個別的工具，可在上述操作時，將不要的工具拖曳到外面，即會消失。整個工具列要去除則可按右鍵，再將對應有打✔號之名稱再按一次即可。

2. 固定小數點與選定輸入範圍

在輸入大量數值資料時，應充分應用鍵盤最右方的數值鍵，按了 Num Lock 鍵，使鍵盤右上角的 Num Lock 燈亮了以後，即可利用數值鍵輸入。在輸入數值時可固定小數點的位數，使 Excel 以後自動插入小數點。其步驟如下：

(1) 選用 工具 ➔ 選項 ➔ 編輯 標籤，如下圖，設定小數位數。

(2) 選用自動設定小數點(打勾)

(3) 如需要，在 位數 鍵入小數點後的位數。

(4) 按 確定 。

3. 事先選定要輸入資料的範圍

有時爲了方便輸入資料，可在工作表上設計輸入資料的表格。吾人可先選定要輸入資料的儲存格，再用適當的按鍵，使儲存格指標在選定的範圍內移動。先壓住 Ctrl 鍵，再用滑鼠點選儲存格，然後只能用 Tab 、 Shift+Tab 、 Enter 、 Shift+Enter 的配合輸入資料。

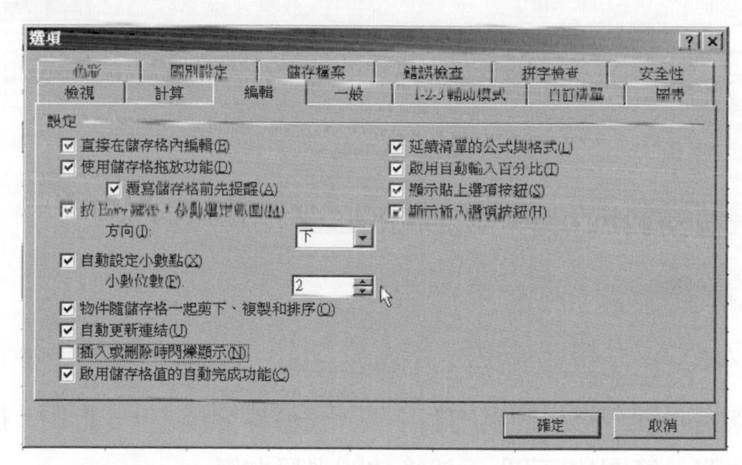

圖 7-A-4

4. 使用快速鍵

Excel 提供一些按鍵，可用來輸入日期、時間、或複製上一個儲存格資料。這些按鍵及其功能如下：

Ctrl + ; 存入日期

Shift + Ctrl + ; 存入時間

Ctrl + ´ 複製上一儲存格公式，公式內參照的儲存格不變。

Shift + Ctrl + ´　　複製上一儲存格內的值。

Ctrl + Enter　　在所選範圍內的每一儲存格，存入資料編輯列上的資料。

四、自動填滿

製作工作表時，常需填入序列文字標記，Excel 備有許多常用的序列文字標記，取用步驟如下：

1. 鍵入序列的第一項，例如「一月」。
2. 使儲存格指標停留在該儲存格上。
3. 將移到儲存格指標右下角的填滿控點上(滑鼠指標變成＋字)。
4. 拖曳填滿控點，使框線標示序列要存入的範圍(如下圖)，然後放開滑鼠左鍵。

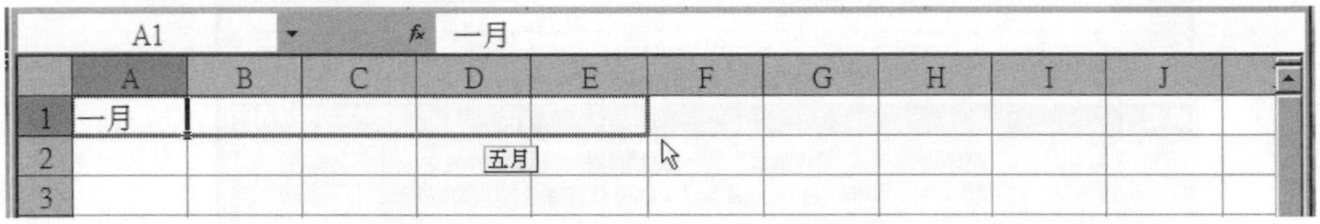

圖 7-A-5

若要建立一個有間距的序列，可以用滑鼠依下列步驟完成：

1. 輸入開頭的兩項。
2. 用滑鼠選取此二儲存格。
3. 將滑鼠指標指向儲存格指標處的右下方，待游標變成「＋」形時，按住滑鼠左鍵，並將游標拉開一範圍(如下圖)，然後放開滑鼠左鍵。

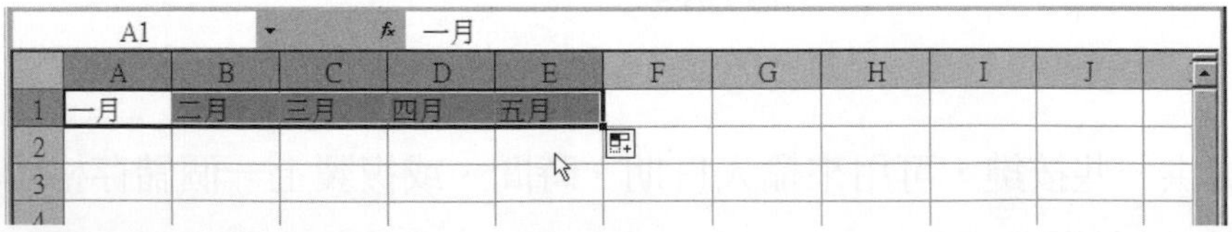

圖 7-A-6

利用指令可以建立更複雜的序列，以日期序列舉例如下：

1. 在開始的儲存格內鍵入起始值。

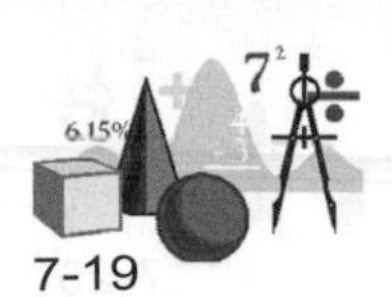

2. 用滑鼠選取要填入數列的範圍。
3. 選取 編輯 ➔ 填滿 ➔ 數列 。
4. 在對話方塊中，選 列 或 欄 。
5. 在「類型」欄中選取 日期 。
6. 在「日期單位」欄中，你可以按需要選取 日 、 工作日 、 月 、 年 。
7. 鍵入 間距值 。例如「日期單位」選取 月 ，而起始值爲「9/02/96」， 間距值 爲「2」，第二個值將會是「9/04/96」。
8. 鍵入 終止值 ➔ 確定 。

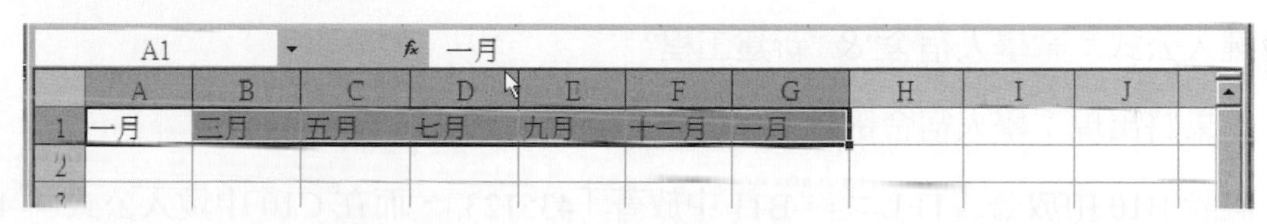

圖 7-A-7

五、自訂清單

吾人若有常用之序列資料，而 Excel 未提供者，可自行建立序列資料，建立步驟如下：

1. 選 工具 ➔ 選項 。
2. 選「自訂清單」標籤。
3. 在 自訂清單 下選 新清單 。
4. 在 清單項目 下，鍵入「忠、孝、仁、愛、信、義、和、平、禮、義、廉、恥」。
5. 選 新增 鈕。所輸入的序列會加入到 自訂清單 中。
6. 若要加入新的清單，則重複上面第 3 到第 5 步驟。
7. 選 確定 。

若工作表中有現成的序列，可用下列步驟轉成自訂序列：

1. 選取存有序列的範圍。
2. 選用 工具 ➔ 選項 。
3. 選 自訂清單 標籤。對話方塊下方 轉取清單來源範圍 內，已有所選範圍，亦可再更改，或另外選取。
4. 選 轉取 鈕。所選範圍內的序列，會存到對話方塊內的 自訂清單 內。
5. 選 確定 。

六、「&」符號與「TEXT」函數

Excel 允許將文字、數字、日期巧妙地結合在一起，例如：

鍵入公式：="學人宿舍"&"新建工程"

結果將出現：學人宿舍新建工程

假設 B10 中放著「TEL：」，B11 中放著「435123」，而在 C10 中鍵入公式「=B10&B11」，則結果出現：

TEL：435123

假設 B5 中放著日期「09/21/1997」，然後在 C10 輸入

="生日快樂！你的出生日期在 "&TEXT(B5,"mm，dd，yy")

結果將出現：

生日快樂！你的出生日期在 09,21,97

七、儲存格與範圍的命名

工作表內的儲存格和範圍，可以爲它取名字代替。主要的好處是：

1. 名稱可較易辨認和維護。
2. 名稱較不易在輸入公式時犯錯。
3. 名稱所代表的範圍，會在插入列或插入行後，自動調整，這使公式較易保持正確。
4. 按 F5 鍵，可以迅速移到有名稱的儲存格或範圍處。

Excel 也可爲公式或常數取名，使公式或常數的使用更方便。單一的儲存格、範圍、或數個範圍。命名的步驟如下：

1. 選用要取名的儲存格、範圍、或數個範圍。
2. 選用 插入 ，項目下的 名稱 ➔ 定義 。出現如下圖，圖中現有名稱內列出目前工作表上已有的名稱。

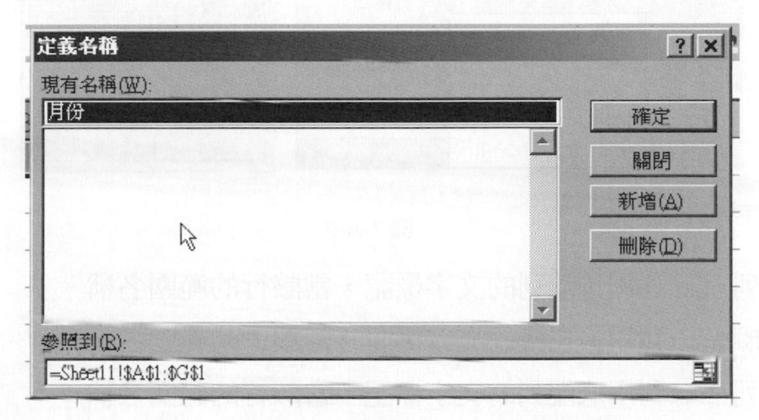

圖 7-A-8

八、自動命名

Excel 的自動命名功能，可以自動利用工作表上的文字標記，爲工作表上的範圍命名，而且一次可以爲許多範圍命名。爲一些範圍自動命名的步驟如下：

1. 選取要命名的範圍，此範圍要包括用作範圍的文字標記。
2. 選 插入 ➔ 名稱 ➔ 建立 。

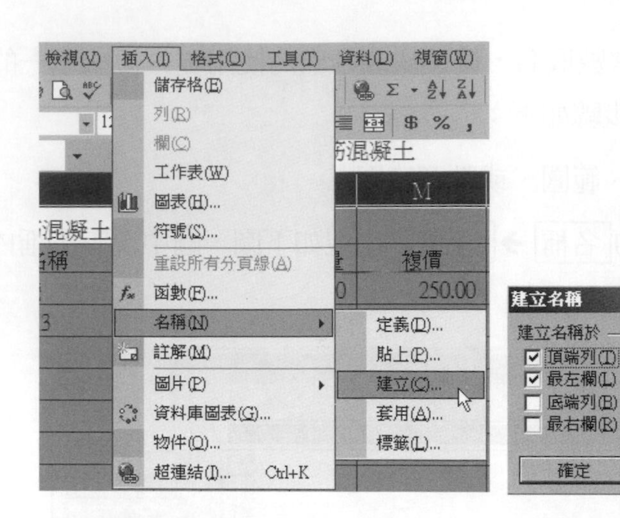

圖 7-A-9

頂端列－－利用頂端列的文字標記，當該行的範圍名稱。

最左欄－－利用最左欄的文字標記，當該行的範圍名稱。

底端列－－利用底端列的文字標記，當該行的範圍名稱。

最右欄－－利用最右欄的文字標記，當該行的範圍名稱。

3. 選 頂端列 和 最左欄 ➔ 確定 。

在規定範圍名稱時，若所用的名稱已經定義，代不同的範圍，則會出現一對話方塊，問是否要用新的定義取代，選用 是 以取代，選用 否 則保留原本的定義。選用 取消 則中止 自動定義名稱 的執行。

名稱可以更改或刪除，其步驟如下：

1. 選用 插入 ➔ 名稱 ➔ 定義 。
2. 選用 現有名稱 下的一個名稱。
3. 若要更改名稱，則移到 現有名稱 下的文書格子，若要更改範圍，則移到 參照列 下的文書格子內。
4. 編修名稱或參照範圍。
5. 選 確定 。

若要刪除某一名稱，只要在該名稱出現在[現有名稱]下的文書格子內時，按一下[刪除]鍵即可。

九、名稱應用

在工作表中，若已建立了一些公式，然後再為一些範圍命名，公式內使用的儲存格，並不會自動用新取的名字取代。[插入]，[名稱]，[應用]指令，可以用來將現有公式內參照的儲存格，改用名稱，其步驟如下：

1. 選用一個範圍，若只選一個儲存格，則代表整個工作表。
2. 選用[插入]➔[名稱]➔[應用]。
3. 選用要應用的名稱。

   [應用名稱]下的名稱，可以選用許多個，選用方式與[檔案管理員]的功能相同。
4. 若有必要，使[忽略相對／絕對參照]的✔號出現或消失。

   [忽略相對／絕對參照]意指不論是相對參照或絕對參照，名稱都要用來取代儲存格參照。若✔號沒出現，則絕對名稱取代絕對位址，而相對名稱取代相對位址。由於通常自動定義名稱時，是用絕對位址，而一般公式是用相對位址。因此，若沒選此項，則很可能公式內的參照，都沒有用名稱取代。
5. 若有需要，[使用欄／列名稱]的✔號出現或消失。當✔號出現時，意指欄和列交會處的儲存格，會用欄和列的名撐取代。
6. 若有必要，選用[選項]。
7. 在對話方塊內，選用適當項目。
8. 選用[確定]或按[Enter]。

十、數值與公式的命名

常用的公式和數值亦可取名稱，這些公式和數值，並不存在某一儲存格內，但可使用。取名稱的步驟如下：

1. 選 插入 ➔ 名稱 ➔ 定義 。出現對話方塊。

2. 在 現有名稱 的文書格子內，鍵入數值或公式所要用的名稱。

3. 在參照到的文書格子內，輸入數值或公式。

4. 確定。

作　業

A01. 試述工地放樣的程序？

A02. 試對工地辦公室之計價方式進行訪價。

A03. 工程施工期間，哪些情況須安全設施。

A04. 何謂自然方、壓實方、鬆方。

A05. 詳述支撐鷹架與踏腳鷹架。

B01. 試將工作表增設至 50，並將複製成單價分析表之格式。

B02. 請訂定合於自己習慣的工具列。

B03. 如何設定工作表之灰白表格不列印。

B04. 利用自訂清單功能，將工程估價中常見之連續性資料建立起來。

B05. 將基本工料之編號重新依公共工程委員會推行的標準綱要編碼編列。

8

混凝土估價原理

學習目標

1. 學習混凝土數量計算之要領
2. 學習混凝土數量計算之電腦操作實務
3. 學習混凝土數量計算之電腦操作實務
4. 學習混凝土數量計算之電腦操作實務

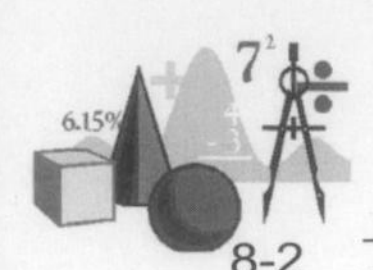

摘　要

鋼筋混凝土之數量計算可謂整個工程數量估算之靈魂(指以鋼筋混凝土爲主體之工程)。它的數量與耗費佔了整個工程之大部分，學會了混凝土、鋼筋、模板之數量計算，其餘項目之計算應可迎刃而解。是故，初學者應徹底詳讀 8、9、10 三章，並實際進行操作，久而久之，必得工程估價之重要心得。而在混凝土、鋼筋、模板之數量計算中，尤其以混凝土爲最重要，混凝土的數量計算列式通常會是鋼筋與模板數量列式的參考，往往在混凝土列式漏掉就連帶在其他兩項跟著漏掉，因此不可不慎。混凝土是以體積(立方公尺)爲計量的單位，通常會依設計要求的抗壓強度做爲工程分項(因爲單價不同)，常見有 3000psi(即公制的 210kg/cm^2)、3500psi(即公制的 245kg/cm^2)、4000psi(即公制的 280kg/cm^2)，近年來，有愈來愈高強度的趨勢。以上多爲有筋的混凝土，而無筋混凝土的強度稍低，例如 2500psi(即公制的 175kg/cm^2)、2000psi(即公制的 140kg/cm^2)。

本 文

8-A-1 混凝土工程估價原則

3000psiR.C(舊稱 1：2：4R.C，R.C 即鋼筋混凝土之意)是整個工程中最爲舉足輕重之單項工程。凡是以鋼筋混凝土爲結構主體之工程，工程初期，整個骨幹皆是模板裝拆、鋼筋綁紮與混凝土灌漿的工作。因此這三件工作之數量、單價、工時，掌控了整個工程的進行。

混凝土、鋼筋、模板三者在工程數量計算方面，其構件名稱、數量、尺寸、施工順序皆息息相關。因爲有這樣的連帶關係，好處就是列好其中一項之數量計算式，可延用在另兩項，但缺點是第一項列式時若不小心漏列或列錯，往往連帶影響另兩項，有時會造成極大之誤差，不可不慎。最好就是建立一套嚴謹的估算列式程序，養成習慣，以避免錯誤的發生。通常，吾人皆以混凝土的工程數量優先進行列式。以施工之先後次序，由基礎施工開始列起，由下而上，一層一層分開，每層又以平面第一象限之圖形座標由下往上(如同 Y 軸)、由左往右(如同 X 軸)、從樑、版、柱、墻、梯、零星構件等順序，口訣式的一一條列，並應不厭其煩地註明構件名稱、代號。不可因上下樓層尺寸編號相同，而用簡略的乘以個數代替之，因爲這樣造成原則混亂，容易漏列而不自知(「不自知』是估價師最危險的錯誤，往往自己再三檢查自己的列式，都無法察覺自己的疏忽)，何況層與層之間往往都有些許差異。許多重複性的列式，已可用 Excel 拷貝的功能輕易複製，不可從簡。而且層層獨立分列，有助於查核及施工期中估驗時便於結算。

混凝土的計價單位爲立方公尺(M^3)，列式的項目除了構件名稱、代號要說明清楚外，還包括長、寬、高(厚)三個尺寸(單位用公尺、小數取至 2 位)及個數(即同編號的構件數)，共 4 個數據。列式時應注意下列幾點：

1. 一般包裹有鋼筋補強之混凝土工程(例如 3000psiR.C.)，在施工圖中，結構平面圖與配筋圖或建築剖面圖中可觀察到其尺寸數據，往往要交互參照，才能得到完整

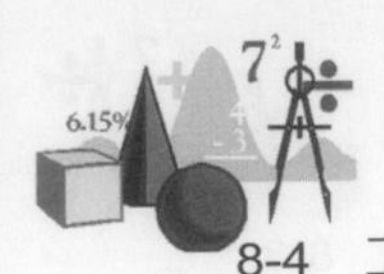

而正確之資訊。有時甚至從這些繪出的圖整合在一起，仍難表達完整的施作尺寸，或是產生矛盾，估價時若發現此狀況，應向原設計繪圖者確認。

2. 列式要嚴守施工程序，一層一層獨立列式，縱使有重複者亦不例外，以利查核及未來期中估驗計價用。切忌隨興列式，造成掛一漏萬，嚴重誤差。

3. 構件尺寸要避免重複列到重疊部分。一般柱面寬皆大於或等於樑斷面，故樑長度應採淨長度、柱可採單層全長列式。一切依此原則，使計得之尺寸精確。

4. 一般水電配管常安置於樑、柱斷面內，甚至版內。其所佔之體積亦甚可觀，卻常被忽略，水電配管對混凝土工程之影響，不論在品質之降低，施工技術之挑戰，構件應力之改變，工程數量之誤差，未來結構體防水與龜裂之後遺症，在在都是工程人員面對最嚴酷之實務難題，可是卻常被設計人員所忽略。這種可笑的事實，始終周而復始的在重演。配管佔去樑柱斷面之部分體積，應視情況給予扣除，扣除方式可考慮隨構件列出扣除之配管尺寸。

5. 由於有包裹鋼筋的混凝土，計算其體積時，通常都沒有扣除鋼筋所佔的體積，若以設計鋼筋比 ρ 來看，規模稍大的工程，其所佔之混凝土體積亦甚可觀，再加上水電管線亦穿梭其間，通常都未扣除，可見，估算混凝土體積時，估價師心中應有個底，如果依施工圖所述尺寸詳實列式的話，通常應該是會比實際的耗用量超出 2～4%左右。

8-A-2 混凝土數量計算舉例

1. 基礎

(1) 獨立基腳

$$V=V_1+V_2+V_3$$

(V_3 可計入柱列式中)

V_1=底版體積=$a\times b\times h_1$

V_2=錐體體積=$A\times h_2$

A=平均水平斷面積=$\dfrac{a_1\times b_1+a\times b}{2}$

V_3=GL 以下柱體積=$a_1\times b_1\times h_3$

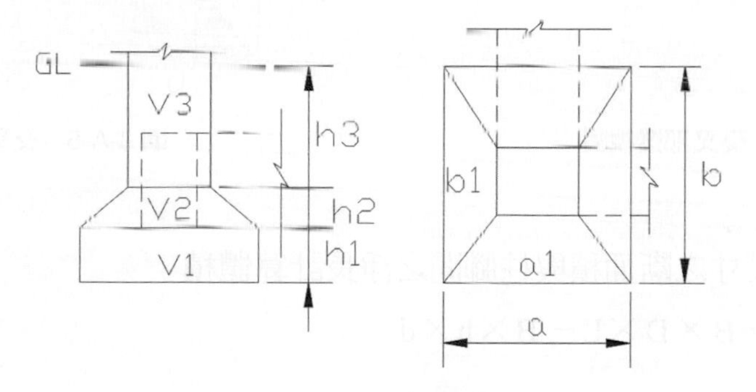

圖 8-A-1　獨立基腳

(2) 連續基腳

$$V=V_1+V_2+V_3+V_4=A_1L+A_2L+A_3L+A_4L=(A_1+A_2+A_3+A_4)L$$

L：淨長

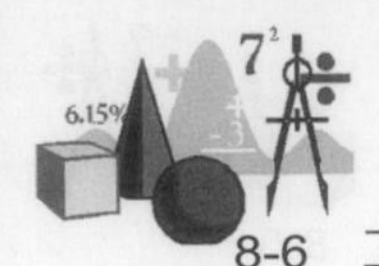

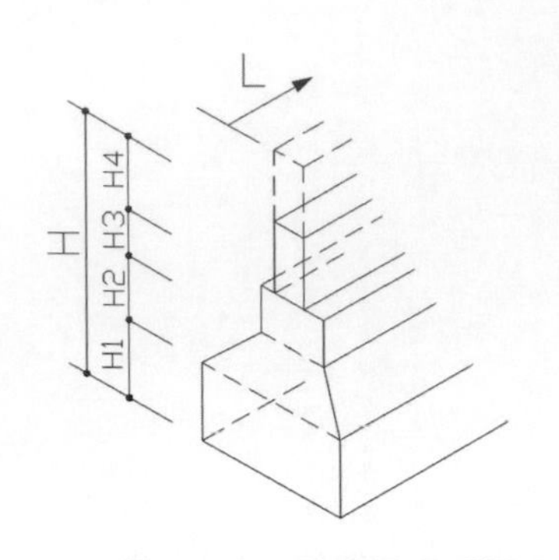

圖 8-A-2 連續基礎透視圖

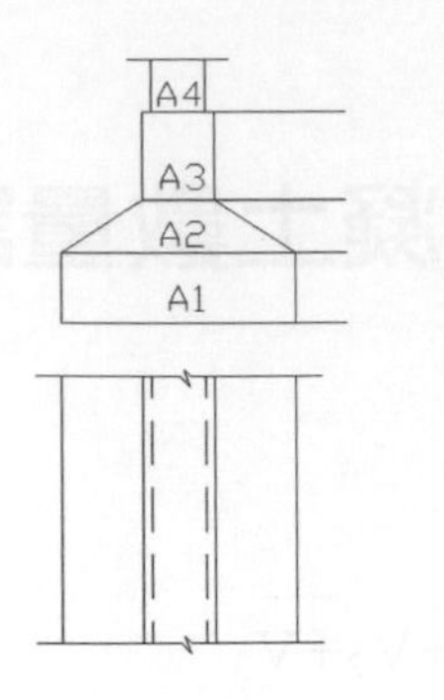

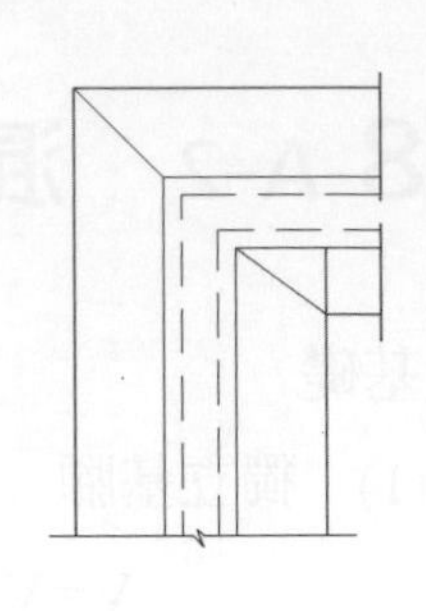

圖 8-A-3 連續基礎

連續基腳交叉部位，若以中心線爲基線求算，其誤差不大，應可接受。

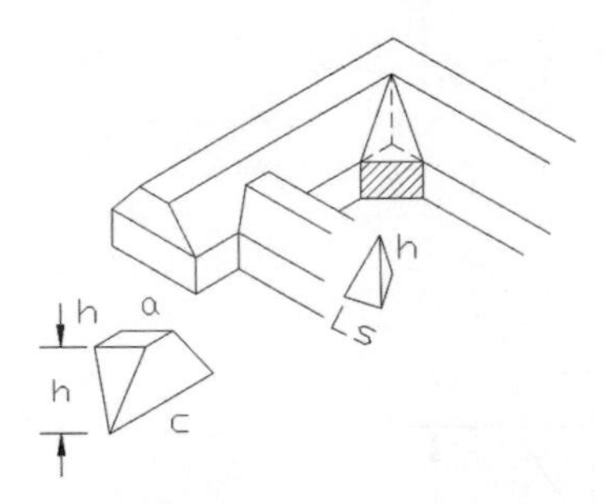

圖 8-A-4 交叉部透視圖

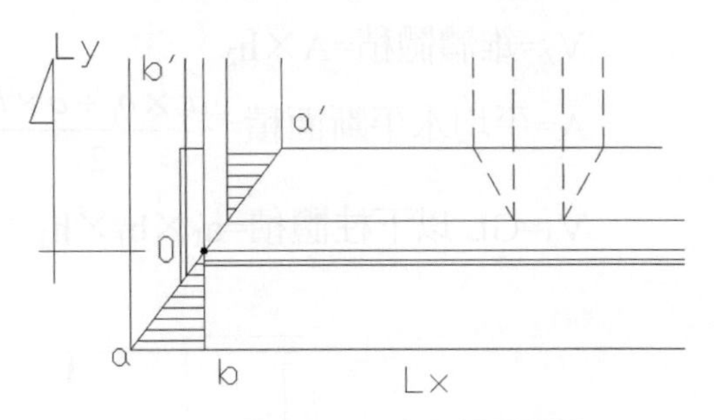

圖 8-A-5 交叉部平面圖

(3) 基礎樑

依設計尺寸之斷面積與柱腳間之淨長計算體積

$$V=B\times D\times L-B\times h\times d$$

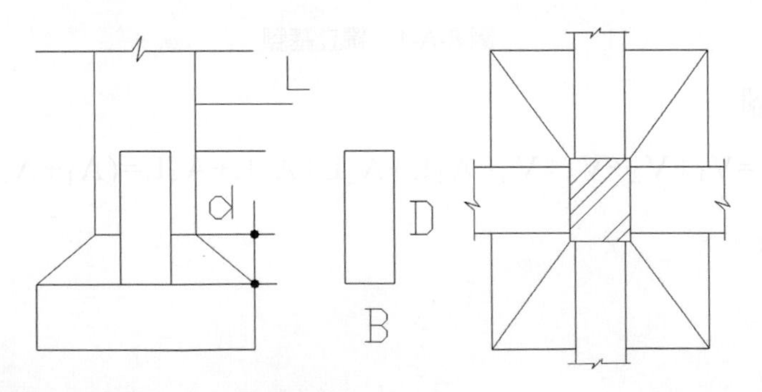

圖 8-A-6 基礎樑

(4) 筏式基礎

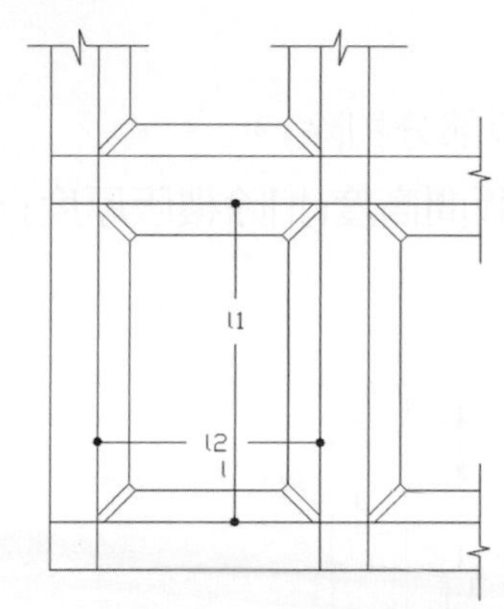

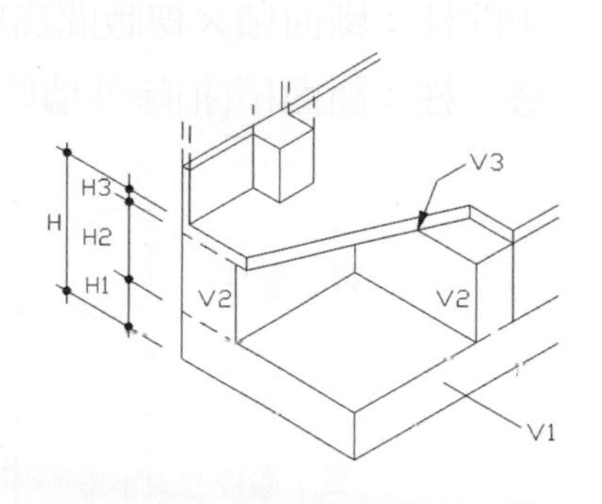

圖 8-A-7 筏式基礎

$V=V_1+V_2+V_3$

$V_1=L_x \times L_y \times H_1$(底盤)

V_2=基礎樑體積

$V_3=L_x \times L_y \times H_3$(上部版)

底盤有托肩時，應加上其體積 V_4

$V_4=1/2h \times b \times h$

L：托肩中心線之總長度

b：托肩寬度

h：托肩高度

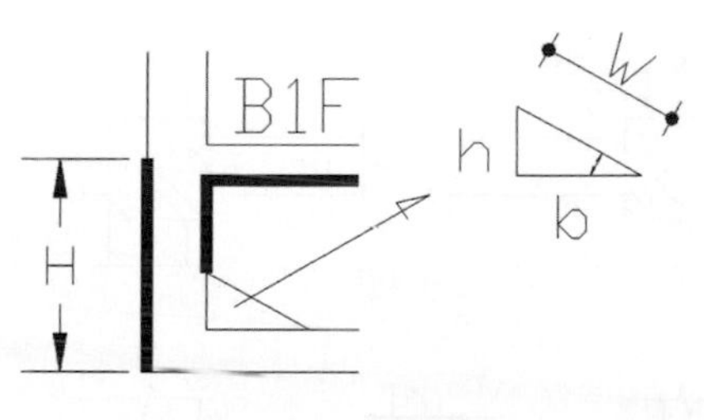

圖 8-A-8 底盤托肩

(5) 柱

V=斷面積×淨高=a×b×H

① 中間柱：斷面積×樓版間高度(樓版部分扣除)。

② 邊　柱：斷面積(扣除外牆厚)×樓版間高度(扣除樓版厚度)。

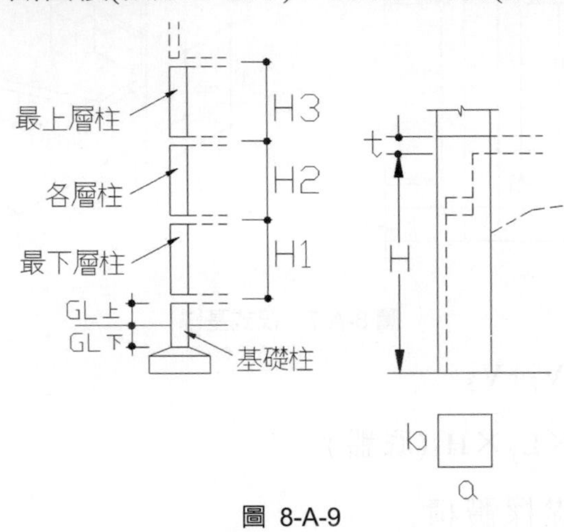

圖 8-A-9

(6) 樑

無托肩樑　$V_1=b\times d\times LO$(淨跨度)

托肩部分　$V_2=2\times 1/2\times h_1\times b\times L_1= h_1\times b\times L_1$

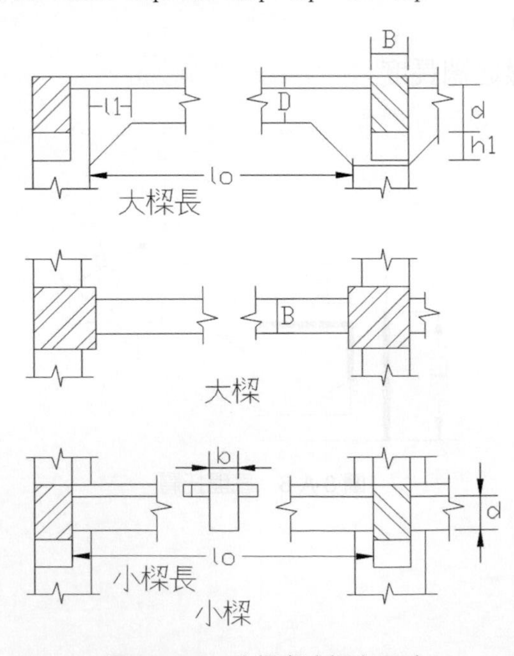

圖 8-A-10　大樑與小樑之尺寸

(7) 樓版

樓版整層的面積扣除樓梯間或挑空部分的面積，乘以厚度即得樓版體積。

$$V=(L_x \times L_y - \Sigma A_m) \times t$$

ΣA_m=樓梯間、昇降機孔等及其他、應從版面積扣除部分之面積總和。

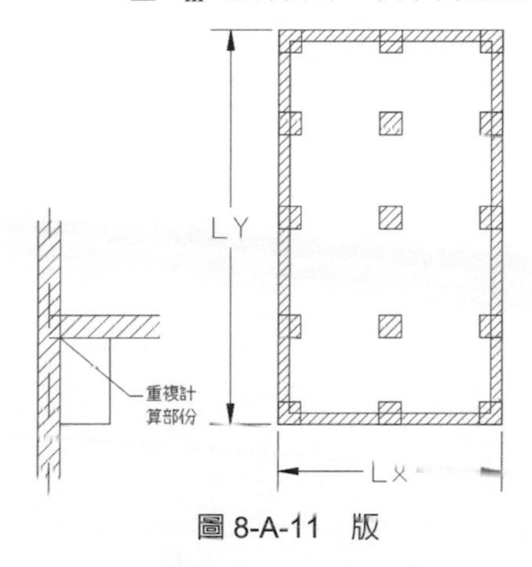

圖 8-A-11 版

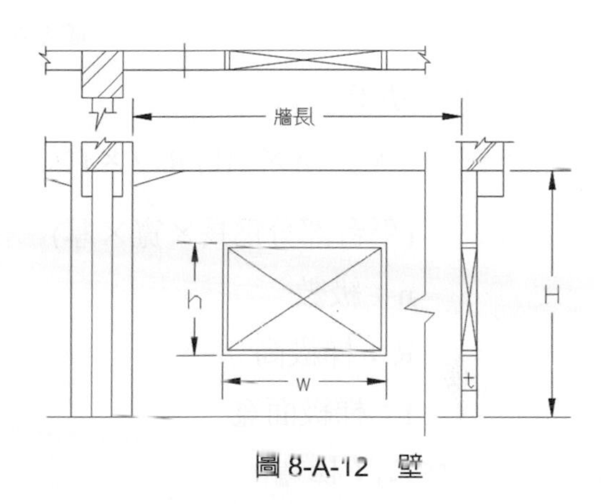

圖 8-A-12 壁

(8) 墻壁

柱與柱之間的淨長，乘上樑底或版底淨高，扣除門窗或中空部分面積，再乘上厚度，即得墻壁體積。

(9) 樓梯

① 三角形梯級部分

$$V_1=n \times 1/2R \times f \times L_O$$

② 傾斜版部分

$$V_2=t \times L \times L_O$$

③ 平台部分

$$V_3= t \times L_1 \times L_2$$

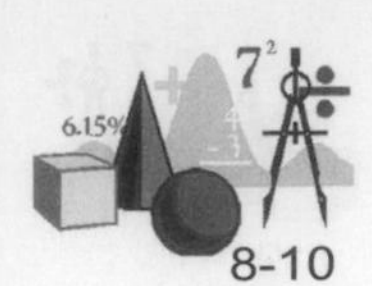

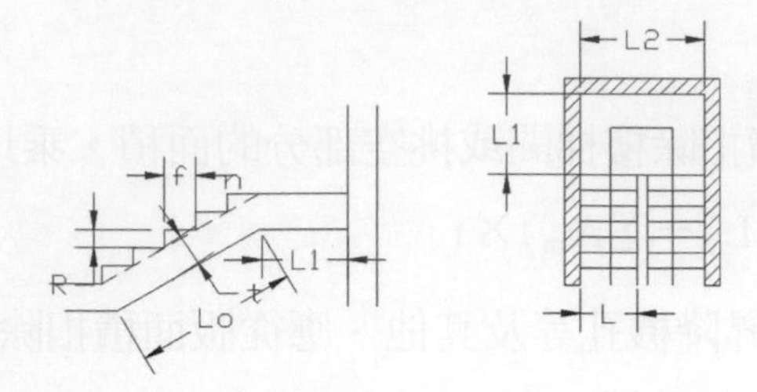

圖 8-A-13 樓梯

④ 扶手

$V_4 = n \times 2H + R/2 \times f \times t$

(平台部分為長×寬×厚)

n：級數

R：梯級高

f：梯級面寬

L_O：梯寬

L：梯斜長

L_1：梯平台寬

L_2：梯平台長

t：梯淨厚或平台厚度

實 習

8-B-1 混凝土工程估算操作實務

「混凝土』是本世紀被使用在工程建設最多的材料，主要原因應該是它價廉而且耐久、強度高、取材容易等等。混凝土材料爲水泥、細骨材(砂)、粗骨材(石子)、水依比例充份攪拌而成。由於配合比例的不同，其抗壓強度亦不同，而且單價也不同；一般而言，混凝土抗壓強度之高低常與它的單價成正比，主要原因是水泥的用量決定了抗壓強度之高低，也決定了整體單價的高低，當然除了水泥以外，影響抗壓強度的原因還有很多，但這些原因都會致使不同的抗壓強度而有不同的單價。因此；混凝土工程的估價單項自然就依抗壓強度之高低來分類。混凝土特性與混凝土抗壓強度之高低有直接關聯，故先從混凝土特性瞭解起。

一、混凝土特性

1. 組合材料的影響

水泥＋水＝水泥糊體

水泥＋砂＋石子＋水＝混凝土

(1) 水泥品質
(2) 骨材品質
(3) 配合比例
(4) 用水量與水泥用量
(5) 拌合方式
(6) 養護條件
(7) 搗置方法
(8) 添加劑之摻合

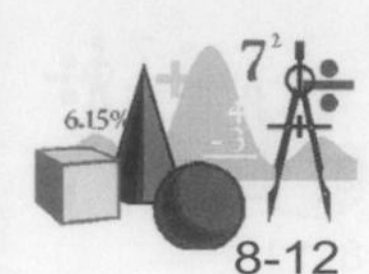

2. 混凝土工作度

(1) 混凝土工作度係指混凝土操作時之難易度，亦即澆置與搗實工作。操作不易之混凝土必影響品質，但是只考慮操作容易亦必失於偏執而生反效果。

(2) 混凝土之稠度或流動性為構成工作度良窳之重要因素。量計混凝土稠度之方法常用「坍度試驗」(Slump Test 詳見混凝土施工專書)。

3. 水密性

影響混凝土水密性之主要原因：

(1) 使用超量的水，多餘的水造成混凝土間佈滿孔隙。

(2) 水灰比超過 0.65 使透水性加速，

(3) 水泥之細度與水密性成反比。

(4) 水化速率慢者透水性較大。

(5) 加輸氣劑使孔隙不連續。

(6) 加飛灰可增強水密性。

(7) 級配優良之骨材亦可增強水密性。

(8) 適當配比、坍度、澆置時充分搗實及後續的充分養護亦可增強水密性。

二、混凝土組成重量比

重量比可依水質比理論設計之，其設計步驟如下：

1. 混凝土設計如用工作應力時應將原設計強度(fc′)提高 15%，如用強度法時提高 25%後作為設計強度並自(表 8-B-1)水質比與混凝土之平均抗壓強度表定出水灰比。

表 8-B-1　水灰比與混凝土之平均抗壓強度表

水灰比	普通混凝土		輸氣混凝土	
(重量比)	水泥量 (KG/M2)	28 天強度 FC' (KG/M3)	水泥量 (KG/M2)	28 天強度 FC' (KG/M3)
0.40	413	385	362	315
0.42	390	365	348	301
0.44	376	350	335	287
0.46	362	336	320	273
0.49	335	308	293	252
0.53	307	280	279	231
0.58	279	252	251	203
0.62	265	231	237	189
0.67	251	203	223	175
0.71	237	182	209	154
0.75	223	168	195	140

1. 表中水泥量係以骨料最大粒徑 40mm 為標準之單位量。
2. 水灰比及強度關係屎受骨料最大粒徑變化之影響。

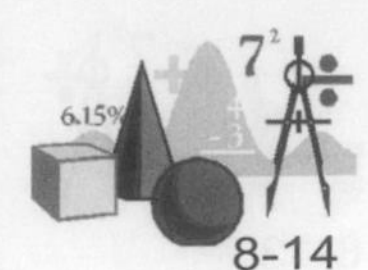

2. (由表 8-2)查得每 M3 混凝土之用水量。

表 8-B-2 混凝土之用水量近似值

坍度	各種骨材最大粒徑所需之用水量(kg/M2)							
(cm)	10mm	15mm	20mm	25mm	40mm	50mm	80mm	150mm
	普通混凝土							
2.5～5	208	198	183	178	163	154	144	124
7.5～10	228	218	203	193	178	168	158	139
15～18	243	228	213	203	188	178	168	149
空氣含量(%)	3	2.5	2	1.5	1	0.5	0.3	0.2
	輸氣混凝土							
2.5～5	183	178	163	154	144	134	124	109
7.5～10	203	193	178	168	158	149	139	119
15～18	213	203	188	178	168	158	149	129
空氣含量(%)	8	7	6	5	4.5	4	3.5	3

3. 由水質比值及用水量求算所需水泥量

   如 W/C=0.58

   水泥量 C=W/0.58

4. 由砂之細度係數及粗骨材最大粒徑之關係表，查(表 8-3)得粗骨材之佔有體積。

表 8-B-3 混凝土單位體積所需乾燥搗實粗骨材之體積

砂之細度係數	粗骨料之最大粒粒徑							
	10mm	15mm	20mm	25mm	40mm	50mm	80mm	150mm
2.40	0.46	0.55	0.65	0.70	0.76	0.79	0.80	0.90
2.60	0.44	0.53	0.63	0.68	0.74	0.77	0.82	0.88
2.80	0.42	0.51	0.61	0.66	0.72	0.75	0.80	0.86
3.00	0.40	0.49	0.59	0.64	0.70	0.75	0.78	0.84

※ 表列體積係對普通鋼筋混凝土有適當之工作和易性，由經驗上而定。故如為舖裝用之混凝土，其工作和易性不佳時，可增加 10%。

5. 求算細骨材佔有實體積，即每立方公尺混凝土扣除，水泥實體積，水實體積，粗骨材實體積及空氣佔有體積即得，並換算爲重量。

6. 修正用水量，一般砂之含水量大故應修正之，石子含水量少可忽略。

三、混凝土配合比計算範例

已知條件

* 使用一般波特蘭水泥。
* 構造物斷面約 20～40CM，鋼筋最小淨距爲 6CM。
* 混凝土結構設計採用 W.S.D 法，f'_c=210kg/cm^2。
* 粗骨材夯實乾重爲 1600kg/cm^2。
* 砂之細度模數 F.M.=2.6。
* 飽和面乾狀態粗細骨材之容積比重爲 2.65。

粗骨材吸水率爲 0.5%。

計算步驟

1. f'_c=210kg/cm^2，採用 W.S.D 法設計，故應將 f'_c 提高 15%，再求水灰比，所以 210×1.15=242kg/cm^2，自表(7-1)用內插法可知其水灰比 w/c=0.60。計算如下：

$$\frac{(0.62-0.58)}{(252-231)}\times(252\text{-}242)+0.58=0.599(約\ 0.60)$$

2. 採取適當良好工作性之坍度值(7.5cm～10cm)。

3. 骨材之最大粒徑採 25mm。

4. 由骨材之最大粒徑採 25mm 與坍度值(7.5cm～10cm)查表(7-2)知每 M3 拌合水需 193kg。

5. 由水灰比 w/c=0.599 與拌合水量 193kg 知所需水泥用量應爲：

193/0.599=322.2kg。(約 6.5 包，每包 50kg)

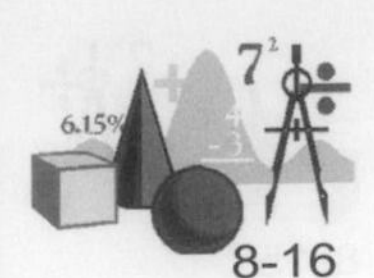

6. 砂之細度模數 F.M.=2.6 及骨材之最大粒徑採 25mm，可由表(7-3)查得每 M3 混凝土所需之粗骨材為 0.68M3，粗骨材夯實乾重為 1600kg/cm²，吸水率為 0.5%，故其面乾內飽和狀態之重量應為 1600×0.68×1.005＝1093kg。

7. 每混凝土所需砂之固體體積應為 1M3 減去其他材料之固體體積。

水泥之體積	(6.5×50)/(3.15×1000)	＝0.103M³
水之體積	(193)/1000	＝0.193M³
粗骨材體積	(1093)/(2.65×1000)	＝0.412M³
空氣體積	1%	＝0.010M³
共計：		0.718M³

砂之體積為 1－0.718＝0.282

砂之重量為 0.282×2.65×1000＝693kg

8. 以上係假設骨材為面乾內飽和狀態之下求得。一般應依工地骨材之含水量加以調整。若假設粗骨材之游離水 1%，砂之 2%，則全部游離水應為 1093×1%＋693×2%＝10.9＋13.8＝24.7kg。因游離水是全部用水量之一部份，故實際需水量為 193kg－24.7kg＝168.3kg

8-B-2 「2500psi 混凝土」工程數量之計算

2500psi 混凝土即所謂 175kg/cm^2 強度之混凝土；一般用在無筋混凝土，無筋混凝土常被用在較無結構性考慮的地方，例如擋土的巨積混凝土、基礎底座(打底)、地坪、犬走、牆基等。

新細明體 12

F13 =SUM(F3:F12)

	A	B	C	D	E	F	G	H	I
1		2500^{psi} 預拌混凝土			M^3			5	2500^{psi} 預拌混
2	說明	個數	長	寬	高(厚)	小計		代號	工料名
3	F1	4	1.50	1.50	0.10	0.90		B095	水泥
4	F2	4	2.50	1.50	0.10	1.50		B033	清石子
5	F3	4	2.00	1.50	0.10	1.20		B030	粗砂
6	F4	2	1.50	1.20	0.10	0.36		A003	技工
7	TB	2	3.45	0.24	0.05	0.08		A002	小工
8	TB	1	3.00	0.24	0.05	0.04		A125	震動機
9	TB	4	2.75	0.24	0.05	0.13		B003	混凝土泵浦
10	TB	1	1.00	0.24	0.05	0.01		A124	零星損耗
11	FL地坪	1	7.00	9.30	0.10	6.51			
12	扣	-1	3.50	0.80	0.10	-0.28			
13						10.45			
14									

圖 8-B-1 2500psi 混凝土列式範例

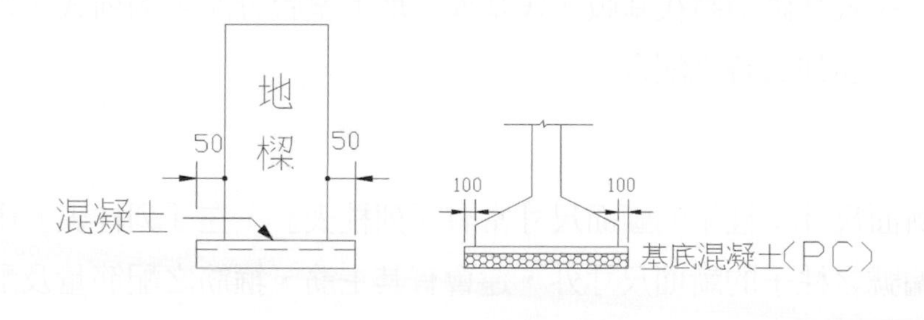

圖 8-B-2 地樑斷面圖

8-B-3 「3000psi 混凝土」工程數量之計算

3000psi 混凝土即所謂 210kg/cm^2 強度之混凝土；一般用在有鋼筋加勁的混凝土，鋼筋混凝土常被用在有結構性考慮的地方，3000psiRC 之數量計算以 M^3 爲單位，其列式項目包括「說明」、「個數」、「長」、「寬」、「高(厚)」、「小計」。由於鋼筋混凝土的施工與鋼筋彎紮、模板裝拆有極密切的關係，往往後者兩項之數量計算列式即直接延用鋼筋混凝土數量計算之列式，既然是被唯首是瞻的計算項目，自然在列式時絕不可掉以輕心。估價師依照圖說；應從基礎開始，遵循習慣規則，小心條列。全部列完後，應再細心查核一遍，尤其大項之個數，不可錯列、漏列。擬將一般在閱圖列式時應注意之事項條列如下，供操作者參考：

一、基礎

1. 須參閱圖件：
   ※編號種類：參閱基礎結構平面圖或基礎尺寸一覽表。
   ※個數：參閱基礎結構平面圖(如果是毒立基腳，應先算出全部柱子的數量)，不同編號之基礎個數加總要核對一下數量。
   ※基礎長、寬：參閱基礎結構平面圖或基礎尺寸一覽表。
   ※基礎厚度：參閱建築剖面圖或基礎尺寸一覽表或基礎剖面圖。
2. 連續基礎須從建築平面圖或基礎結構平面圖中核算其總長度，而基礎樑應分開單獨列式。筏式基礎須將筏基版、筏基樑、地下室版分開單獨列式。以上主張是考慮模板、鋼筋列式時之配合。

二、柱

1. 柱子的斷面尺寸：柱子的斷面尺寸常有「列柱表」，在「列柱表」中除了有每層樓不同編號之柱子的斷面尺寸外，還會有其主筋、箍筋之配筋量及配筋位置。
2. 柱子淨高度：可參考建築立面圖及建築剖面圖，柱子淨高度爲柱子總高度扣除樓版之厚度。
3. 柱子的個數：可參閱各層結構平面圖，不同編號之柱子個數加總要核對一下數量。

4. 有些挑空樓版常有跨越樓層的柱子，仍建議以對應等高樓層的柱子計算較不會漏列，唯總高就不必扣除樓版之厚度。

三、樑

1. 樑之淨長度：參考各層結構平面圖之編號及建築平面圖之長度，然後扣除相臨柱子的斷面尺寸(要注意 X、Y 兩向尺寸的不同)得到淨長度。
2. 樑之斷面尺寸：從各層結構平面圖之編號對照到樑之配筋剖面詳圖，可查出樑之斷面尺寸，含有樓版的樑，在列其斷面尺寸時，要扣除樓版的厚度(例如 70 公分高的樑、12 公分厚的樓版，列式時樑高應爲 58 公分)。
3. 樑之個數：可參閱各層結構平面圖，不同編號之樑的個數加總要核對一下數量。

四、樓版

1. 樓版之平面尺寸：可參閱各層結構平面圖及建築平面圖之長度(要注意用包外之總長)，扣除樓梯及挑空樓版之長寬。
2. 由於在柱子與樑之列式中已考慮扣除樓梯部份，故在樓梯列式時，只要版厚相同即可整層一次列式。

五、牆

1. 牆之長度：可參閱各層建築平面圖之尺寸。
2. 牆之厚度及高度：可對照參閱各層建築平面圖與建築剖面圖之尺寸，或在牆配筋圖中亦可看到牆之厚度。

六、樓梯

樓梯之尺寸可對照參閱各層建築平面圖與建築剖面圖之尺寸，樓梯配筋圖中亦可看到樓梯之厚度及相關尺寸。

七、其它

3000psiRC 之列式，除了以上六項爲最大宗外，尚有一些零星部位，例如美術柱、窗台、門楣、女兒牆、水箱、冷氣孔、固定桌面、雜項工程等等，端視設計者的風格而可能有爲數不少之零星的 3000psiRC 之列式。

由於 3000psiRC 之列式可供「紮鋼筋」與「裝模板」參考，故吾人可先將其計算列式之部份列印出來。首先將其範圍標記起來，在 A1 處按住左鍵，然後拖曳至 F47，選「檔案」→「列印(選定範圍)」→「確定」，即可印出。

※ 列印前要注意，列表機是否開啓、報表紙是否裝妥。

D11 =0.3^2/4

	A	B	C	D	E	F	G	H	I	J
1		3000^{psi} 預拌混凝土			M^3			6	3000^{psi} 預拌混凝土	M^3
2	說明	個數	長	寬	高(厚)	小計		代號	工料名稱	單位
3	F1基礎	4	1.50	1.50	0.45	4.05		B095	水泥	包
4	F2基礎	4	2.50	1.50	0.45	6.75		B033	清石子	M3
5	F3基礎	4	2.00	1.50	0.45	5.40		B030	粗砂	M3
6	F4基礎	2	1.50	1.20	0.45	1.62		A003	技工	工
7	TB地樑	3	6.78	0.24	0.50	2.44		A002	小工	工
8	TB地樑	4	6.52	0.24	0.50	3.13		A125	震動機	式
9	TB地樑	2	1.56	0.24	0.50	0.37		B003	混凝土泵浦及輸送管	式
10	TB地樑	1	2.26	0.24	0.50	0.27		A124	零星損耗	式
11	一樓C1	1	3.93	0.02	3.14	0.28				
12	一樓C2	3	3.93	0.24	0.24	0.68				
13	一樓C3	1	3.93	0.24	0.24	0.23				

2500psi 混凝土 / 3000psi 預拌混凝土 / 紮鋼筋

圖 8-B-3 3000psiRC 之列式範例

作 業

A-1. 試述混凝土計量列式時，須注意哪些要項？

A-2. 設有獨立基腳 16 個 F1，長 2 公尺，寬 1.6 公尺，厚 40 公分，試求共計混凝土多少立方公尺？

A-3. 試述樓梯之混凝土數量計算方法。

A-4. 試述鋼筋數量計算在保護層與搭接長方向有何規定？

A-5. 試述模板數量計算之一般規則。

B-1. 試述混凝土數量列式之程序。

B-2. 試述鋼筋計量之程序。

B-3. 試述模板計量之程序。

B-4. 詳述 SUMIF( )函數之使用。

B-5. 請以自已瞭解說明混凝土，鋼筋，模板在數量計算時須參考哪些圖說。

9

模板估價原理

學習目標

1. 學習模板數量計算之要領

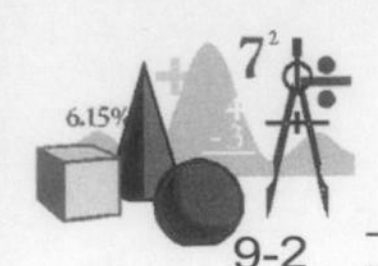

摘　要

鋼筋混凝土之數量計算可謂整個工程數量估算之靈魂(指以鋼筋混凝土為主體之工程)。它的數量與耗費佔了整個工程之大部分，學會了混凝土，鋼筋，模板之數量計算，其餘項目之計算應可迎刃而解。是故，初學者應澈底詳讀 8.9.10 章，並實際進行操作。混凝土是以體積計量的，模板則爲面積(平方公尺)單位，而鋼筋計算時雖以長度(公尺)計，但最後必須換算成公噸。

在鋼筋混凝土構造中，R.C.(Reinforced Concrete)構件幾乎都需要模板，因此，掌握正確的 R.C.混凝土的列式，是掌握模板正確列式的不二法門。

本文

9-A-1 模板之估算需知

模板數量的列式亦與 3000psi 混凝土之列式息息相關，其計算的單位為平方公尺(M2)。計算順序緊隨 3000psi 混凝土之列式順序，當然仍然要一邊列式一邊查核 3000psi 混凝土列式之正確性，避免盲目跟隨而一錯再錯。

模板估算之一般規則：

1. 獨立基礎面之坡度若小於 1/2 者，可免設模板。
2. 計算柱之模板面積時，與柱相連之樑或 R.C.牆斷面面積若小於一平方公尺者，可不必扣除。
3. 樑與版相接處，計算樑之模板面積時，樑之兩側應扣除版之厚度。
4. 門窗開口部份，原則上以門窗淨高、淨寬為計算標準，但開口部份面積如在 0.5M2 以下，則不必扣除。開口部份的厚度不必計算面積。
5. 使用不同材質的模板、模板造型特異、模板支撐特高等等皆應該分開獨立一個工程單項計算，因為單價差異太大。

一、基礎

1. 基礎上面之傾斜面若大於 1/2，應考慮計算。
2. 模板面積＝底板側面積＋傾斜面面積＋GL 線以下柱腳側面積
   ＝基板周長×板厚＋柱頭周長×柱頭高。

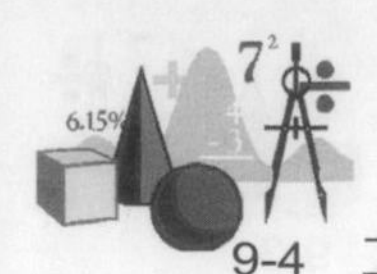

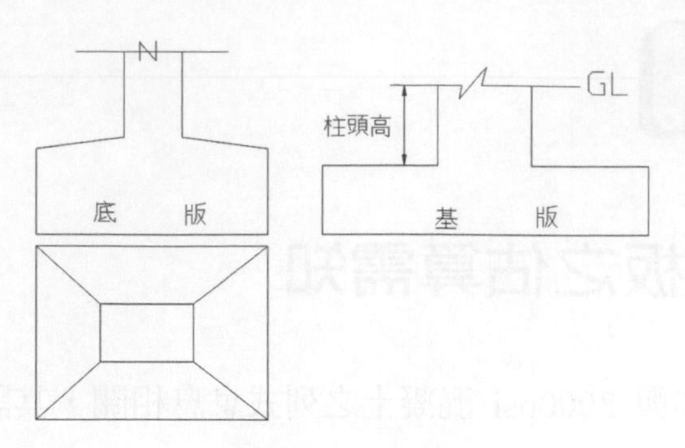

圖 9-A-1 獨立基腳

二、地樑

1. 地樑與柱子交接處之模板，可以不扣除柱斷面部份，因接合處模板施工困難度較高、耗材亦較高。
2. 模板面積＝地樑深×兩柱淨間距(L)×2。
3. 如樑底不接觸土層，則需加底版＝樑寬×兩柱淨間距(L)。
4. 兩柱淨間距(L)視為地樑淨跨度長。

三、大樑與小樑

1. 大樑與小樑交接處之模板，可以不扣除小樑之接合處斷面積。
2. 樑之斷面積由樓版下緣算至樑底(如圖 9-A-2)。

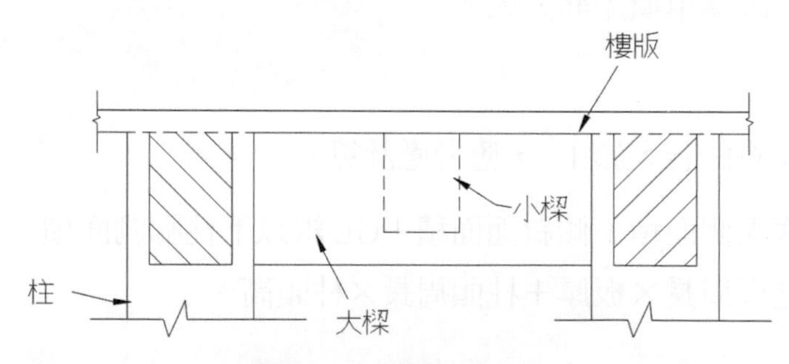

圖 9-A-2 樑與版之剖面

3. 樑之模板面積＝樑淨長(兩柱淨距)×(樑深－樓板厚)×2＝樑側模×2。
4. 樑底模板面積併入樓板面積計算較有利於原在 3000PSI 混凝土中之樓板列式。

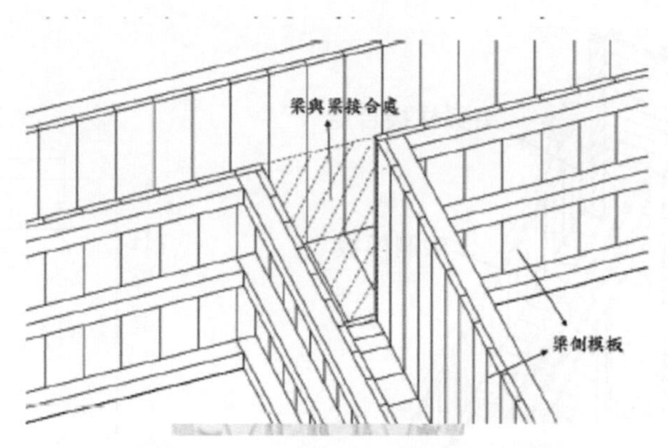

圖 9-A-3 大樑與小樑模板接合示意圖

5. 如有托肩時，樑應另計托肩兩側三角形的面積。

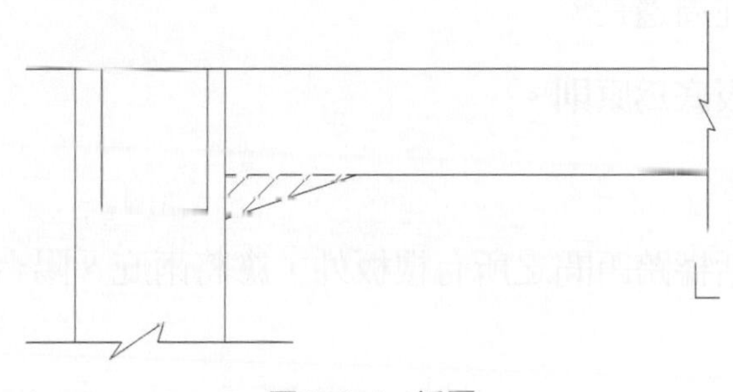

圖 9-A-4 托肩

四、柱

1. 柱模高度自下層樓板頂面計算至上層樓板之底面(亦即扣除樓板厚度)。
2. 柱與樑、柱與牆之交接處不必扣除側面模板。

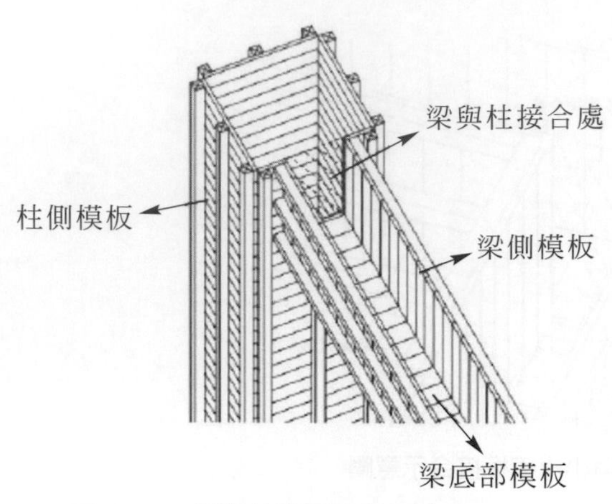

圖 9-A-5　梁與柱模板接合示意圖

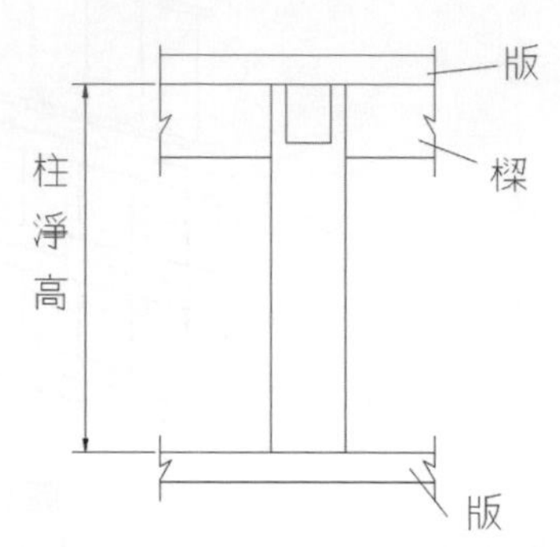

圖 9-A-6　柱與樑、柱與牆之交接處

3. 柱模＝柱淨高×柱周邊長。

4. 柱淨高以計至樓板底爲原則。

五、樓板

1. 樓板面積除了包括樑跨距間之所有樓板外，應將雨庇、陽台及懸出樑外側之突出部份一併計入。

2. 樓板面積包括樑底面積在內。

3. 樓板面積＝建築物全長×全寬－樓梯間及管道間等開口面積。

4. 版厚×外緣周長＝周邊樓板面積。

5. 開口之側邊模應計入周邊樓板面積。

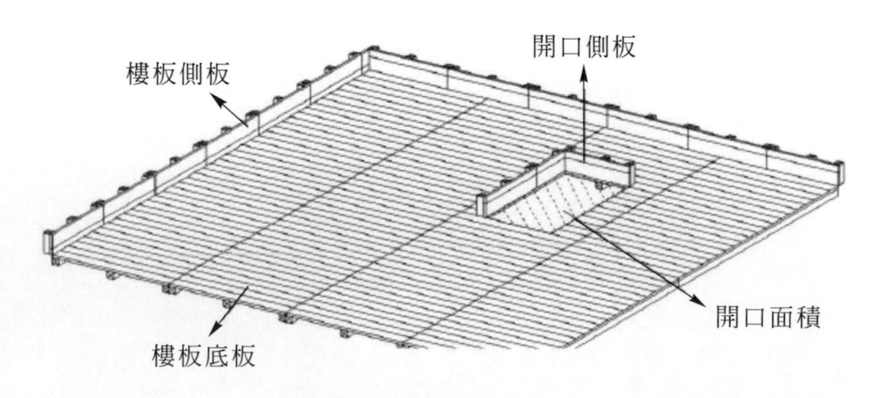

圖 9-A-7　樓板模板示意圖

六、牆壁

1. 牆壁之混凝土兩側面之面積即牆壁模板。
2. 開口面積應扣除。
3. 樑托肩部份不扣除。
4. 估算牆壁模板時需增加補助板(15mm 厚之板材)約以牆模原估算量 30%增計。

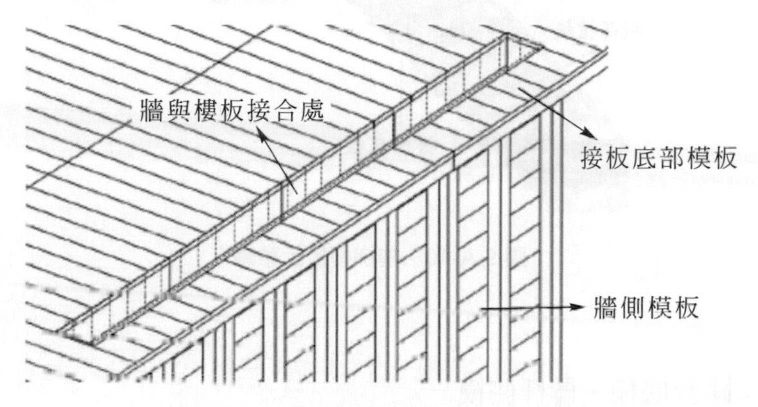

圖 9-A-8　牆與樓板之模板接合示意圖

七、樓梯

1. 樓梯模板之面積包括：
   (1) 傾斜版底面模板。
   (2) 平台底面模板。
   (3) R.C.扶手(注意兩側模板)。
   (4) 樓梯側面模板(圖示網線部份)。
   (5) 每級之擋板亦應列入計算。

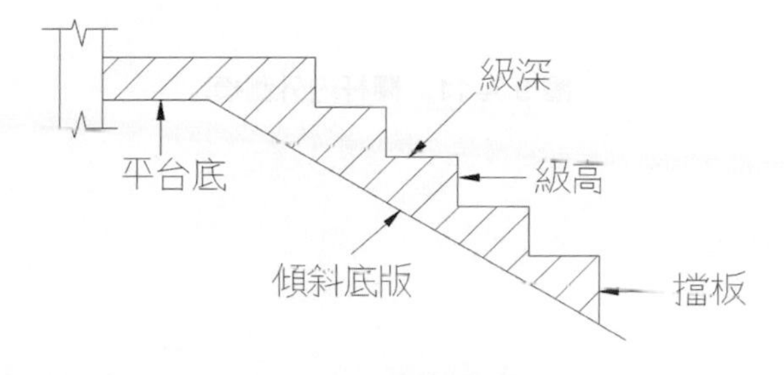

圖 9-A-9　樓梯模板

2. 樓梯模板之面積概算可按樓梯面積之 2.5 倍計之。

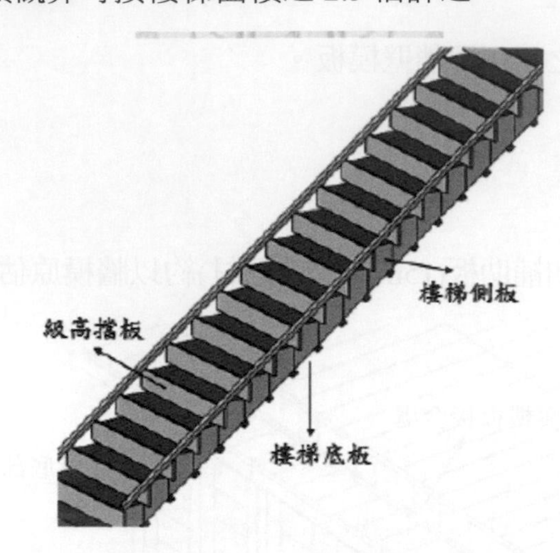

圖 9-A-10 樓梯模板示意圖

八、陽台

陽台模板＝陽台底模＋欄杆側模

(注意內外模相差版厚)

九、雜項工程

依實際所需模板面積計算之。

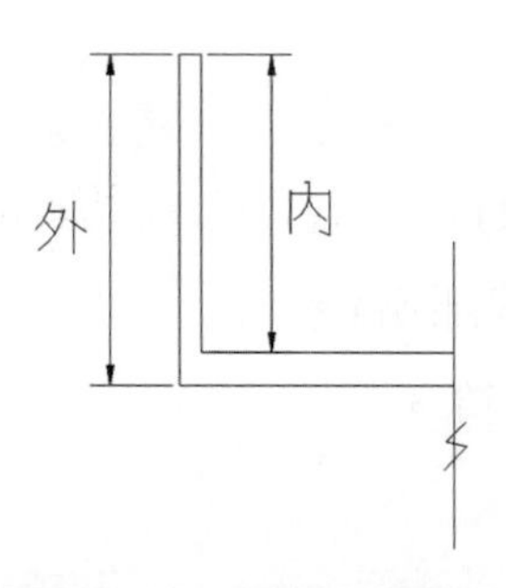

圖 9-A-11 欄杆內外側模

實 習

9-B-1 「模板裝拆」工程數量之計算

「模板裝拆」的工程數量計算是以「平方公尺」爲單位，其列式項目包括「長」與「寬」、「個數」。基礎邊模先將四邊合計作「長」，柱則把四邊合計作「寬」，樑則把兩側邊之樑高扣除板厚合計作「寬」，樑先不計底部面積，樓板則不考慮扣除柱斷面而計算整個面積，再扣除樓梯口或挑空部分。

E51 =SUM(E3:E50)

	A	B	C	D	E	F	G	H	I	J	K
1		模板裝拆			M²			8	模板裝拆	M²	
2	說明	個數	長	寬	小計			代號	工料名稱	單位	單
3	F1基礎	4	6.00	0.45	10.80			C008	板料2.5cm厚(樑,牆用)	才	250
4	F2基礎	4	8.00	0.45	14.40			A003	技工	工	3000
5	F3基礎	4	7.00	0.45	12.60			A001	大工	工	3000
6	F4基礎	2	5.40	0.45	4.86			A002	小工	工	2000
7	TB地樑	3	6.78	1.00	20.34			D055	鐵絲鐵釘	KG	30
8	TB地樑	4	6.52	1.00	26.08			A124	零星損耗	式	0
9	TB地樑	2	1.56	1.00	3.12						
10	TB地樑	1	2.26	1.00	2.26						
11	一樓C1	1	4.03	0.94	3.80						
12	一樓C2	3	4.03	0.96	11.61						
13	一樓C3	1	4.03	0.96	3.87						
14	一樓C4	3	4.03	0.96	11.61						

新細明體 12

E51 =SUM(E3:E50)

	A	B	C	D	E	F	G	H	I	J	K
46	屋頂樓板	1	9.54	7.24	69.07						
47	屋頂陽台	1	4.00	0.88	3.52						
48	屋頂陽台	1	2.74	0.88	2.41						
49	陽台女兒牆	1	37.08	2.20	81.58						
50											
51	合計				535.96						
52											
53											
54											
55											

圖 9-B-1

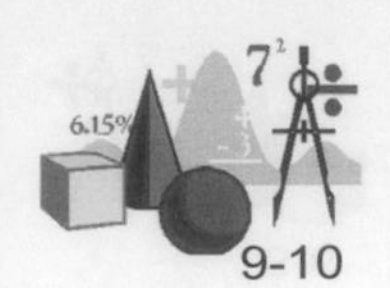

作　業

A-1.　試述模板數量計算之一般規則。

B-1.　試述模板計量之程序。

B-2.　詳述 SUMIF( )函數之使用。

B-3.　請以自已瞭解說明模板在數量計算時須參考哪些圖說。

10

鋼筋估價原理

學習目標

1. 學習鋼筋數量計算之要領

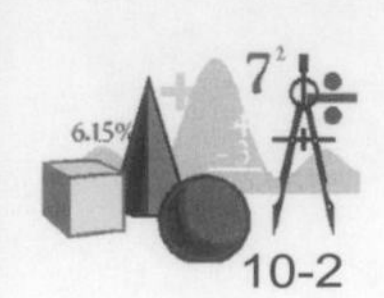

摘 要

鋼筋混凝土之數量計算可謂整個工程數量估算之靈魂(指以鋼筋混凝土為主體之工程)。它的數量與耗費佔了整個工程之大部分，學會了混凝土，鋼筋，模板之數量計算，其餘項目之計算應可迎刃而解。是故，初學者應澈底詳讀 8.9.10 章，並實際進行操作。混凝土是以體積計量的，模板則為面積(平方公尺)單位，而鋼筋計算時雖以長度(公尺)計，但最後必須換算成公噸。

鋼筋混凝土構造，凡是有配鋼筋補強的構件，都以 R.C.(Reinforced Concrete)稱之，可見，掌握正確的 R.C.混凝土的列式，是掌握鋼筋正式列式的第一步，是鋼筋量計算重要的訣竅之一。

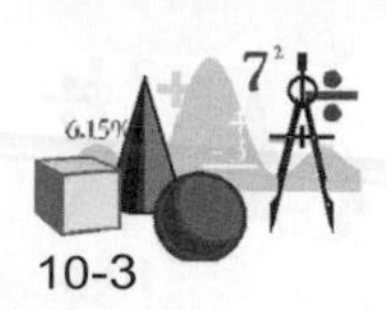

本 文

10-A-1 鋼筋工程估價原則

鋼筋數量之計算應是混凝土構造物工程估價中，最繁雜最易犯錯的項目，鋼筋列式時以長度(公尺)爲單位，依不同之號數分別條列。然後合計出不同號數之總長度，乘以其單位長度之重量，再乘以合理之損耗百分比率，然後合計得到總重，實際計價單位是以重量(公噸)爲準。

鋼筋估算應注意事項：

1. 條列計算式一定要嚴守則定之順序，通常在 3000psiR.C.項目中已依序列式，最好依循參照，以利查檢，當然；最好能在鋼筋列式時，順便再細心核對原 3000psiR.C.項目之列式的正確性。
2. 每一個計算式應詳細註明，鋼筋號數不可忽略，「個數」一項一定要留意，有時因考慮鋼筋實際出廠之長度，而有跨兩個梁或版(「柱」部分不予考慮)等情況，須特別標示清楚。
3. 列式項目包括號數、個數、根數、長度、單位爲公尺，小數取兩位。
4. 計算前應先考慮鋼筋紮法，施工順序等因素，先行繪製加工圖，再依加工圖計算各形式鋼筋之長度。
5. 鋼筋長度須考慮標準彎鉤與搭接長度、保護層等規定。
6. 依工程之特性，在合計各號數之總重時，適當加計截損率 3~5%。
7. 要考慮施工習慣及鋼筋出廠長度之限制，才能反應眞正的截切與銜接位置。
8. 鋼筋之放樣長度應依技術規則及設計圖(包括端鉤、端錨、搭接)及鋼筋保護層厚度詳細計算之，以求精確。
9. 光面鋼筋之末端必須加設彎鉤，依鋼筋配置部位及直徑種類之不同，使用不同彎折角度、末端彎鉤長度規定之標準計算。

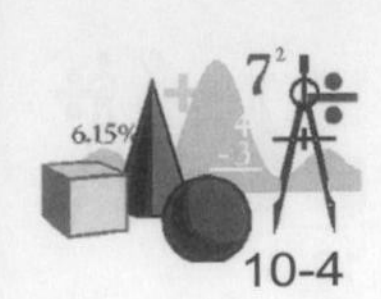

10. 竹節鋼筋可免用末端彎鉤，但下列各部位之竹節鋼筋應加上末端彎鉤長度。
    (1) 柱之凸出角部位之主筋。
    (2) 樑、版之下端鋼筋之搭接處及末端(基礎版除外)。
    (3) 牆壁之凸出角部位之鋼筋。
    (4) 煙囪之主筋。
11. 接合方法採用搭接法或壓接法，應根據圖說指示。採用搭接法時，接頭部分應在應力較小之處，其他部位之搭接長度應照規定之搭接長度加 10d 計算。(一般搭接以 40d 計算)。
12. 空心磚補強鋼筋，不計列於結構體鋼筋數量內(在砌磚工程內計算)。

10-A-2 鋼筋估算之基本公式

L=Le-2a+2R+2L180

L：鋼筋全長

Le：混凝土構材全長

a：鋼筋保護層厚度

R：彎鉤外徑=2.5d

L180：180°彎鉤長度

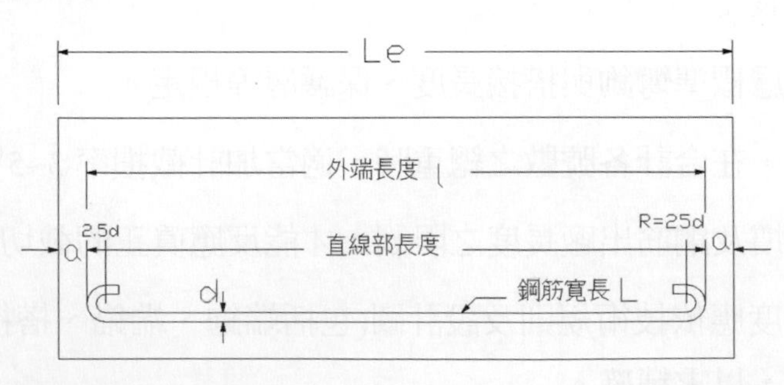

一、保護層：基礎部分以 5cm 計，其他以 2.5 cm 計。如有圖示，以按圖列計。

二、鋼筋彎鉤加算長度(即扣除保護層厚度後應加算長度，竹節鋼筋可免計彎鉤)

10mmϕ 以下以 20 cm 計算。

13mmϕ 以上，16mmϕ 以下以 30 cm 計算。

19mmϕ 以上以 40 cm 計算。

三、搭接長：壓力筋為 30D，拉力筋為 40D。

四、箍筋長：以梁或柱周長減 10 cm 計之。

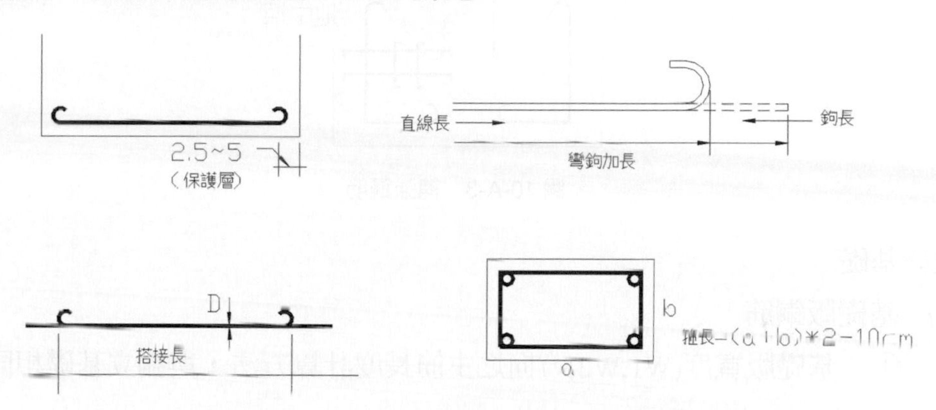

圖 10-A-1 保護層、彎鉤、搭接、箍筋長計算

1. 獨立基礎

(1) 竹節鋼筋(不考慮端部彎鉤)

基礎版鋼筋長 L_x-2a

L_y-2a

中央斜鋼筋 $L_z=\sqrt{L_X^{\ 2}+L_Y^{\ 2}}$

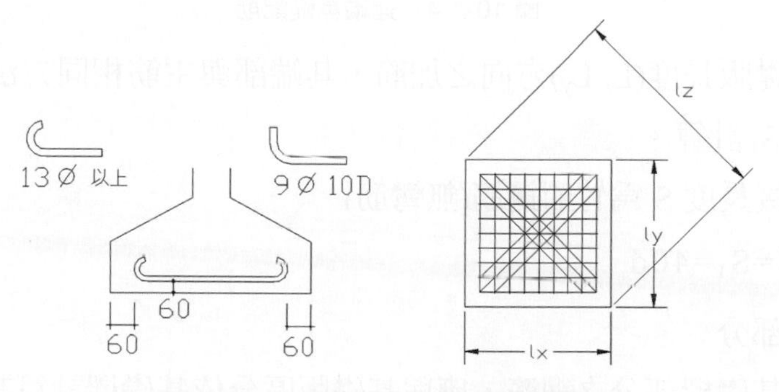

圖 10-A-2 獨立基腳剖面圖與平面圖

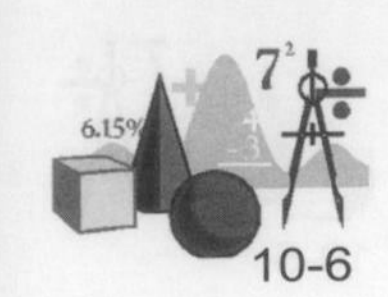

(2) 接合部補強鋼筋

獨立基礎與地樑之接合部份，常加配如圖所示補強鋼筋，其長度可由設計圖依實測方法或依註記尺寸計算，有時候在配筋標準圖上註明而不在設計圖上表示，故應注意。不可忽略指示事項之確認，以免漏估。

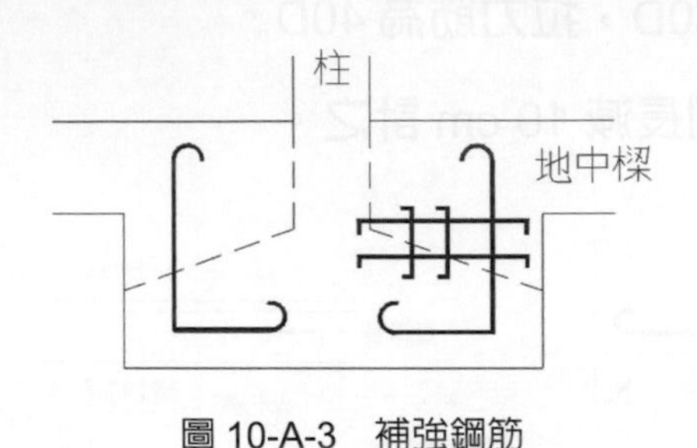

圖 10-A-3 補強鋼筋

2. 連續基礎

(1) 基礎版鋼筋

① 基礎版寬度(W1,W2)方向之主筋長度計算方法，與獨立基礎相同。

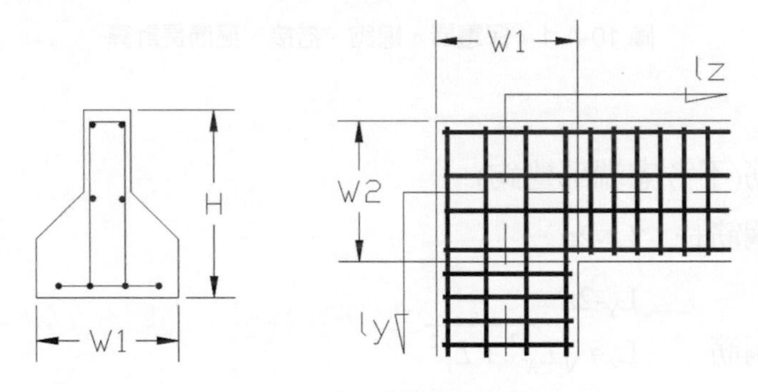

圖 10-A-4 連續基礎配筋

② 基礎版長度(L_x,L_y)方向之加筋，其端部與主筋相同方法計算，搭接長度以 S_1 計算。

搭接長度 S 為竹節鋼筋(無彎筋)

$S=S_1=40d$

(2) 基礎樑部分

相當於基礎樑部分之鋼筋，應與基礎版區分依基礎樑計算其長度。

3. 筏式基礎

筏式基礎之底盤主筋、加筋長度，依基礎樑之主筋長度計算法為標準，兩端部錨定長度以產生張力時之錨定長度 S_1 計算。

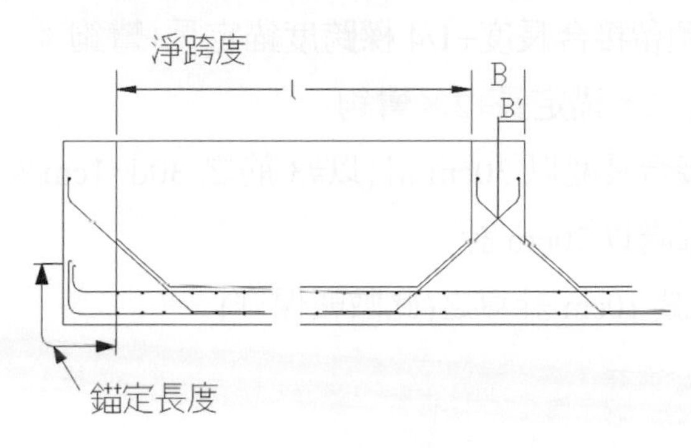

圖 10-A-5 底盤

4. 柱

一樓柱筋長：基礎版內水平錨定長+垂直主筋長度(柱基至一樓頂版)+預留接合長度

各層柱筋：柱高(版面與版面間)+預留接合長度

一般柱子主筋預留接續長以 1M 計算(常以#8 筋 40d=2.5cm×40=100cm 為準)。水平錨定長則依基礎版大小而定。

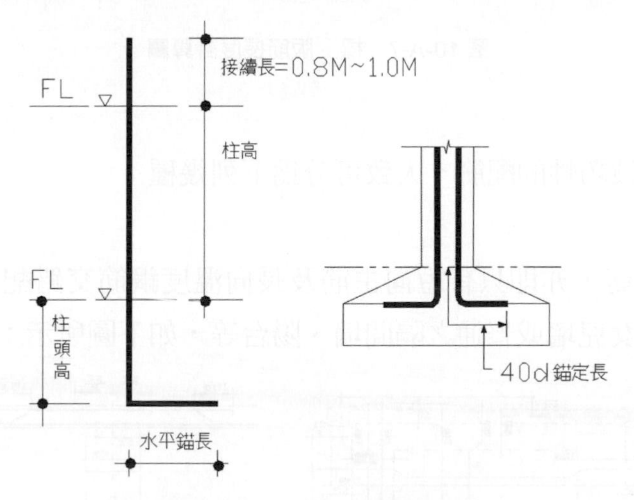

圖 10-A-6 柱之主筋長度計算

5. 樑

主筋長度=預留接合長度+樑跨度+預留接合長度

彎筋長度=主筋長度+樑深

補強筋長(頂筋)=預留接合長度+1/4 樑跨度錨定長+彎鉤

(底筋)=1/2 樑跨長+2×錨定長+2×彎鉤

式中每端之預留接合長度以 30cm 計(以#3 筋之 30d=1cm×30=30cm 爲準)，錨定長則依設計圖或每處以 20cm 計。

箍筋長=以樑周長減 10cm 計算之(此數較保守)

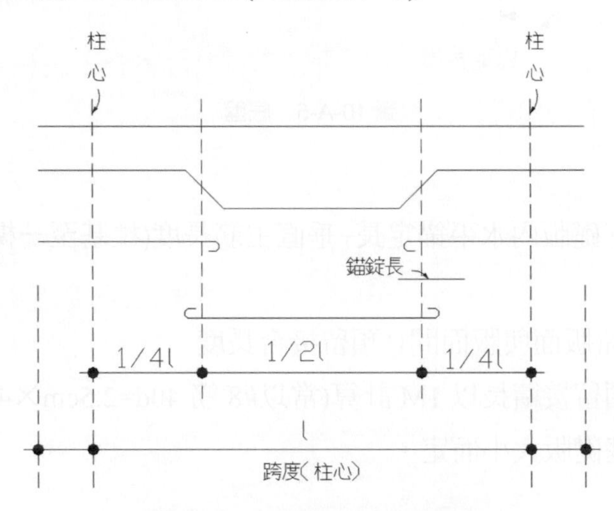

圖 10-A-7 樑、版筋長度計算圖

6. 版筋

樓版配筋係最技巧性的配筋，大致可分爲下列幾種：

(1) 單向配筋

僅配單層筋，亦即只有短向主筋及長向溫度鋼筋交錯配置在結構體之拉力側。例如女兒墻或普通之隔間墻、陽台等，如下圖所示：

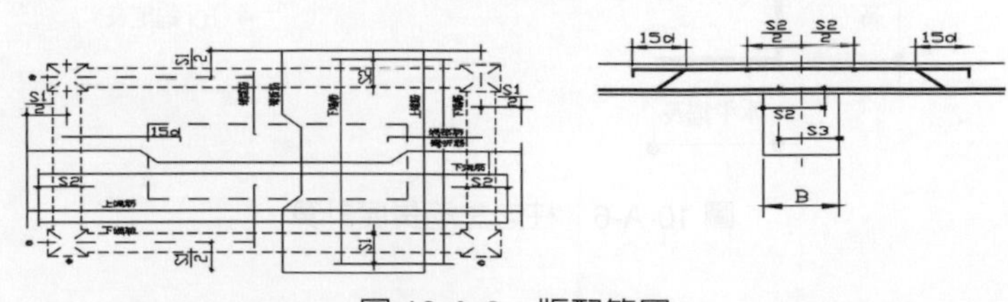

圖 10-A-8 版配筋圖

(2) 雙向配筋

① 全排雙向配筋

亦即兩層單向配筋之意，受拉側主筋間距比受壓側密。此類配筋常用在跨距稍大之雙向版設計，筏式基礎版，亦常採雙向配筋，唯在反曲點處有 45°之折向筋補強拉力側之主筋。

② 柱間帶單層之雙向配筋

一般之樓版都採此類配筋，較大之陽台(即三向有樑之版)亦有採此類設計者。

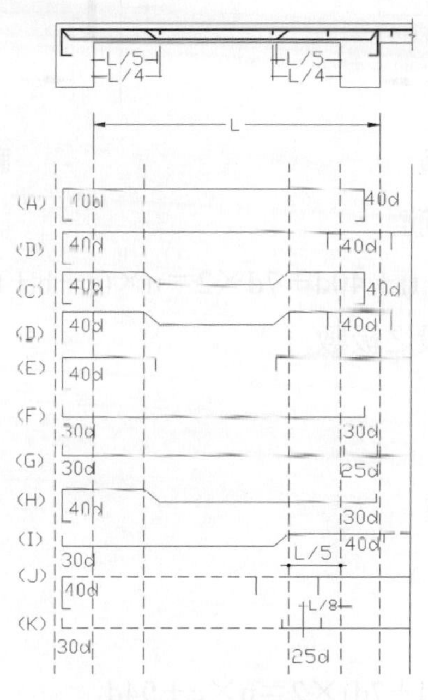

圖 10-A-9　版配筋圖

7. 樓梯

樓梯型式雖有直式、L 式、T 式、弧型等多種，但在結構上不外乎懸臂式及固端梁式兩種，兩種之配筋理念迥異，故估算方式亦不同，分別述之。

(1) 懸臂式

① 上端筋(主筋)及下端筋(主筋)

$L=L_0-20mm-2.5d+40d+2\times(L_{90}$ 或 $L_{180})$

彎鉤長(9ϕ，13ϕ時)

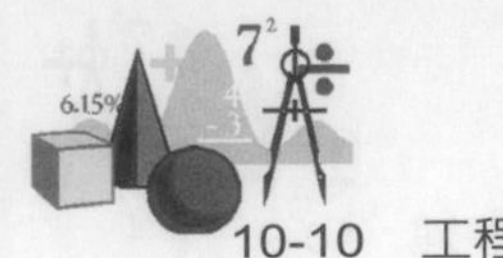

$L = L_0 + 51.5d - 20mm$

彎鉤長(16ϕ以上時)

$L = L_0 + 57.5d - 20mm$

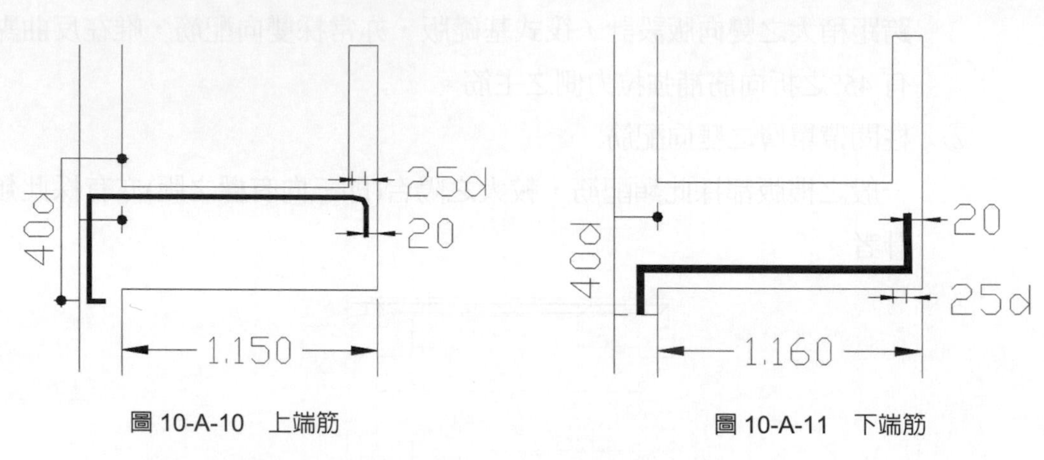

圖 10-A-10　上端筋　　　圖 10-A-11　下端筋

② 梯級形彎折鋼筋

$L = n \times (a + b + t) + 40d + 7d \times 2 = n \times (a + b + t) + 54d$

其中：n＝梯段之級數

a＝級寬

b＝級高

t＝梯段之版厚

(2) 固端梁式

① 縱向鋼筋

$L = n \times c + (40d + 7d) \times 2 = n \times c + 94d$

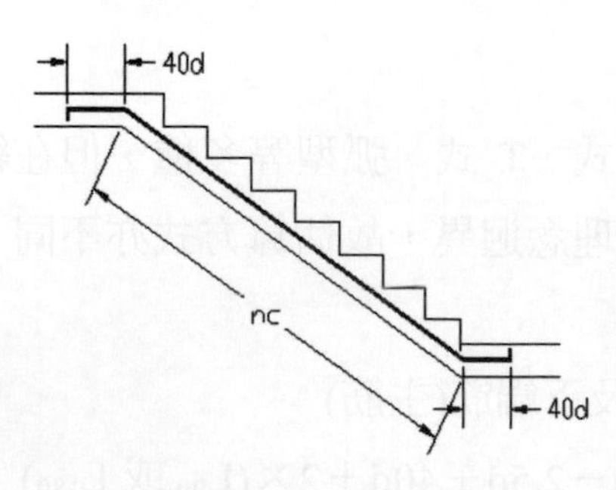

圖 10-A-12　縱向鋼筋

② 橫向副筋

多為 9ϕ，以@15cm 間距橫舖在縱筋上面。

③ 平台鋼筋

a.梯段方向，上下端鋼筋

L＝LX＋2×(40d＋7d)＝LX＋94d

長邊方向，上下端鋼筋

L＝LY＋2×(40d＋7d)＝LY＋94d

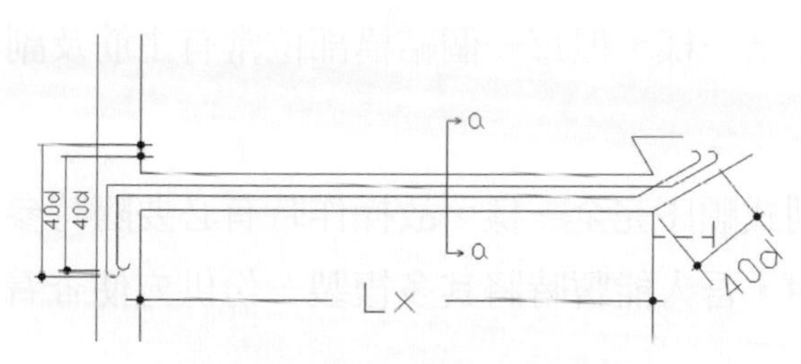

圖 10-A-13 梯段方向上下筋

圖 10-A-14 長邊方向上下筋

④ 牆內補強筋

(A)梯段方向　　　L＝n×c＋100d

(B)平台　　　　　L＝LX＝L0＋94d

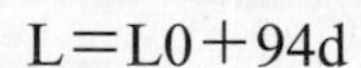

(C)外牆方向　　　L＝L0＋94d

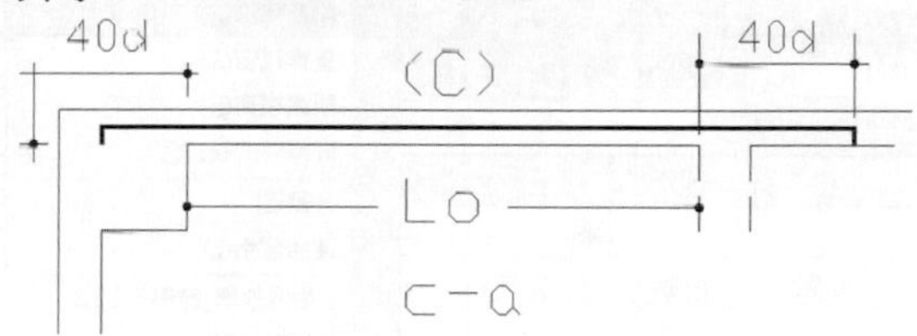

圖 10-A-15 外牆方向補強筋

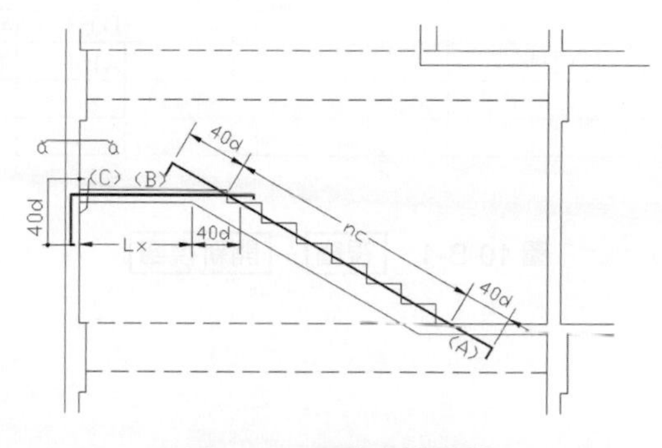

圖 10-A-16 壁內補強筋

實 習

10-B-1 「紮鋼筋」工程數量之計算

鋼筋計算以「公噸」爲單位，但在列式時是先以「公尺」計算各種不同號數個別使用的長度，而列式時的項目包括「說明」、「號數」、「個數」、「長度」、「小計」等。鋼筋列式的順序與 3000psiRC 之列式順序完全一樣，但每一個結構部位常有主筋及副筋，細項較多，不可漏列。

由於鋼筋列式的順序與 3000psiRC 之列式順序完全一樣，故操作時有必要隨時參考 3000psiRC 之列式，在 EXCEL 工作表中，吾人能暫時將其多複製一份供方便查看或拷貝必要的數據、資料。操作步驟如下：

1. 載入檔案。
2. 視窗→開新視窗→視窗→重排→水平並排→確定。

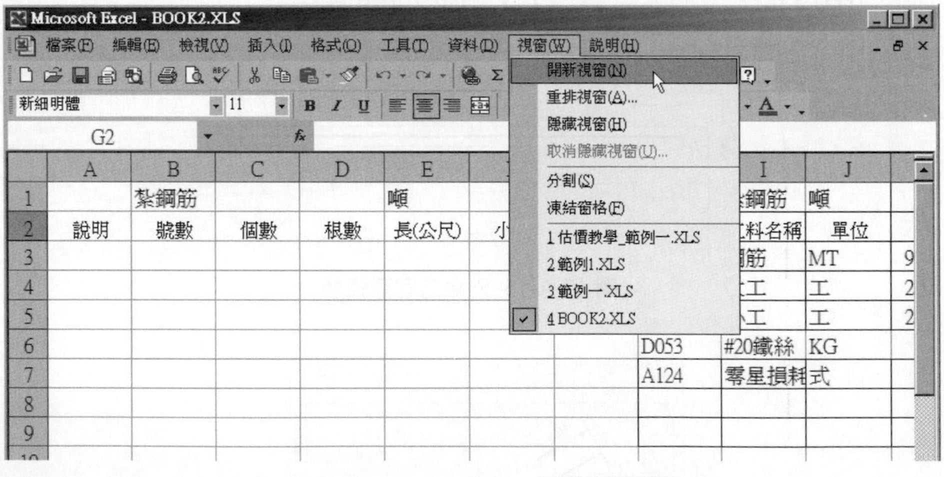

圖 10-B-1 視窗→開新視窗

圖 10-B-2　視窗→重排

Microsoft Excel - BOOK2.XLS

檔案(F) 編輯(E) 檢視(V) 插入(I) 格式(O) 工具(T) 資料(D) 視窗(W) 說明(H)

新細明體 12　100%

A1

	A	B	C	D	E	F	G	H	I	J
1		紮鋼筋			噸			7	紮鋼筋	噸
2	說明	號數	個數	根數	長(公尺)	小計		代號	工料名稱	單位
3								B126	鋼筋	MT
4								A001	大工	工
5								A002	小工	工
6								D053	#20鐵絲	KG
7								A124	零星損料	式

重排視窗

排列方式

- 磚塊式並排(T)
- 水平並排(O)
- 垂直並排(V)
- 階梯式並排(C)

重排使用中活頁簿的視窗(W)

確定　取消

圖 10-B-3　水平並排→確定

檔案(F) 編輯(E) 檢視(V) 插入(I) 格式(O) 工具(T) 資料(D) 視窗(W) 說明(H)　輸入需要解答的問題

新細明體 12　100%

A1

估價教學_範例一.XLS

	A	B	C	D	E	F	G	H	I	
1		3000psi 預拌混凝土			M3			6	3000psi 預拌混凝土	M
2	說明	個數	長	寬	高(厚)	小計		代號	工料名稱	單
3	F1基礎	4	1.50	1.50	0.45	4.05		B095	水泥	包
4	F2基礎	4	2.50	1.50	0.45	6.75		B033	清石子	M

3000psi預拌混凝土 / 紮鋼筋 / 模板裝拆 / 鋼1

估價教學_範例二.XLS

	A	B	C	D	E	F	G	H	I	J
1		紮鋼筋			噸			7	紮鋼筋	噸
2	說明	號數	個數	根數	長(公尺)	小計		代號	工料名稱	單位
3								B126	鋼筋	MT
4								A001	大工	工
5								A002	小工	工
6								D053	#20鐵絲	KG

預算書 / 工料表 / 放樣 / 挖土 / 排卵石 / 回填夯實 / 2500psi 混凝土 / 3000psi預拌混凝土 / 紮鋼筋 / 模板裝拆

圖 10-B-4　完成工作表重排工作

3. 若要結束以上之參考動作，只要將滑鼠指向該視窗右上之 結束按鈕 ，按下左鈕(如圖 10-B-5 所示)即可。

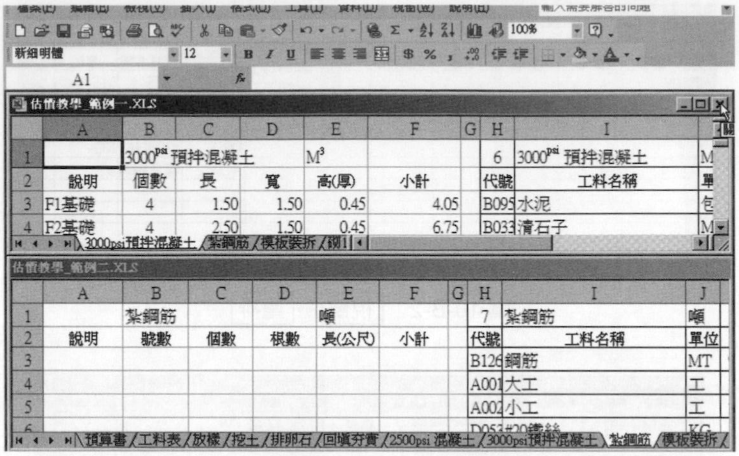

圖 10-B-5 指向該視窗右上之 結束按鈕 ，按下左鈕

鋼筋之列式，因爲不同的號數雜陳，使得傳統在合計總長度時勢必以手動方式加總。如今；可喜的是，Excel 增加了一個功能正好符合所需的函數－SUMIF( )。此函數的完整語法規定如下：

SUMIF(range，criteria，sum_range)

其中：

range－(範圍,此爲必要的參數)：要被查對比較之條件準則的資料範圍

criteria－(準則，此爲必要的參數)：定義要加總儲存格之條件準則，它可以是數值、表示式、文字串。

sum_range－(選擇性的參數)：此爲要被實際加總之儲存格。

以本文爲例，range 就是輸入要被比較之條件範圍，從 B3 到 B99，criteria 就是輸入條件式，如圖 10-B-6 所示：

C103 =SUMIF(B3:B99,B103,F3:F99)

A	B	C	D	E	F	G
頂陽台	9φ	1	7.0	3.8	26.3	
頂陽台	9φ	1	24.0	1.2	28.8	

圖 10-B-6

本例因在 C103 輸入本公式，故輸入 B103 中之「9ϕ」，以利往下複製，如圖 10-B-7 所示：

	A	B	C	D	E	F	G	H
95	屋頂陽台	9φ	1	7.0	3.8	26.3		
96	屋頂陽台	9φ	1	24.0	1.2	28.8		
97	屋頂陽台	9φ	1	7.0	3.6	25.3		
98	陽台女兒牆	9φ	1	2.0	36.6	73.2		
99	陽台女兒牆	9φ	1	244.0	0.4	97.6		
100								
101								
102		號數	總長度	單位重	損耗率	總重量		
103		9φ	5081.795					
104		13φ						
105		16φ						
106		19φ						
107		合計						

圖 10-B-7

其餘號數即可一次複製而成，如圖 10-B-8 所示：

101							
102		號數	總長度	單位重	損耗率	總重量	
103		9φ	5081.795				
104		13φ	40.500				
105		16φ	656.600				
106		19φ	1885.080				
107		合計					
108							
109							

圖 10-B-8

接著輸入各號鋼筋之單位重，本書附錄可供參考，損耗率之拿捏就屬較經驗性的技巧了。一般可歸納幾個原則如下：

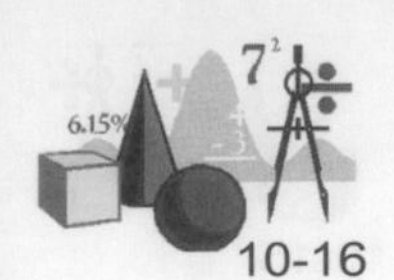

1. 如果鋼筋以定尺規格廠內交貨，因裁剪損耗由廠商自行吸收，單價自然較高，則損耗率可降至 5%以內。

2. 在工地進行裁剪加工，9ϕ是使用最多的號數，由於短尺寸之 9ϕ筋使用地方甚多，例如箍筋、肋筋、樓板補強筋等。更短之 9ϕ筋亦可應用在保護墊上。因此，9ϕ之損耗率可適度降低，當然仍須視工程實況而定。

3. 同理，大尺寸之鋼筋，大多被用在上，例如樑、柱，除了樑之補強筋較短外，被裁剪下來之剩料必然較多，或許有人會質疑，似乎工程完畢時大尺寸之鋼筋剩料亦不多見，但換一角度來看，長尺度之構件尺寸是必然優先裁剪的，而剩料的處理一般是從必須補強、非必須補強，然後運至其他工地等順序的處理方式。這樣的處理以依圖正式估計數量而言，仍應視爲損耗。

		號數	總長度	單位重	損耗率	總重量
101						
102		號數	總長度	單位重	損耗率	總重量
103		9 φ	5081.795	0.560	0.080	
104		13 φ	40.500	0.995	0.150	
105		16 φ	656.600	1.560	0.120	
106		19 φ	1885.080	2.250	0.100	
107		合計				
108						
109						

圖 10-B-9

總重之公式如圖 10-B-10 所示：

101						
102		號數	總長度	單位重	損耗率	總重量
103		9 φ	5081.795	0.560	0.080	3073
104		13 φ	40.500	0.995	0.150	
105		16 φ	656.600	1.560	0.120	
106		19 φ	1885.080	2.250	0.100	
107		合計				
108						
109						

圖 10-B-10

然後再複製到其他號數，如圖 10-B-11 所示：

		號數	總長度	單位重	損耗率	總重量
100						
101						
102		號數	總長度	單位重	損耗率	總重量
103		9 φ	5081.795	0.560	0.080	3073
104		13 φ	40.500	0.995	0.150	46
105		16 φ	656.600	1.560	0.120	1147
106		19 φ	1885.080	2.250	0.100	4666
107		合計				
108						

圖 10-B-11

最後再合計而得整個工程之鋼筋總重量，如圖 10-B-12 所示：

		號數	總長度	單位重	損耗率	總重量	
100							
101							
102		號數	總長度	單位重	損耗率	總重量	
103		9 φ	5081.795	0.560	0.080	3073	
104		13 φ	40.500	0.995	0.150	46	
105		16 φ	656.600	1.560	0.120	1147	
106		19 φ	1885.080	2.250	0.100	4666	
107		合計				8.885	
108						8.885	噸
109							

圖 10-B-12

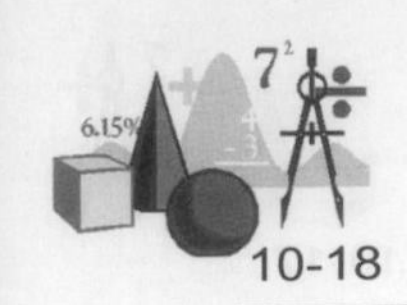

作　業

A-1. 試述鋼筋數量計算在保護層與搭接長方向有何規定？

B-1. 試述鋼筋計量之程序。

B-2. 詳述 SUMIF( )函數之使用。

B-3. 請以自已瞭解說明鋼筋在數量計算時須參考哪些圖說。

11

圬工與整修工程之估算原理

學習目標

1. 學習砌磚數量計算之要領
2. 學習內外牆裝修數量計算之要領
3. 學習木作數量計算之要領
4. 學習防水工程數量計算之要領
5. 學習各項裝修工程數量計算之電腦操作實務
6. 學習工程預算書編製之電腦操作實務

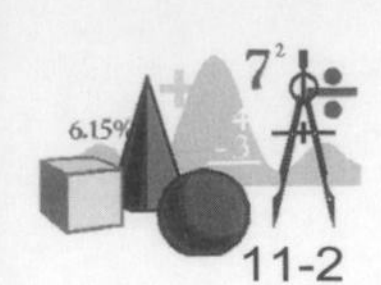

摘 要

圬工與一般裝修工程是最具技術性，最不易掌握品質，耗時最多的工程項目。計算時亦容易出錯，工程從業人員不可不小心。許多圬工與裝修工程的計算單位皆為面積(平方公尺)。

預算書之組成是工程估價從業人員最終的目的之一。本章詳細說明應用已作成之工程數量計算及單價分析表，如何利用 Excel 電子試算表之特點作工程預算書之整合工作。

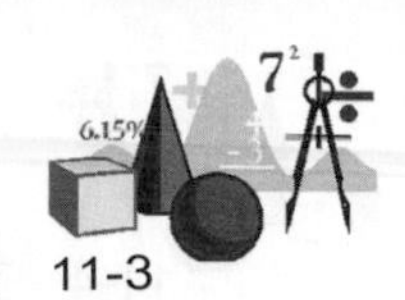

本 文

11-A-1 圬工工程

圬工工程主要包括砌磚與石材等工程，砌磚種類甚多，有普通紅磚、清水磚、耐火磚、空心磚與花格磚等。砌磚工程皆以面積(平方公尺)爲單位，施作內容除了磚料外，尚包括水泥砂漿、勾縫、色料等；粉刷與油漆大都分開另計。空心磚、水泥花磚之砌築均包括水泥砂漿、補強鋼筋、灌混凝土、勾縫等在內。補強鋼筋及灌混凝土、在分析時應算出平均用量或總數，再按單位面積(M2)分攤。

近年，使用大理石，花崗石做爲壁面，地板之裝修工程愈來愈多。石材工程之工程數量，應依施工部位、材質、尺寸、表面加工分別計算施工數量，牆面施工與地板施工單價仟仟相差甚遠。

一、紅磚數量之計量

1. 單位面積用量分析

$$S(塊/M^2)=1/(L+n)(d+m)+損耗$$

S：單位面積之塊數

L：紅磚之長度(m)

d：紅磚之厚度(m)

m：橫向接縫之寬度(m)，一般採 0.8cm

n：豎向接縫之厚度(m)，一般採 1.0cm

例：

中國國家標準(CNS)規定標準紅磚之大小爲 230×110×60mm，豎、橫方向之接縫寬度爲 10mm 與 8mm，半塊磚厚(0.5B)之磚墻 1m2 之紅磚需要量如下：

$$1m^2 之需磚量=\frac{1}{(0.23+0.01)(0.06+0.008)}$$

$$=61.27 \fallingdotseq 62(塊)[加\ 8\ 塊損耗,計\ 70\ 塊]$$

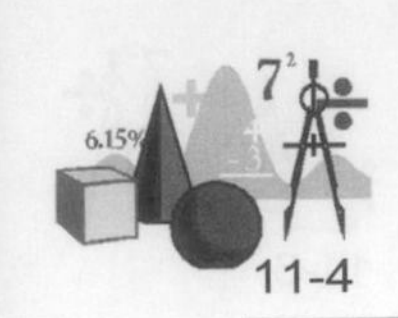

2. 單位體積用量分析

$$V(塊/M^3)=\frac{1}{(L+n)(b+n)(d+m)}+損耗$$

V：單位體積之之塊數

L：紅磚之長度(m)

d：紅磚之厚度(m)

b：紅磚之寬度(m)

m：橫向接縫之寬度(m)

n：豎向接縫之厚度(m)

例：

1/2B 之磚墻 $1m^2$ 之紅磚需要量為

$$\frac{1}{(0.23+0.01)\times 0.11\times (0.06+0.008)}=557≒560 塊$$

[加 40 塊損耗,計 600 塊]

二、石材工程數量計算

1. 墻面、柱圍之貼石，以表面積計算

$$A=(a+b+c+2d+e)\times H$$

2. 柱圍轉角如有圓角或斜面時，其延長尺寸應另外加算。貼墻時板石之小口需要表面加工者亦同。
3. 因接縫劃分關係，特別使用板石尺寸較大者，長度較長者，或角隅部位需要較厚之原石製作者，應分開計算。
4. 踢腳石應與墻面貼石分開計列，以長度為單位分析。
5. 窗台貼石，視剖面尺寸，以單位長度分析。
6. 緣石亦應視剖面尺寸，以單位長度分析其單價。
7. 圓形柱貼大理石或花崗石，應依接縫劃分上所須要之原石大小計測斷面尺寸。

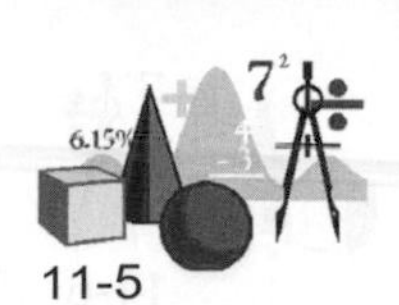

8. 廁所隔間之石材須雙面磨光加工，單價應比一般平板高，應依厚度、大小尺寸分別計列，並須註明兩面加工。

三、磁磚工程數量計算

1. 結構體外部

(1) 地坪磁磚：

地坪磁磚，應依材質、尺寸分別計算實際施工面積(m^2)，但圖案磁磚及特殊貼法(貼成特定圖形者)之磁磚，應分別計算其施工面積。

(2) 踢腳、止滑磁磚：

應依踢腳之高度，止滑磁磚之貼砌寬度及使用磁磚之材質，分別計算其長度(m)

(3) 外牆貼磁磚：

依完成後之尺寸(通常將長度加上 8cm 左右)爲基準計算其施工面積。門窗等開口部面積均應扣除，另加算開口周邊之面積。門窗面積在 $0.5M^2$ 以內者，因正負相抵消，故可免扣。特殊形狀之磁磚多以長度(m)計量。

(4) 異形磁磚：

依轉角磁磚(小口，二丁掛等)，窗台、窗楣磁磚等種類分別計算延長(m)，從牆壁面積應扣減之面積，以 L 型之周長乘以延長計算面積。

(5) 數量計列方法有下列 2 種：

① 依(銳角)，(鈍角)分別計算長度。

② 兩邊轉角加上壓頂寬爲一單位計算長度。

(6) 加寬磁磚：

與垂直牆壁直交之斜面牆壁，若不使用特別加寬磁磚(特別訂製)時其橫向縫線產生凌亂而不美觀。此種加寬磁磚非一般規格品，應將加寬磁磚與一般牆壁磁磚分開另行計算面積(m^2)。並應提前訂製以免耽誤工期，此種磁磚係極易漏列之異形磁磚，應特別注意爲要。

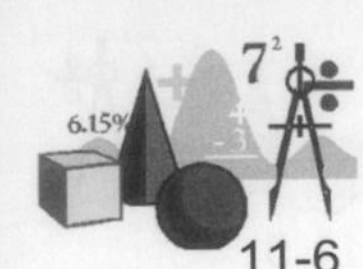

2. 結構體內部

(1) 地坪磁磚

內部之計算法與外部不同，應依牆壁淨寬(裝修厚度不計列)尺寸爲基準計算之。

地坪面積 $S=L_X \times L_Y(m^2)$

便器，地板，落水等之孔面積不扣減。

(2) 踢腳磁磚

與地坪相同，依牆壁淨寬尺寸計算其延長(m)。

踢腳磁磚之延長 L=2(LX+LY)-W

W=門淨寬(m)

(3) 牆壁磁磚

牆壁磁磚亦依結構體淨寬尺寸計算施工面積。

設

S_1=牆壁全體面積=$H \times (L_X+L_Y) \times 2$

S_2=開口部面積(以淨寬尺寸計算)

S_3=異形磁磚面積

則

磁磚施工面積 S=S1-S2-S3

(4) 獨立柱磁磚

獨立柱之磁磚面積，依磁磚完成尺寸計算。

使用正方形磁磚或馬賽克時，柱之轉角部不必依異形磁磚計算。使用長方形磁磚時轉角部應依異形磁磚計列。

(5) 異形磁磚

轉角磁磚、竹型磁磚、扶手磁磚、鑲邊磁磚等均以異形磁磚計列延長長度(m)。將外裝磁磚使用於內部時，使外裝磁磚之異形磁磚計算方法計算。

11-A-2 木作工程數量計算

1. 毛料之尺寸與淨足之尺寸應詳細分列，市上出售之製材統稱爲毛料，現場工作時一般僅須加以榫枘之長度，即可配用，惟用作細工者必須再加工鉋光，因此製材時，必先加分以適應用，普通門窗料兩面鉋光者約加 3mm。

   例：厚 3cm.(1 臺寸)實拼地板 $1M^2$ 應用木材多少？

   解：$1\times1\times(0.003+0.03)=0.033M^3$

   木材 即 $0.033\times360=11.88$ 才

※ 臺灣木材業習慣板料在 3cm(1 臺寸)以下者，須另加鋸損 0.3cm(1 臺分)即普通正 6 分板應作 7 分計算。

2. 短細木材，管理較繁，且易失落，故於訂製時，可併作長料計算，惟應於配料單上註明，該料應斷分爲幾，作何用途，俾免混淆，如屋面之桁條於配料時僅須配 3M.(約 10′)料一根，如是，不但便于保管且不易失落。

3. 接桿或搭頭之需用長度應加入配料尺寸內。

   例：1.2cm 厚.杉木魚鱗板牆 $1M^2$ 須配多少板料

   解：假定杉板寬度爲 10cm.上下搭頭爲 1cm.則其用料應爲：

   $1.2cm\times10cm\times100cm$ 杉板 11 塊

※ 如上題配料較實拼時僅需增加一塊，惟遇板料寬度有上下時則其增加之數量亦異。

4. 應放應扣之處務期週密：

   例：有內淨 $1m\times2m$ 門樘一個用 $7.5cm\times15cm$ 木料配做，需料若干？

   解：如配 $1.150\times0.075\times0.15=1$ 根及 $2.075\times0.075\times1.5=2$ 根雖已加放，但門樘之上樘木必須伸入牆內磚牆普通每側加 10cm(半磚)，直樘木必須生腳插入地內，普通加 5cm。窗樘亦然，故其配料應爲：

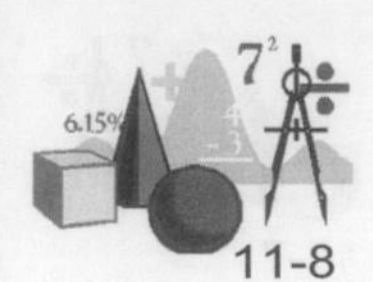

(1) 35×0.075×0.15=1 根

(2) 125×0.075×0.15=2 根

普通門窗構材如帽頭，直梃等之配料，其長度酌情加放 3cm 因普通門窗用料較細，而其接榫部位多在邊緣鑽洞打入容易碎裂，故當配料時必需酌放，以加強材料抗剪力量，俟接桿工作完畢再行鋸去。

5. 技術上或施工習慣上應加用之木材不可漏列。由於木材之長度有限或技術上不可缺少者，必須加用之夾板，墊頭木，封口壓接，陰戧木，木磚等，此在圖說上有時不易表示，計算時應注意加入之。

6. 一工程內材料種類應盡量減少，並不作略零之設計與配料。此點亦極重要，因材料之尺寸及品種愈普通，價格愈便宜。當設計與配料時應配合市場大眾貨品，故板牆筋，柵，椽子等間距以 0.45m，0.60m，0.90m，長度以 3m，3.65m 較為合適。

7. 特種材料，如特別長，特別薄，特別厚，或材質，產地經指定者，應另設項目，其單價亦應另行計算之。

8. 本省材積一般算法：

(1) 素材以圓木為主，一般常用之計算方法為：

梢徑 2×長度=材積

長度如在 3.65 公尺以上者。每超過 1.2 公尺時加定數 1.5 公分即：

(梢徑+定數)2×長度=材積

一般梢徑都以臺寸計算，凡遇梢徑有零數時，市場習慣，採用三進，八進。即 3.3 臺寸直徑作為 3.5 臺寸計算。3.8 臺寸作為 4 臺寸計算。

(2) 製材材積依下式計算之：

厚×寬×長度=材積

厚度不足 3.0 公分時需加鋸損 0.3 公分。材積單位現時仍常用日制石、才等單位。凡木材長十臺尺，厚、寬各一臺寸謂之一才，一百才謂之一石。

9. 考試時計算原則：

刨光損耗列計原則：凡露出面應加刨光，如係單面，則加 0.0015M，如為雙面則加 0.003M。

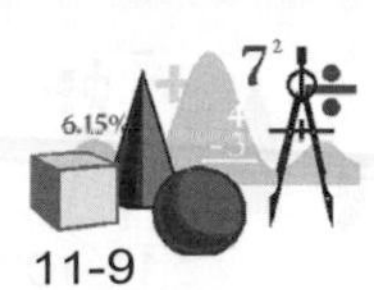

板料未及 1 台寸(3cm)則應加 1 分(0.3cm)計算。

上樘木各側伸入加 10cm。

直樘木伸入地下加 5cm。

11-A-3 其他裝修工程數量計算之進行方法

一、共同事項

1. 各室分別按照部位別區分之順序進行計算

一棟建築物從各層，各室，每一房間進行估算工作。從下層或上層起，或因圖面之關係上從任何一層均可開始估算，惟為確認建築物全般之尺寸大小，柱、壁對於基準線之尺寸等，應從下層(地下層或一層)逐次向上層進行估算為宜。

各層各室，每一房間估算之意義為，該室之裝修表上全部裝修項目均應逐項估算，計算按照部位別區分之順序，地板、踢腳、台度、壁、天花板，逐次進行。例如，下列裝修表之估算進行方法如下：

表 11-A-1

室名 裝修	地板	踢腳	台度	壁	天花	備註
男子廁所	馬賽克磁磚	—	108 方形白磁磚	水泥砂漿 V.P	石棉板 O.P	地板柏油防水層
女子廁所	馬賽克磁磚	—	108 方形白磁磚	水泥砂漿 V.P	石棉板 O.P	防護層煤渣混凝土

①	地板	瀝青防水層	防水工程
②	地板	煤渣混凝土	混凝土工程
③	地板	貼馬塞克磁磚	磁磚工程
④	台度	108 方形白磁磚	磁磚工程
⑤	壁	水泥砂漿粉刷	泥水工程
⑥	壁	V.P(塑膠漆)	油漆工程
⑦	天花	貼石棉板	內裝工程
⑧	天花	O.P(油漆)	油漆工程

如上列，一室之裝修可分類爲六項工程，如分別記載於六項工程之數量計算表上時，既費時亦因漏記而產生漏估情形，因此應於裝修工程之綜合計算表上逐次記錄，俟數量計算完畢後，加填符號分類整理，可增加效率並可防止錯誤。

2. 尺寸之計測：普通不包含粉刷厚度，而以結構體表面間尺寸做爲工程數量之計測尺寸。但磁磚工程及石工程之外壁，獨立柱等，均以裝修面尺寸做爲計測尺寸。

3. 計算數量之單位：地板、壁、天花等採用面積(m^2)，踢腳爲延長(m)。但，其他雜項目有採用重量，處所等單位。因此計算數量均應註明單位，以免混淆不清。

4. 裝修工程免不了使用「特殊品」，「特殊品」係同一裝修種類而單價相異(大部分爲單價較高)者之稱。例如轉角磁磚，止滑條等均是。特殊品之處理，應與普通裝修部分計價，計算單位以延長(m)或處所代替面積(m^2)。

數量，應首先計算全體面積或長度，再扣減欠除部份之面積或長度。但欠除部份較小(面積 0.5 m^2 程度以下)者，得不予扣減。因接縫條，護角條，止滑條等特殊品而產生之欠除部份，亦可不扣減。

二、裝修表之順序與倍數

各室之計算順序，應盡量按照裝修表排列之各室順序進行爲宜，以便爾後檢討數量計算表時，要找出該室較爲方便。同一裝修種類之各室並排時，例如學校之教室、醫院之病房、出租公寓之房間等，無論各層之室數多少可單獨計算一室之數量，乘以全棟之室數計算全體裝修數量。但柱之斷面、梁之斷面爲愈上層愈小，故應先求出各層之平均值乘以房間數之倍數計算之。因層數多時，較小之差異亦可造成相當可觀之數量，必須注意及之。

三、內部裝修之數量計算

1. 一般各室

地板與天花、踢腳與壁，其數量上之關係密切。因此已經算出之數量應盡量利用，不需反覆作相同之計算操作。

2. 樓梯間

樓梯間之數量計算，依下列順序進行。

(1) 平台，踏步面。

(2) 踏步踢腳，嵌邊，樓梯桁梁。

(3) 扶手台度，扶手壓頂。

(4) 樓梯間地板、踢腳、台度、壁。

(5) 梯段背面(斜面)，平台天花，樓梯間天花。

樓梯間可不分層計算，從下層至上層作連貫計算(視施工方式而定，最好是分層計算)。樓梯間之相關圖面大部份均集中於一張，故可在其他各層各室數量計算完畢後最後進行之。樓梯間之數量計算於最後著手之優點為，和樓梯間連絡之川堂、走廊等之裝修方法，若與樓梯間不相同，或各層不相同時，如能預先確認各層之川堂走廊之裝修種類及台度高度、天花板高度等之關係，對於裝修方法之區分位置較易明瞭之故。若為獨立之樓梯間，以梁及鐵門等其他部份劃分清楚者，其裝修劃分位置一目瞭然，但若川堂與樓梯直接連接者，應與平面圖上預先畫出，劃分裝修方法之適當位置(樓梯之數量計算比較方便之處)，對於計算之進行較為方便，亦可防止錯誤之發生。

四、外部裝修之數量計算

外部裝修之數量計算，依內部裝修為準。但建築物外圍之踢腳數量，高度應加算 GL 下面 10~15cm 計測，長度應以混凝土外部尺寸為準。

11-A-4 防水工程數量計算

一、屋頂防水

1. 屋頂瀝青防水

(1) 數量計算用平面尺寸之計測方法有下述二種，各法均可適用。

a.結構體(女兒牆)內側線間之淨尺寸。

b.防水層之防護層紅磚內面間之淨尺寸。

(2) 依施工處所、工法規格分別計算工程數量。

(3) 防水層之面積計算，不必考慮底層水泥砂漿厚度。

(4) 屋頂瀝青防水層之施工面積，依下列計算，分別計列。

地坪防水層面積 $S_1=a\times b-c\times d$

彎直防水層面積 $S_2=h\times(a+b)\times 2$

a：建築物總長

b：建築物總寬

c：挑空之長

d：挑空之寬

防水層彎直部分之高度 h，如圖說無指示時，應採用 400mm 以上。

2. 伸縮接縫

(1) 伸縮接縫可用現成接縫材料裝設，或灌澆瀝青(寬 30mm 以上)設置之。

(2) 伸縮接縫以間距 3m 以內之格子形狀配置，其最外側應距離彎直部份之防護層紅磚面 200~300mm。

(3) 屋頂平面圖之點線部份表示伸縮接縫，假定自女兒牆至接縫之距離為 450mm 時，伸縮接縫之延長(m)，依下列計算：

x 軸方向 $L_X=3\times(b-900)+(b-d-900)$

y 軸方向 $L_Y=3\times(a-900)+(a-c-900)$

合　　計 $L=L_X+L_Y$

(4) 伸縮接縫(現成材料)裝設用之水泥砂漿工料費用計列於泥水工程項目內。

3. 塞縫

(1) 屋頂防水層剖面圖(如右圖)上之塞縫 A 與 B，如斷面尺寸不同者應分別計算延長長度。

(2) 塞縫 A，以防水層末端塞縫，B 以接合處塞縫計列其工料費。

(3) 塞縫 A，B 之延長(m)，依下式計算。

a.塞縫 A 防水層末端塞縫(10×15)

x 軸方向 $L_X=2\times b$

y 軸方向 $L_Y=2\times a$

合計延長 $L=L_X+L_Y$

b. 塞縫 B 接合處塞縫(10×10)

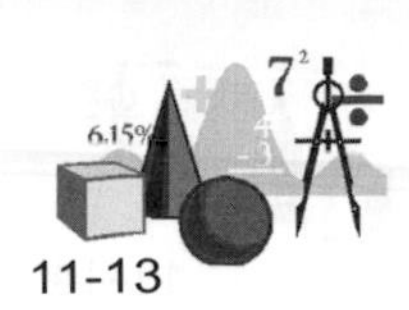

假定女兒牆厚度為 100mm 時

x 軸方向 $L_X=(b+200)+(b-d+100)$

y 軸方向 $L_Y=(a+200)+(a-c+100)$

合計延長 $L=L_X+L_Y$

4. 五金裝設塞縫

屋頂扶手五金，圓環，落水罩周圍等之塞縫應與前述塞縫分別，以幾處計價。

二、室內防水

1. 瀝青防水

(1) 數量計算用尺寸採用結構體內面間之淨尺寸。

(2) 各種器具及配管之孔，不扣減施工面積。

(3) 出入口部份之防水層彎直部份之面積不扣減。

(4) 彎直部份之高度，在圖面上無註明時，以 300mm 之高度計算。

(5) 固定式或半埋設式浴缸之防水層施工範圍，以浴缸外緣起縱橫各方向均擴展 300mm 之範圍，計算施工面積。

(6) 地坪及彎直部份之防水層面積，依下列計算。

地坪 $S_1=L_X\times L_Y$

彎直部份 $S_2=h_1\times(L_X+L_Y)\times 2$

2. 防水層末端塞縫

防水層末端塞縫之延長(m)，以下式計算

延長 $L=2\times(L_X+L_Y)+2\times h_2$

三、陽台

水泥防水由專門廠商，以責任施工方式承包，其施工法有下述幾種：

1. 僅承包底層水泥防水粉刷(水泥防水粉刷上面尚有磨石子、貼磁磚等裝修者)，裝修工程另行處理者。

2. 底層水泥防水與飾面水泥防水均承包在內者。

3. 底層水泥防水之工程數量

例：陽台地坪水泥防水

底層水泥防水

施工面積(m^2)S=線長寬度×線長長度

4. 水泥防水裝修之工程數量

將底層粉刷與飾面粉刷部份明確劃分，並且依施工部位計算施工面積(m2)或延長(m)。

四、雨遮及外樑

1. 雨遮水泥防水

雨遮之水泥防水，應包括彎直部份之高度 100mm，計算其施工面積。

雨遮防水面積(m^2)

S=(雨遮頂面實際寬度+簷口高度+彎直高度 100mm)×雨遮長度

2. 外樑上端防水

樑凸出外牆時，樑上端之混凝土澆灌接縫部位較易發生漏水現象，因此樑上端之水泥防水及接縫部位之塞縫，必須審慎施工。

(1) 梁上端水泥防水 W=180 延長 L=外梁長度(m)

(2) 梁上端澆灌接縫部塞縫，斷面 a×b

五、地下防水

地下室之防水施工法有外部防水、內部防水之二種施工法。地下防水之施工面積，應區分為外部防水、內部防水，並且依地坪、牆壁等施工部位分別計算面積。如有雙層地板內部防水工程時，亦應與內、外部防水分開考慮，個別計列施工面積與單價。

1. 雙層壁內部水泥防水

設計圖說有施工範圍之指示時，依其指示計算施工面積，如無指示時應分為牆壁，天花，排水溝及其彎直部份，依下式計算施工面積。

(1) 牆壁 S=牆壁高度(包括梁底、梁側)×牆壁長度

(2) 天花 S=1m×天花周圍長度

(3) 排水溝及彎直部份

S=1m(包括排水溝及彎直部份)×牆壁長度

2. 外部防水

地下室之外部防水有瀝青防水、塗膜防水，水泥防水等施工方法。工程數量之計算，應依各種工法、規格，分別計算施工面積。

3. 止水帶

地下水位較高時應裝設止水帶，以延長(m)計列數量。單價依材質、尺寸而有差異，故應確認材質、規格後始可計價。

六、坑內水泥防水

施工範圍有，電梯坑，集水槽，湧水槽，化糞池，污水槽，蓄熱槽等處所。坑內之防水施工面積應根據結構圖，基礎平面圖，詳細剖面圖計算。

七、門窗周圍防水

外部門窗周圍之防水工程，由水泥防水專門廠商責任施工，施工數量於門窗工程之數量計算時與其他相關工程同時計算，以防止漏估之發生。估算方法，敘述於門窗工程。

內部門窗框周圍係以普通水泥砂漿填充，其工程費於泥水工程項目內計列。

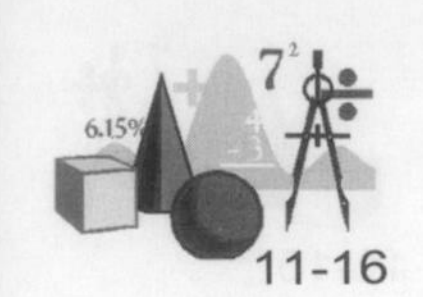

實 習

11-B-1 砌 1B 磚估算列式

磚牆面積的列式須注意幾項原則：

1. 磚牆大多有相同的高度，即樓地板至天花板或至樑底。
2. 列式最好遵循一定的順序，即先計水平向，再計垂直向。並清楚註明位置。
3. 扣除門窗之面積一定要緊隨該道牆之式子後面，以利對照。
4. 要注意施工圖標示是否樓梯下有否砌磚，特別在剖面圖中常有其他圖表現不出的夾層顯現砌磚的位置。

表 11-B-2

	A	B	C	D	E	F	G
1		砌1B磚			M^2		
2	說明	個數	長	寬(高)	小計		
3	垂直向(1F)	3	2.26	3.00	20.34		
4	扣窗	-1	1.50	1.60	-2.40		
5	扣窗	-1	0.80	0.80	-0.64		
6	垂直向(1F)	2	4.26	3.00	25.56		
7	扣窗	-1	2.20	1.60	-3.52		
8	扣窗	-1	1.50	1.60	-2.40		
9	扣門	-1	0.90	2.50	-2.25		
10	水平向(1F)	1	6.08	3.00	18.24		
11	扣窗	-1	1.50	1.60	-2.40		
12	水平向(1F)	1	2.26	3.00	6.78		
13	扣大門	-1	1.40	2.50	-3.50		
14	水平向(1F)	1	6.78	3.00	20.34		
15	扣窗	-1	1.50	1.60	-2.40		
16	垂直向(2F)	3	2.26	2.70	18.31		

11-B-2 牆面貼磁磚估算列式

牆面貼磁磚一項在計算面積列式技巧，可以適用在許多牆面裝修工程的計量上。應注意的有：

1. 內牆部份若是隔間牆，須注意雙面皆要計算，且扣除門窗面積亦是雙面。
2. 若施工圖附有裝修表，要詳細對照該表列式。
3. 注意剖面大樣圖的指示，門窗或其他與牆面之厚度方向轉角處之面積亦不可忽視，視其數量多寡做適當的反應。往往這些數量不但可觀，而且較不易施工。

表 11-B-3

	A	B	C	D	E	F	G
1		牆面貼瓷磚			M^2		
2	說明	個數	長	寬	小計		
3	外牆(正)	1	9.54	7.08	67.54		
4	扣門D1	-1	1.40	2.50	-3.50		
5	扣門DW	-1	2.26	2.50	-5.65		
6	扣窗W2	-2	1.50	1.60	-4.80		
7	外牆(背)	1	9.54	7.08	67.54		
8	扣窗W3	-2	1.50	1.60	-4.80		
9	扣門D4	-2	0.75	2.00	-3.00		
10	外牆(左)	1	7.24	7.08	51.26		
11	扣窗W1	-2	2.20	1.60	-7.04		
12	扣窗W2	-2	1.50	1.60	-4.80		
13	外牆(右)	1	7.24	7.08	51.26		
14	扣窗W4	-2	1.00	1.00	-2.00		
15	扣窗W2	-2	1.50	1.60	-4.80		
16	女兒牆	4	3.75	1.10	16.50		
17	廁內牆	2	8.60	2.00	34.40		
18							
19					248.11		

工作表標籤：地坪舖馬賽克 / 內牆水泥粉光水泥漆 / 牆面貼瓷磚 / 屋

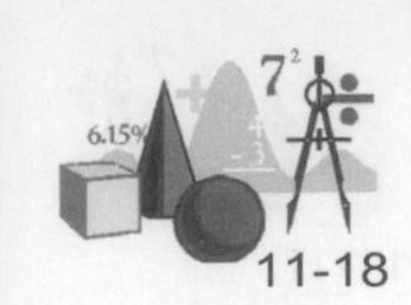

11-B-3 工程預算書的整合

1. 當數量列式完成，「小計」與「合計」數量，對 Excel 而言，可說輕而易舉。隨後將「合計」數量以 複製 、 選擇性貼上 、 貼上連結 的步驟拷貝至單價分析表上方。如圖 11-B-1 所示：

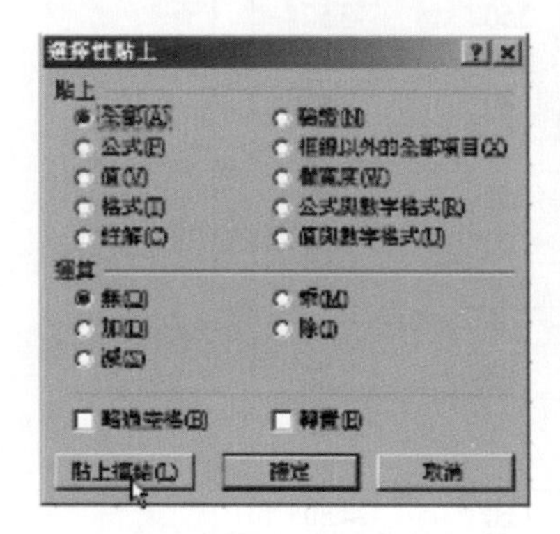

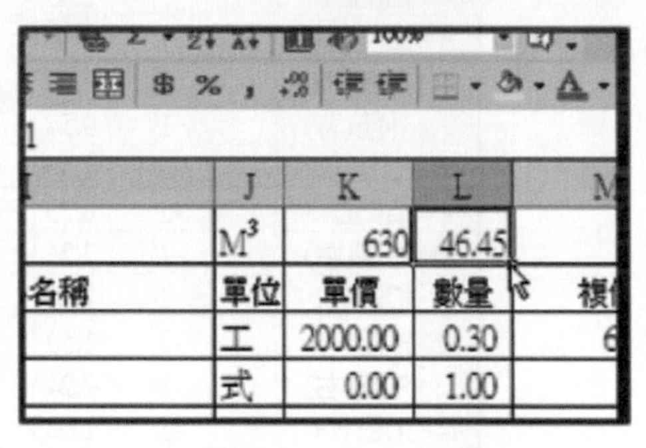

圖 11-B-1

2. 接著，將一項一項的工程單項以相同的手法，拷貝到預算書上。然後在第一項的「小計」上輸入公式，並複製。

12 B I U $ % ,
fx 2

G	H	I	J	K	L
	2	挖土	M³	630	46.45
	代號	工料名稱			數量
90	A002	小工			0.30
50	A124	零星損耗			1.00
20					
96					
91					
40					
45					
13					

剪下(T)
複製(C)
貼上(P)
選擇性貼上(S)...
插入(I)...
刪除(D)...
清除內容(N)
插入註解(M)
儲存格格式(F)...

	A	B	C	D	E	F
1	工程預算書					
2	工程名稱：延英樓學人宿舍新建工程					
3	編號	工程項目	單位	單價	數量	小計
4	1	放樣	M2	147.00	129.60	19,051.20
5						

剪下(T)
複製(C)
貼上(P)
選擇性貼上(S)...
插入複製的儲存格(E)...
刪除(D)...
清除內容(N)
插入註解(M)
儲存格格式(F)...
從清單挑選(K)...
新增監看式(W)
超連結(H)...

圖 11-B-2

3. 在最後一項後面，輸入「包商利潤與稅金」，並將所有以上各項「小計」之代數和填入「單價」項下，「數量」項目填入所佔之百分比，計其「小計」，以代數和計算其總計，然後用「複製」、「選擇性貼上」，選擇複製「值」就好，複製

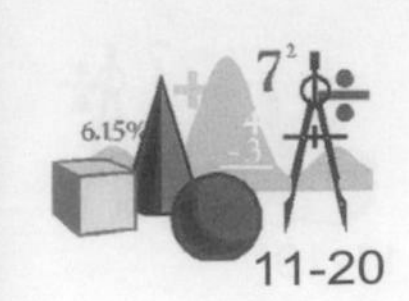

到下一列之「單位」格子內(因格子太小，將會出現「####..」符號)。利用「跨欄置中」功能將該格延伸至「附註」格，然後設定成國字之數字表示，如圖 11-B-3：

0	D1鋁門	扇	7,665.00	1	7,665.00
1	D2鋁門	扇	7,233.00	4	28,932.00
2	D3鋁門	扇	6,827.00	2	13,654.00
3	D4鋁門	扇	4,878.00	2	9,756.00
4	W1鋁窗	樘	7,550.00	2	15,100.00
5	W2鋁窗	樘	5,775.00	6	34,650.00
6	W3鋁窗	樘	5,664.00	2	11,328.00
7	W4鋁窗	樘	2,264.00	2	4,528.00
8	包商利潤與稅金		2,075,274.87	15.00%	311,291.23

23	D4鋁門	扇	4,878.00	2	9,756.00
24	W1鋁窗	樘	7,550.00	2	15,100.00
25	W2鋁窗	樘	5,775.00	6	34,650.00
26	W3鋁窗	樘	5,664.00	2	11,328.00
27	W4鋁窗	樘	2,264.00	2	4,528.00
28	包商利潤與稅金		2,075,274.87	15.00%	311,291.23
29					2,386,566.10
30					

C30 fx 2386566.1

	A	B	C	D	E	F
16	14	內牆水泥粉光水泥漆	M2	426	355.54	151,458.17
17	15	牆面貼瓷磚	M2	1,799.00	248.11	446,358.53
18	16	屋頂防水粉刷	M2	451	75.32	33,969.14
19	16	DW落地鋁門窗	扇	14,701.00	1	14,701.00
20	17	D1鋁門	扇	7,665.00	1	7,665.00
21	18	D2鋁門	扇	7,233.00	4	28,932.00
22	19	D3鋁門	扇	6,827.00	2	13,654.00
23	20	D4鋁門	扇	4,878.00	2	9,756.00
24	21	W1鋁窗	樘	7,550.00	2	15,100.00
25	22	W2鋁窗	樘	5,775.00	6	34,650.00
26	23	W3鋁窗	樘	5,664.00	2	11,328.00
27	24	W4鋁窗	樘	2,264.00	2	4,528.00
28	25	包商利潤與稅金		2,075,274.87	15.00%	311,291.23
29						2,386,566.10
30		總計	############################			
31						
32						

圖 11-B-3

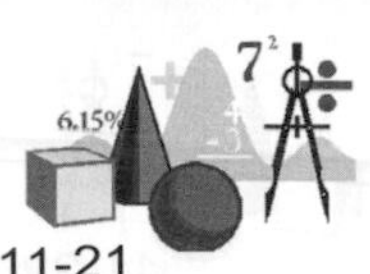

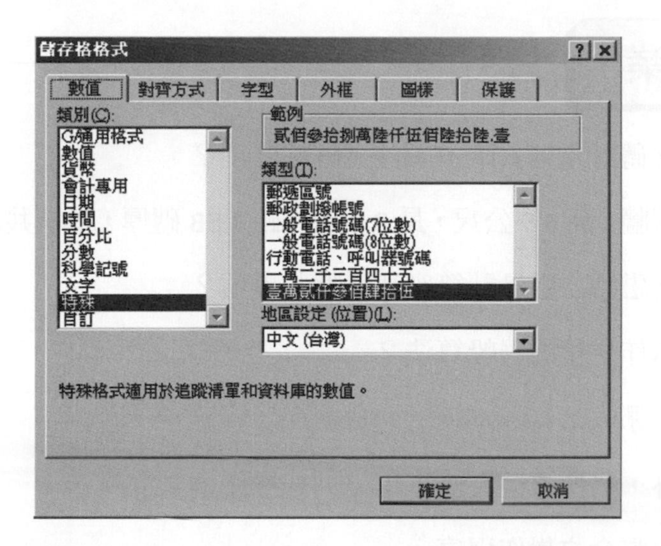

23	20	D4鋁門	扇	4,878.00	2	9,756.00	
24	21	W1鋁窗	樘	7,550.00	2	15,100.00	
25	22	W2鋁窗	樘	5,775.00	6	34,650.00	
26	23	W3鋁窗	樘	5,664.00	2	11,328.00	
27	24	W4鋁窗	樘	2,264.00	2	4,528.00	
28	25	包商利潤與稅金		2,075,274.87	15.00%	311,291.23	
29						2,386,566.10	
30		總計		貳佰參拾捌萬陸仟伍佰陸拾陸.壹			
31							

圖 11-B-3(續)

4. 最後將「單價」「數量」「小計」通通設定每千位一節，小數兩位的格式，即完成預算書之編製，存檔。

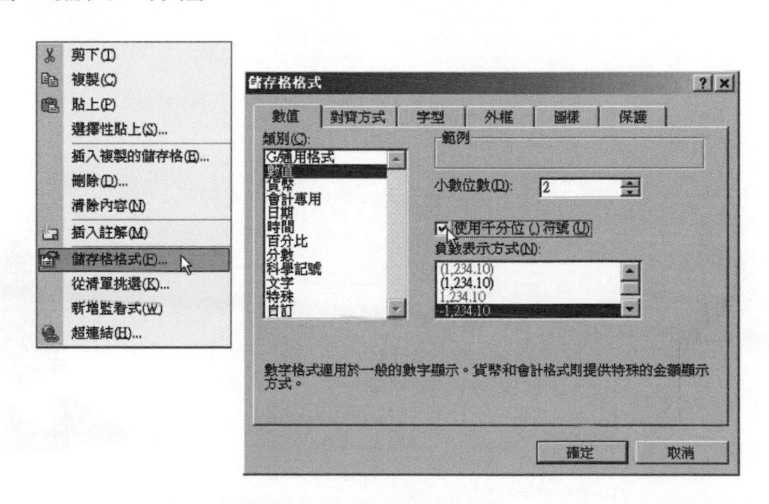

圖 11-B-4

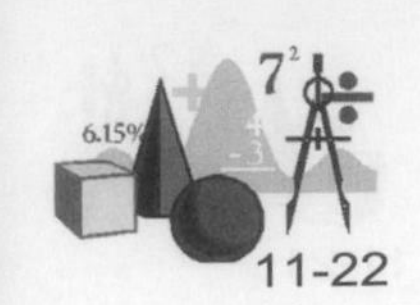

作　業

A-1. 試述砌一 B 磚計量列式時，須注意哪些要項？

A-2. 設有一道磚牆，高 4.5 公尺，長 8 公尺，砌 1.5B 磚厚，試求共計需紅磚多少塊？

A-3. 試述牆面貼磁磚之數量計算應注意哪些事項？

A-4. 試述本省木作材積的一般算法？

A-5. 防水工程有哪些？

B-1. 除書本以外，另舉五個裝修工程之列式操作。

B-2. 試述預算書整合之操作程序。

12

其它工程之估算原理

學習目標

1.學習鋼構造估算之要領

2.學習道路工程之各項估算要領

3.學習各項裝修工程數量計算之電腦操作實務

4.學習工程預算書編製之電腦操作實務

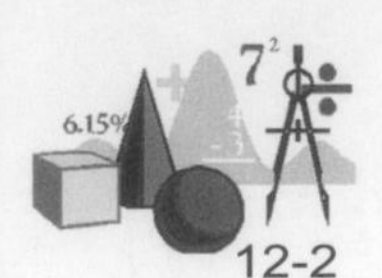

摘 要

圬工與一般裝修工程是最具技術性，最不易掌握品質，耗時最多的工程項目。計算時亦容易出錯，工程從業人員不可不小心。許多圬工與裝修工程的計算單位皆爲面積(平方公尺)。

預算書之組成是工程估價從業人員最終的目的之一。本章詳細說明應用已作成之工程數量計算及單價分析表，如何利用 Excel 電子試算表之特點作工程預算書之整合工作。

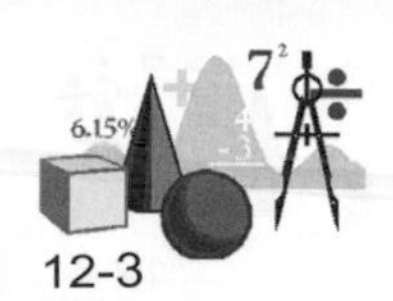

本 文

12-A-1 鋼構造之估算原理

近年來鋼骨構造愈來愈多，由於高樓建築、韌性結構之設計理念，在地震頻繁的台灣，甚受重用。以鋼骨爲結構骨架，遂大行其道，也由於用量大，成本下降，加上都市土地昂貴，人們在閒置爲空地與建造爲高樓大廈間取一折衷之過渡方案，就是建造低層之鋼骨造房屋，一則拆除容易，二則拆掉之鋼材再利用率高。綜上所述，鋼骨工程已愈來愈普遍。其工程數量計算與單價分析亦愈形重要。

鋼骨構造之最大特色就是其用料皆有標準之規格，若要利用 Excel 處理，應特別爲其建立一個專有基本工料表，將常用規格之鋼材建入，並將其單位長之重量，斷面性質亦輸入，可供估價及其他計算用，一舉數得。

鋼骨構造可區分爲柱→樑→支撐→版墻→樓梯→其他。一般在設計圖說中的尺寸與實作尺寸有少許差異，由於鋼材有固定之規格長度，故實際用材不能單靠設計尺寸計算，這亦是鋼骨構造估算較難的地方。

鋼材斷面尺寸以毫米(mm)計算，而條列算式，以求算各規格材之長度爲原則，有效小數兩位。長度、面積、體積及重量之單位採 m(公尺)、m^2(平方公尺)、m^3(立方公尺)及 t(噸)爲單位。

一、柱

早期鋼柱常用鋼鈑焊接組合，晚近已都改用 I 型或 H 型鋼，如下圖：

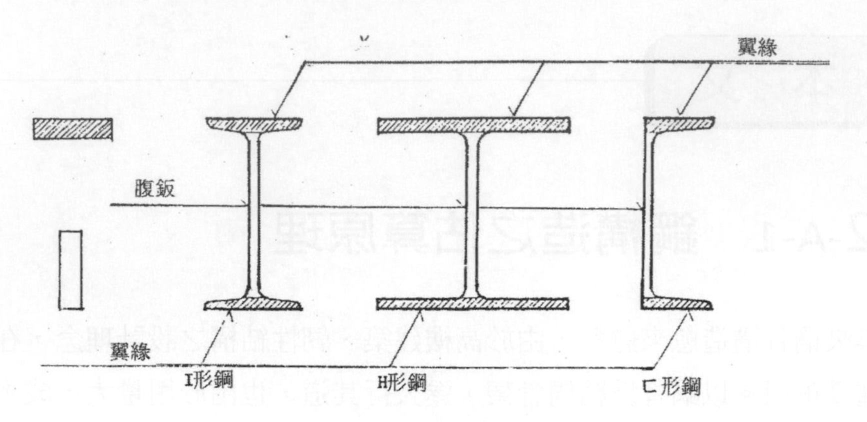

圖 12-A-1 I 型與 H 型鋼

I 型或 H 型鋼計量單純，若為組合柱(如下圖)，則每單根柱之組合材料應詳細列估，列至規格材計重為原則。

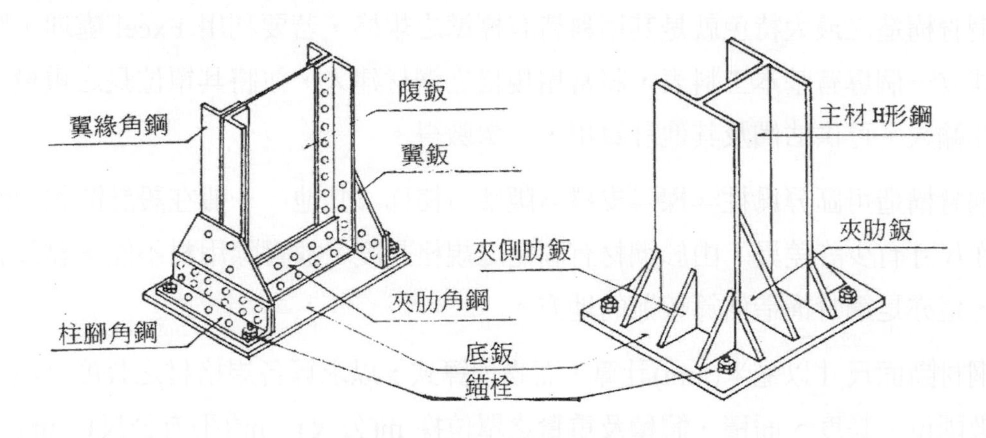

圖 12-A-2 I 型與 H 型鋼組合柱

柱與栓之接頭係用拼接鈑(SPLICE PLATE)固定，用鉚釘或高拉力螺栓或焊接連結。估算時接合材應計入上節柱內，以防漏算。

柱節之長度係依圖中標示尺寸為準，非為樓層高度，此亦為鋼骨構造估算時須注意的地方。

二、樑

樑又分大樑、小樑及延伸樑。一般建築工程結構平面圖，將 X 軸方向的樑稱為 G(GIRDER)，Y 軸方向的樑稱為 B(BEAM)以分別之。以採 I 型鋼居多，樑之種類如下：

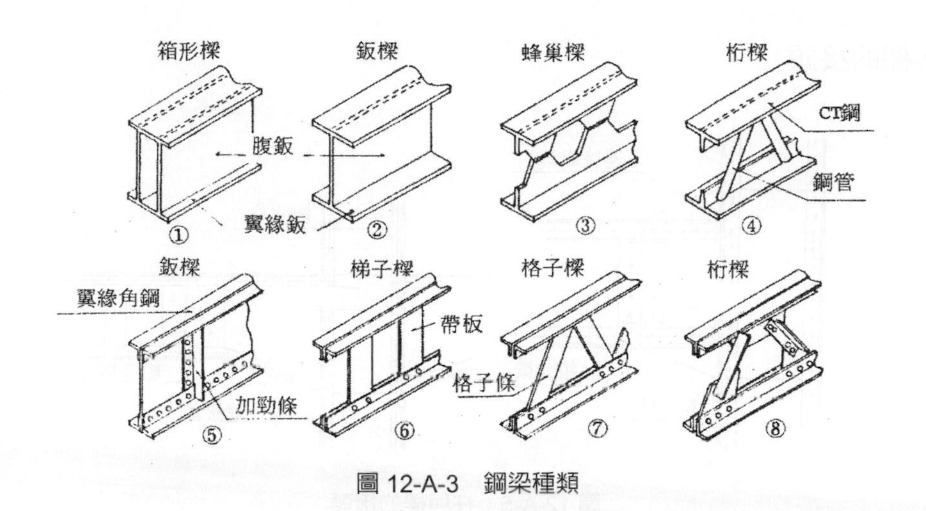

圖 12-A-3 鋼梁種類

小樑係指兩端或一端接在大腹鈑上之樑，其接合材一般均計入小樑，同理，延伸樑之接合材亦計入延伸樑內。而柱與樑接合之連接鈑(GUSSET PLATE)應計入柱內。

如下圖所示，係大樑與小樑接合的接合情形。小樑要接合在大樑時，接合使用的接合材拼接鈑(SPLICE PLATE)及高拉力螺栓(HTB)等要計入小樑，而連接鈑(GUSSET PLATE)及加勁條(STIFFENER)則計入大樑。

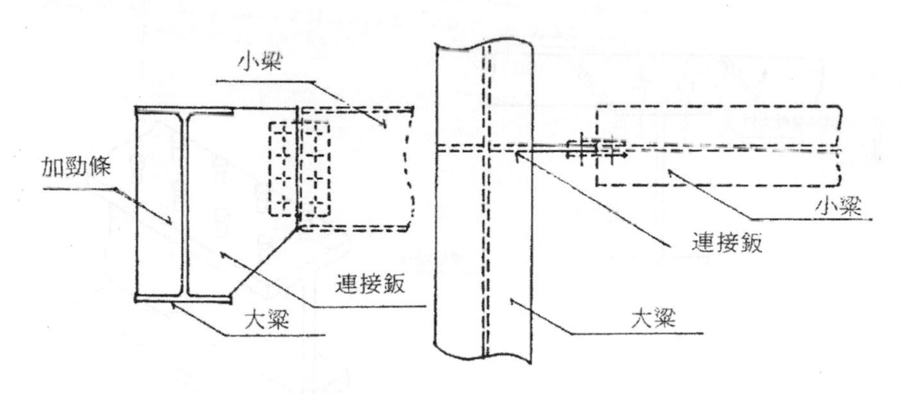

圖 12-A-4 大梁與小梁接合圖

三、接頭

鋼構造的接頭是施工中最重要的部分，不同構件間接頭皆不同，結合方式有鉚釘、高拉力螺栓或焊接三種，茲分述如下：

1. 柱與樑的接頭

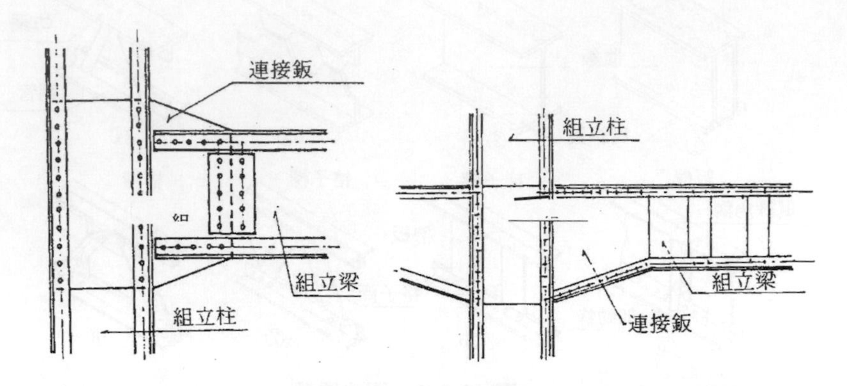

圖 12-A-5　柱與樑的接頭

早期樑柱接頭用連接鈑(GUSSET PLATE)以鉚釘或螺栓接合居多，就近因樑、柱均採 I 型鋼或 H 型鋼，且已預先在柱子上將樑端一部分結合件接妥。

2. 樑與樓鈑

鋼骨構造之樓鈑有現場舖築之鋼筋混凝土版、ALC 版中空版及舖設 W 型鋼鈑灌注輕質混凝土版等。

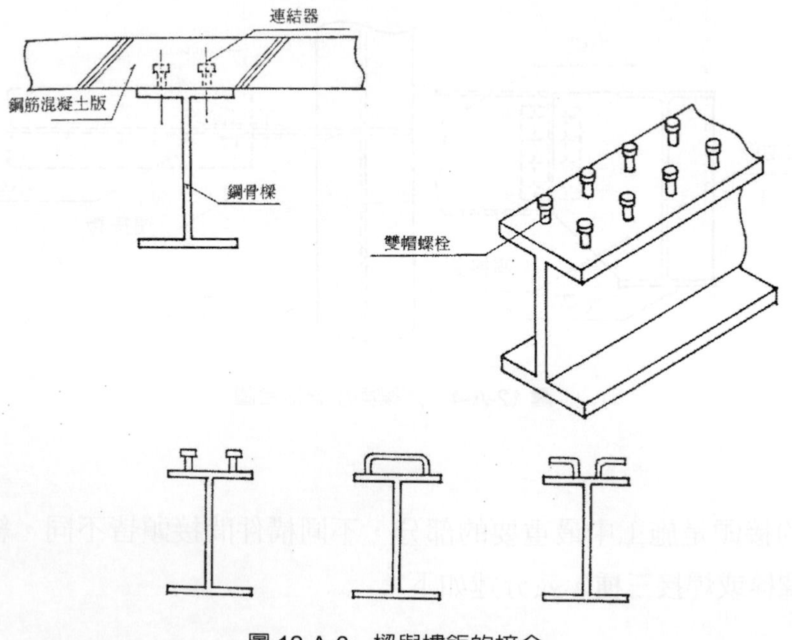

圖 12-A-6　樑與樓鈑的接合

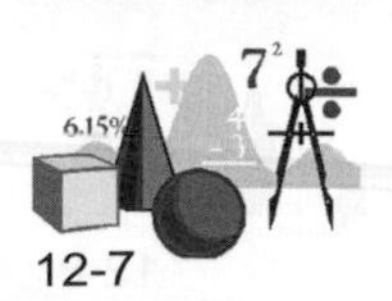

3. 牆壁

許多鋼骨建築物外牆多用 ALC 版或預鑄鋼筋混凝土版(如圖)，除了鋼骨構架外，爲了裝設 ALC 版或預鑄鋼筋混凝土版，必需使用慣通角鋼補強。

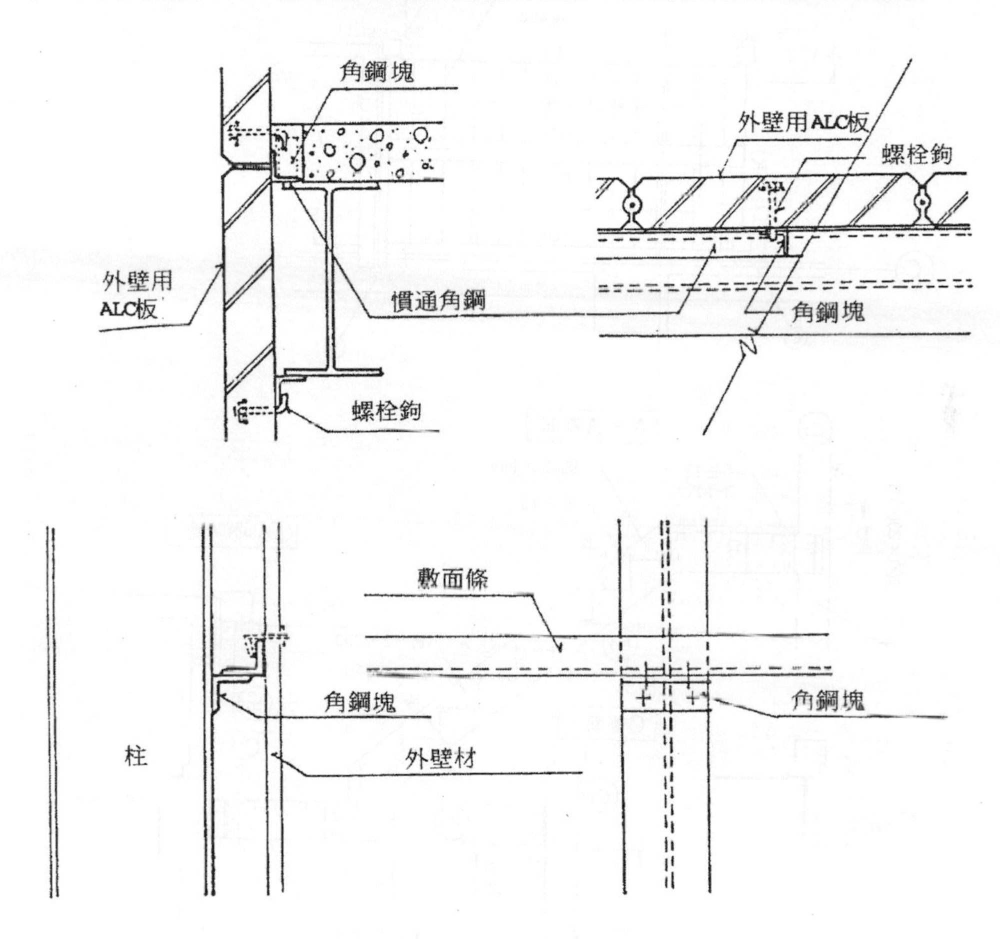

圖 12-A-7　鋼骨建築物外牆詳圖

四、樓梯

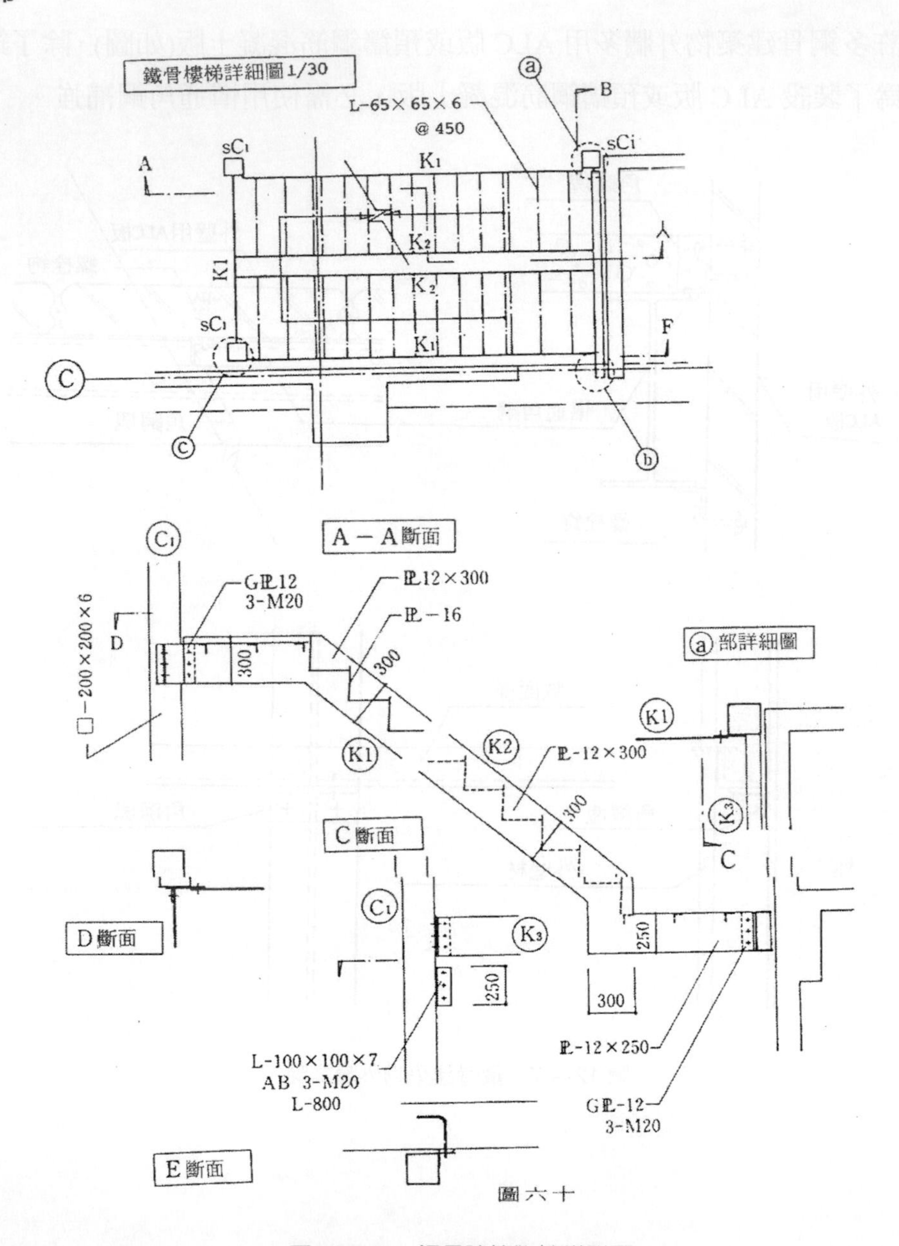

圖 12-A-8 鋼骨建築物樓梯詳圖

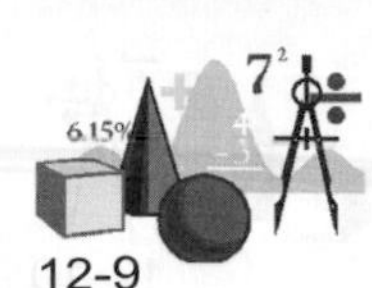

12-A-2 公路工程估算原理

一、概說

公路工程涵蓋甚多，舉凡路基與路面工程、橋梁公程、基礎公程、隧道工程、擋土牆工程、排水工程、交通工程等皆屬於公路工程之範。國內公路工程幾乎皆由省屬交通處公路局負責，該局歷史悠久，在以上各項所屬工程中皆已建立一套完整之施工規範及單價分析的標準範本。雖然土木施工，現場情況千變萬化，但累積多年現場施工經驗的工程人員，施工規範的活寶典。筆者多位同學，長年在深山野汐，從事開山闢路的工作，倍極辛勞。其在臺灣公路(或鐵路)工程上的經驗，最爲珍貴，當然在品質方面的安求自在人爲。有關施工程序、施工方法，面對不同的土質環境，採取不同之應對方案，皆不是簡單而僵化的施工說明書所能涵蓋。因此，在工程估價上，亦僅能在基本的估價理論架構上，視時視地而有彈性的因應才對。

二、路基與路面工程

土石方工程包括開挖土石方、塡方、滾壓等工程。

1. 開挖土石方：開挖路基，邊坡、墜道兩側及頂面部份之岩石，如發生超挖時，均仍按設計數量計算，超挖部分不予計價，路基部分如有超挖，承包商應回塡適當材料，使符合規定斷面，回塡所需費用，由承包商負擔。

   挖方分普通土、間隔土、軟石及堅石等四類，其定義如后：

   (1) 普通土：土質鬆軟，用鐵鍬等略加用力即可翻動者。

   (2) 間隔土：土質堅實，須用洋鎬等挖掘者。凡土中雜有小卵石或鬆動塊石，體積不逾 0.3m3 者，或大批磚瓦砂礫，或含有許多樹根者，均以間隔土計算。

   (3) 軟　石：須用少量炸藥開炸者(石質鬆軟，可用洋鎬尖鋤挖掘，撬棍移動，無須炸藥開炸之鬆石亦以軟石計價)。

   堅　石：石質堅硬，須用炸藥開炸後始能移去者。

   挖方一般皆按合約詳細價目單中預估成份結算，施工時不論實際成份與預估成份有否出入，均不予重新調整。

坍方之清除，其計價標準，除合約另有規定外，普通土及間隔土按挖普通土之七折計價(凡體積不滿 0.3m3 之石方概作爲土方，亦按挖普通土之七折計價)，軟石作間隔土計價，堅土作軟石計價，大於 $0.8m^3$ 之堅石仍按堅石計價，各項單價按照工程合約所附詳細價目單之單價爲準。

2. 塡方：塡方有利用原挖方者，亦有借土塡方者，視合約規定，但皆不得含樹根、雜草、垃圾及其他有機物。品質較佳之材料應塡在上層，每層鬆厚不得超過 30cm 用刮路機或其他適當工具攤平後滾壓之，每層未滾壓至規定之密度前，不得在其上舖築第二層。

3. 滾壓：塡土滾壓時，土質不得過乾或過濕。過乾時應洒以適量水份，過濕時應以適當方法，使其降至規定之含水量，方能滾壓。所塡土壤中，如含有硬土塊，須用適當之工具妥爲打碎舖平，並酌量洒水後用適當機具滾壓之。

三、碎石級配粒料底層及混合料基層施工用料

底層級配料除特別規定外，應符合表 12-1 之級配規定：

表 12-1

篩號 (mm)	過篩百分率	
	甲式	乙式
50.0(2m)	100	100
25.0(1in)		75～95
9.5(3/8)	30～65	40～75
4.75(NO.4)	25～55	30～60
2.00(NO.10)	15～40	20～45
0.425(NO.40)	8～20	15～30
0.075(NO.200)	2～8	5～15

基層混合料，除特別規定外，應符合表 12-2 之級配規定：

表 12-2

篩號(mm)	過篩百分率
100(4in)	100
4.75(NO.4)	25～100
0.075(NO.200)	0～25

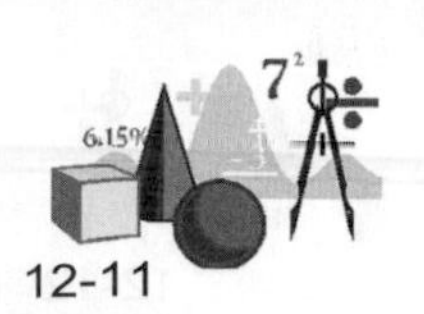

底層或基層施工運置級粒料或混合料前，已修築完成之基層或原有路基必須照原設計圖坡度、斷面等規定，維持良好狀況，如有坑洞、車槽、鬆散或凹凸不平等情事，必須先予以翻修處理，增塡合格粒料，滾壓至合格爲止。

四、水泥土壤穩定基、底層施工用料

水泥土壤穩定基、底層係將土壤、水泥及水，依照施工說明書規定及設計圖所示之線形、坡度、斷面、壓實厚度等，以路拌法或其他方法予以拌合均勻充份壓實而成。所用水泥並爲第一種卜特蘭水泥，品質符合 CNS-61 之規定，土壤粒料之最大尺寸不得超過 75mm(3in)，並最少須有 55%通過 4.75 mm(NO.4)篩。如以瀝青材料作爲養治護膜時，須使用乳化瀝青或油溶瀝青材料 MC-70。

五、瀝青透層施工用料

瀝青透層係用油溶瀝青材料，按照施工說明書及設計圖之規定，均勻灌澆於已整理滾壓並經試驗合格之級配粒料底層上，以備加舖瀝青面層。其所用材料除另有規定外，係中凝油溶瀝青 MC 70，使用溫度爲 50℃～60℃。

六、瀝青粘層施工用料

瀝青粘層係用乳化瀝青材料，按施工說明書及設計圖之規定，均勻噴洒於原有瀝青路面或混凝土路面上，以備加鋪瀝青面層。所用材料除另有規定外一律採用乳化瀝青 RS-1 或 SS-1，並須符合 CNS1304(乳化瀝青)之規定(使用溫度爲 26℃～60℃)

七、瀝青表面處理施工用料

瀝青表面處理係用地瀝青爲結合料，以單層或多層鋪築於市試驗合格之級配粒料底層或原有瀝青及混凝土面層上。

所用瀝青係針入度 150～200 之地瀝青，並符合 CNS2260(地瀝青)之規定，使用溫度爲 135℃～175℃，所用粒料須爲潔淨之碎石，質地均勻堅實，不雜有扁平細長之片塊或易風化之石料，洛杉磯磨耗試驗之磨耗率，不得超過 40%，粒料撒佈時，必須充份乾燥。

八、熱灌瀝青碎石層施工用料

熱灌瀝青碎石面層係以地瀝青爲結合料，用灌入法分層灌澆於各層壓實之碎石粒料上，舖築於已整理之底層上。

地瀝青材料係針入度 85～100 及 150～200 之地瀝青，符合 CNS2260(地瀝青)之規定，使用溫度爲 135℃～175℃，所用粒料所用粒料須爲潔淨之碎石，質地均勻堅實，不雜有扁平細長之片塊或易風化之石料，洛杉磯磨耗試驗之磨耗率，不得超過 40%，粒料撒佈時，必須充份乾燥。

九、瀝青混凝土路面施工用料

瀝青混凝土路面係以加熱之粗粒料、細粒料、地瀝青及乾燥之填縫料，依規定比例均勻拌和後，照施工說明書及設計圖規定之線形、坡度、斷面等，分一層或多層舖築於已完成之底層或經整修後之原有面層上滾壓堅實而成。

使用材料規定分述如下：

1. 瀝青：針入度 85～100(粘度 AC-10)之地瀝青，並符合 CNS2260(地瀝青)之規定，使用溫度爲 135℃～160℃。
2. 粗粒料：
   (1) 係指留於 2.36mm(NO.8)篩以上之粒料。
   (2) 須爲質地堅、潔淨、耐磨之碎石，不含有扁平細長及風化之石料，其表面無泥土塵埃或其他不良物質包裹者。
   (3) 經洛杉磯磨耗試驗時之磨耗率，不得大於 40%。
   (4) 顆粒含有二個軋碎面之部份，至少須在重量比 60%以上
   (5) 應依尺寸大小分別堆放，以避免其級配於堆放或搬運時發生分離現象，如需用兩種以上不同級配之粒料混合使用時，其混合程序應在冷料供應系統上完成，不得在石料堆放場所混合。
3. 細粒料：
   (1) 係指通過 2.36 mm(NO.8)篩之粒料。
   (2) 可爲天然砂、石屑或二者之混合物，其品質須潔淨、堅韌、顆粒富有稜角，表面粗糙，且不含有粘土、腐土及有機物等有害物質者，其含砂當量不得低於 50%。

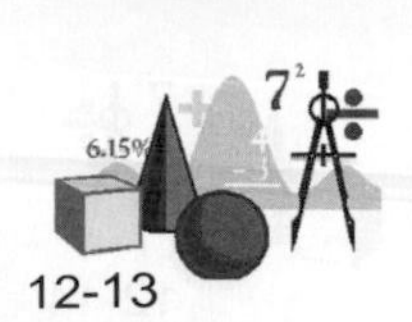

(3) 如係二種以上不同來源時，應分別堆放，如需混合使用，則其混合程序，應在冷料供應系統上完成，不得在粒料堆放場所混合。

4. 礦物質填縫料：

可為飛灰、石灰、石粉末、水泥或其他經工程司認可之無塑性礦質粉末，其塑性指數(PI)不得大於 4(石灰與水泥不受此限)，一得含有水份及塊狀物，且須符合表 12-3 級配之規定：

表 12-3

試驗篩(mm)	通過重量百分率
0.600(NO.30)篩	100
0.300(NO.50)篩	95～100
0.075(NO.200)篩	70～100

十、水泥混凝土路面施工用料

水泥混凝土路面係將水泥混凝土，依設計規定，舖築於已整理完成之底層上作為面層之用。

水泥混凝土用料除了一般混凝土所需之粗粒料、細粒料、水泥、水、添加劑外，有時亦有鋼筋或鋼筋網補強。它們皆須符合 CNS560(鋼筋混凝土用鋼筋)之規定。

實　習

12-B-1 列印預算書

當預算書編輯完成後，最後就是列印出來。通常整個預算書是包括「預算表」、「單價分析表」、「工程數量計算表」三樣。「預算表」只在一個工作表上，列印動作較簡單，只要將其要印之範圍標記起來，只印此範圍即可。在「檔案」功能表中有四個命令與列印功能有關：

一、、設定列印格式

1. 頁面

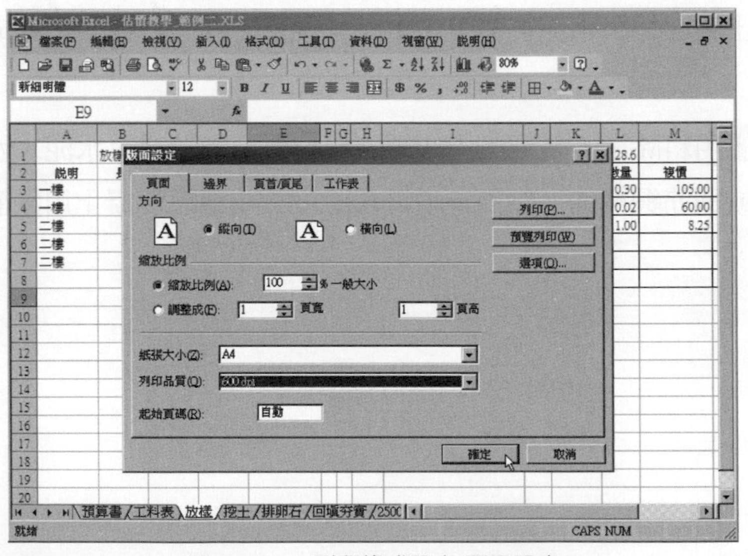

圖 12-B-1　列印格式設定-頁面設定

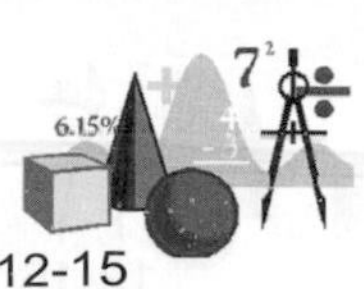

2. 邊界

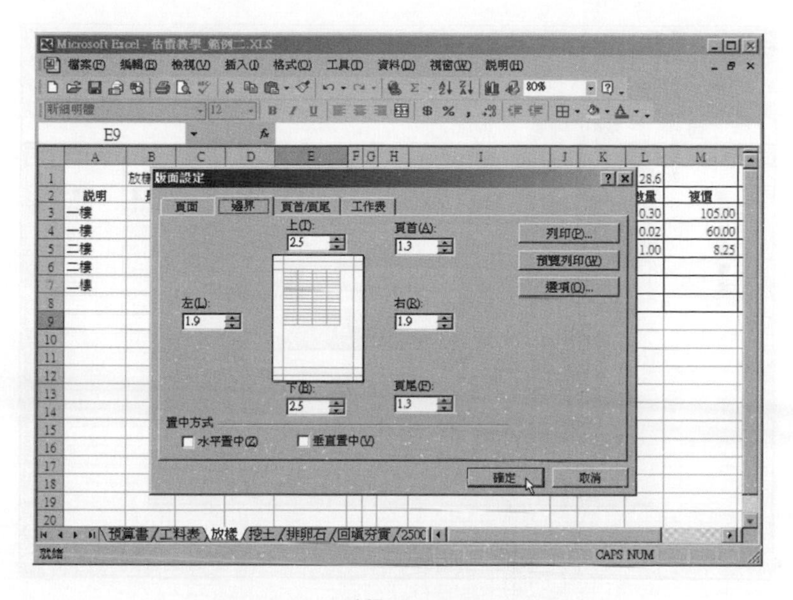

圖 12-B-2　列印格式設定-邊界設定

3. 頁首頁尾

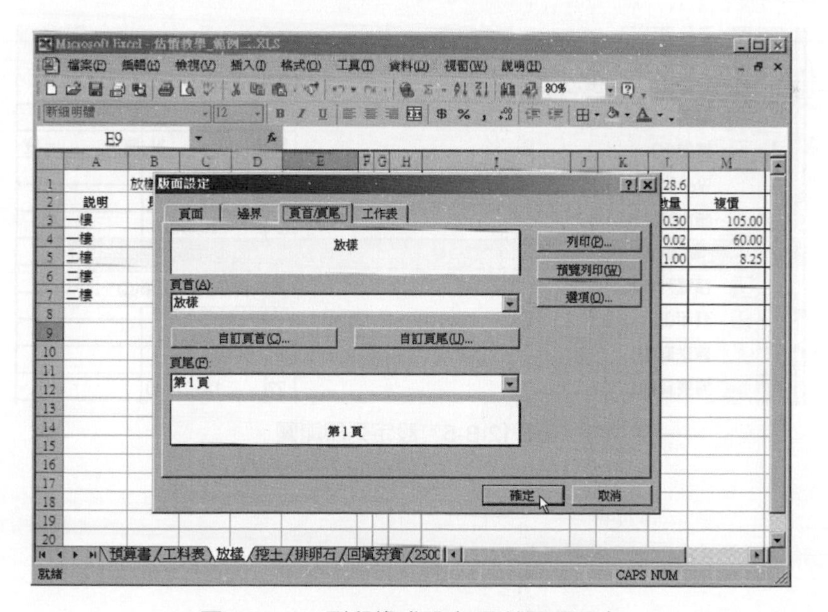

圖 12-B-3　列印格式設定-頁首頁尾設定

4. 工作表

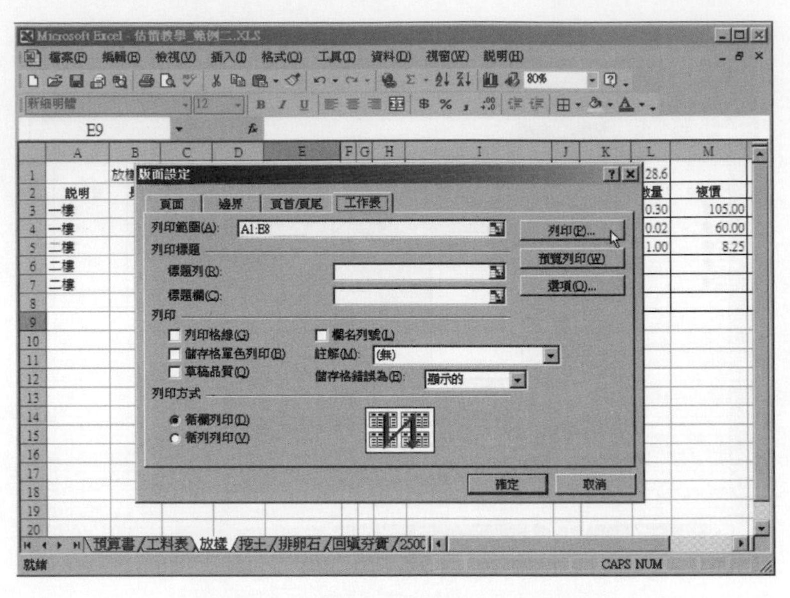

圖 12-B-4 列印格式設定-工作表設定

二、設定列印範圍

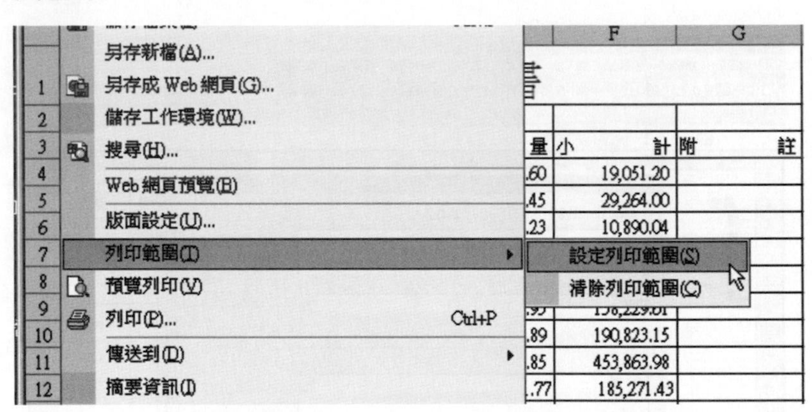

圖 12-B-5 設定列印範圍

三、、預覽列印

在此亦可以設定列印格式及顯示與編輯邊界。亦可以直接在此列印出來。

估價教學_範例一.XLS

縮放(Z) 列印(T)... 設定(S)... 邊界(M) 分頁預覽(V) 關閉(C) 說明(H)

預算書

工程預算書

工程名稱:延英樓學人宿舍新建工程

編 號	工 程 項 目	單 位	單 價	數 量	小
1	放樣	M2	147.00	129.60	19
2	挖土	M3	473.00	46.45	21
3	排卵石	M3	1,486.00	6.23	9
4	回填夯實	M3	236.00	27.57	6
5	2500psi 預拌混凝土	M3	2,100.00	10.45	21
6	3000psi 預拌混凝土	M3	2,154.00	61.93	133
7	紮鋼筋	噸	19,969.00	8.89	17.
8	模板裝拆	M2	846.00	504.85	427

圖 12-B-6　預覽列印

四、列印

不同的列表機，列印的設定工作各異。

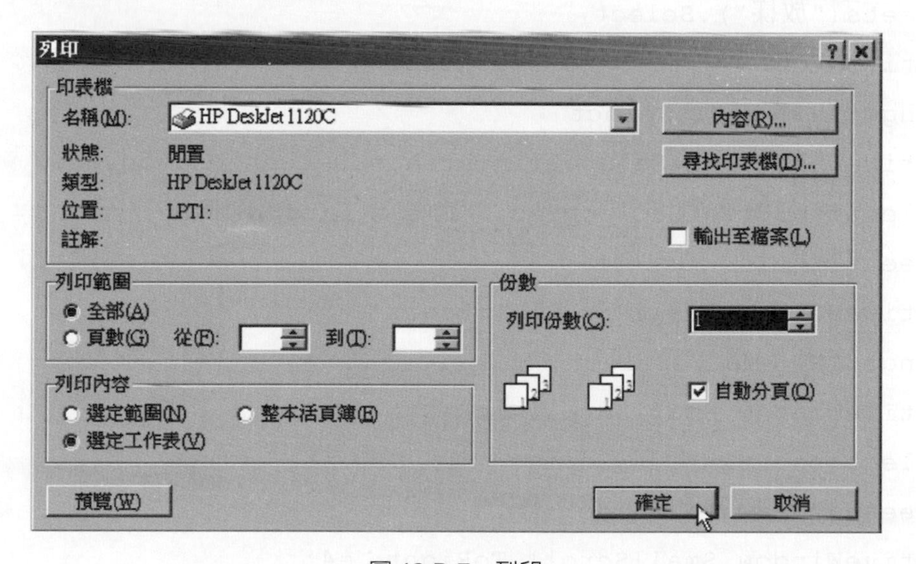

圖 12-B-7　列印

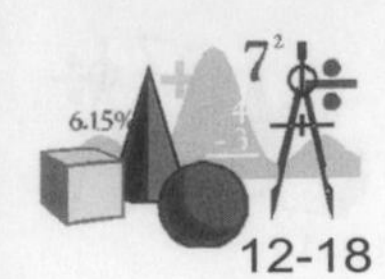

12-B-2 列印單價分析表

單價分析表分佈在不同的工作表中，要將其集中印出，有兩種方法可以考慮，一個是利用巨集程式，一個是將其複製、集中在一個工作表中，然後用範圍的方式列印。

本書爲了讓讀者能以最簡單的操作，得到最豐碩的成果。原則上盡量避免涉及巨集程式。Excel 提供「巨集錄製」的功能，只要先前先演練一次列印的動作，按下「巨集錄製」，再重複剛才的操作，即可錄成巨集，如下例：

```
' Record1 巨集表
' 郭榮欽 在 1996/12/6 錄製的巨集
'
'
Sub Record1()
   Sheets("預算書").Select
   ActiveWindow.SelectedSheets.PrintOut Copies：=1, Collate：=True
   Sheets("放樣").Select
   ActiveWindow.SmallScroll ToRight：=2
   Range("H1：M8").Select
   ActiveSheet.PageSetup.PrintArea = Selection.Address
   Selection.PrintOut Copies：=1, Collate：=True
   Sheets("挖土").Select
   ActiveWindow.SmallScroll ToRight：=2
   Range("H1：M6").Select
   ActiveWindow.SmallScroll ToRight：=-4
   Selection.PrintOut Copies：=1, Collate：=True
   Sheets("排卵石").Select
   ActiveWindow.SmallScroll ToRight：=4
   Range("H1：N8").Select
   Selection.PrintOut Copies：=1, Collate：=True
End Sub
```

12-B-3 列印工程數量表

工程數量表所佔篇幅較大，若要集中在一張工作表中，將累積相當多的列數，這樣一次列印的好處是有些項目列數較少，可節省列印張數。需要注意的是：

1. 要使用「選擇性貼上」、「貼上連結」的功能，使能動態反應參考式子的變動。
2. 每一項目皆應預留數列，以供增加列式。

另外就是考慮用巨集程式的方式，先以「巨集錄製」得到基本的程式，再經編輯修正，使符合所需。

「巨集錄製」的步驟如下：

(1) 將工作表移至「預算書」。

(2) 選按 工具 → 錄製巨集 → 錄製新巨集

(3) 取一巨集名稱 → 確定 。

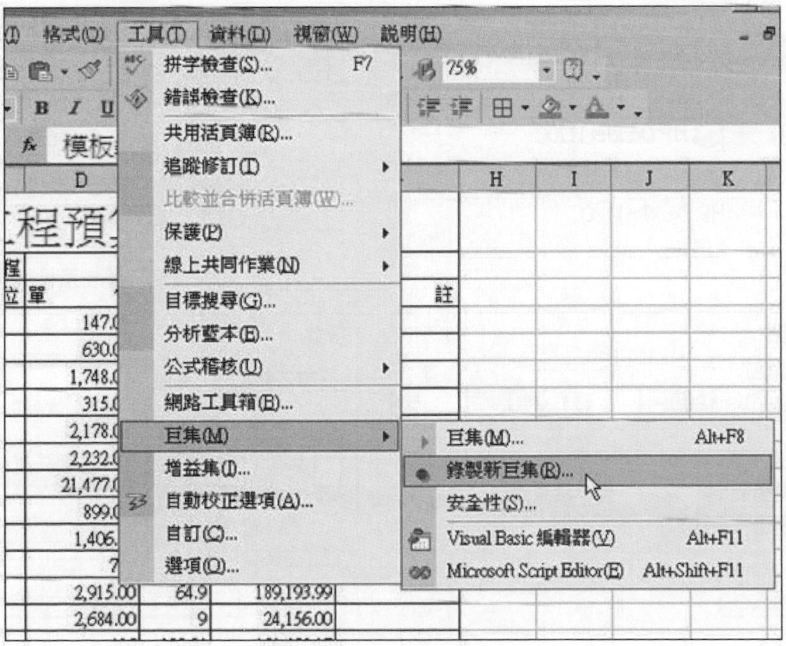

圖 12-B-8 錄製新巨集

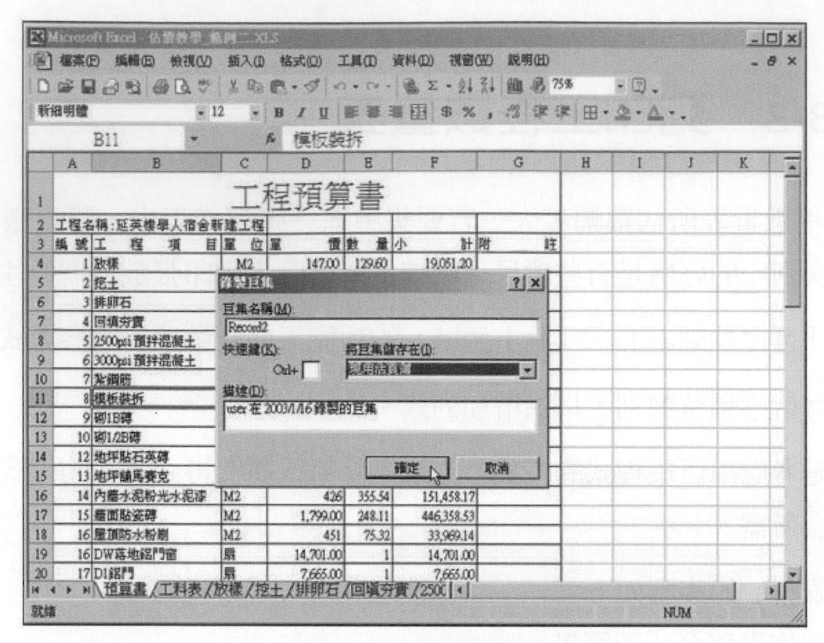

圖 12-B-9 取巨集名稱

(4) 點按「放樣」工作表，標記範圍➔ 檔案 ➔ 列印 ➔ 選定範圍 ➔ 設定列表機 ➔ 確定 。

列印

印表機
名稱(M): HP DeskJet 1120C
狀態: 閒置
類型: HP DeskJet 1120C
位置: LPT1:
註解:
內容(R)...
尋找印表機(D)...
輸出至檔案(L)

列印範圍
全部(A)
頁數(G) 從(F): 到(T):

份數
列印份數(C): 1
自動分頁(O)

列印內容
選定範圍(N) 整本活頁簿(E)
選定工作表(V)

預覽(W) 確定 取消

圖 12-B-10 列印

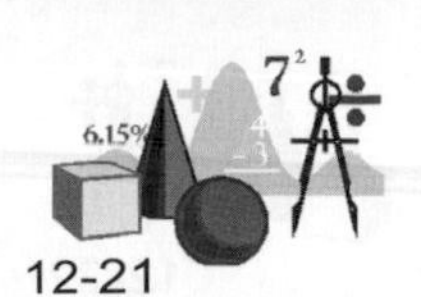

(5) 重複第四步驟將所有工程數量一一印出。

(6) 選按 工具 ➔ 錄製巨集 ➔ 停止錄製

(7) 完成➔存檔。

(8) 嘗試執行一次巨集看看，執行方法爲： 工具 ➔ 巨集 ➔選巨集名稱➔ 執行

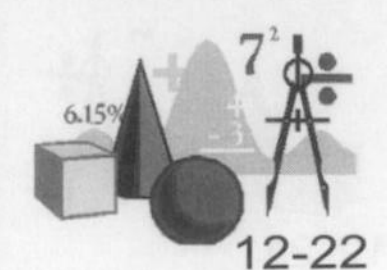

作　業

A-1. 試述估算鋼骨構造物之工程數量時，須注意哪些要項？

A-2. 鋼骨構造物之接頭有哪幾種？

A-3. 試述挖方之土石分類有哪些？

A-4. 試述瀝青混凝土路面施工用料？

A-5. 試述瀝青混凝土路面施工用料中之粗粒料有何規定？

B-1. 實際列印上課範例之整套工程預算書。

B-2. 請嘗試將建立單價分析表之工作錄製成巨集。

13

BIM 技術在工程估算應用原理

學習目標

1.學習 **BIM** 之基本觀念

2.學習 **BIM** 與數量估算關係

3.學習各項裝修工程數量計算之電腦操作實務

4.學習工程預算書編製之電腦操作實務

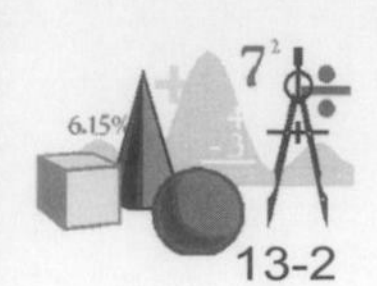

摘 要

BIM 技術已在工程業界出現超過 10 年，工程師雖普遍略知一二，惟在業界實務應用仍屬摸索起步階段。BIM 技術主要以 3D 模型爲工程資訊之核心載體，幾何元組件能繫結相關之非幾何資訊，突破傳統 2D 圖面及分散之文件資料，因此，許多 3D 模型元組件直接或間接帶有量化的資訊，都具有產出傳統工程數量的潛力，尤其當幾何模型更新或異動時，能自動回應新的數量，相當值得探究與善加運用。

惟至目前爲止，初期踏入 BIM 技術領域的業界人士，多數仍止於建置建築物完成的模型，若以此模型作爲探討 4D(含施工排程)與 5D(含施工成本)的應用，顯有不足，距離實務需求仍有相當落差，這都是 BIM 技術需要繼續努力追求進化的目標。

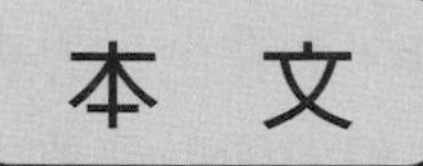

本文

13-A-1　BIM 的由來

人類從 60 年代開始，物件導向理論與技術在資訊科技領域中逐漸萌芽與發展後，歐美的學術界結合產業界，開始興起用物件導向技術來描述工業產品生命週期的資訊，並試圖廣泛地將此產品資訊架構標準化，建構出含幾何與非幾何的產品資料模型，提供產業界對產品生命週期中，從創建、組構、使用、維護等的資訊掌握與傳輸、交換等應用；這些經多年創建累積的產品資訊模型，已透過正規程序，納入國際標準組織(ISO)之標準規範，ISO 10303 的 STEP（STandard for the Exchange of Product model data）標準就是主要的成果。STEP 標準中含有 Express 與 Express G 的資料模型創建語言工具，用來描述產品資料模型的標準語言及圖解語言，而 STEP 標準中的 Part 225、228、230 等，就以描述建築物的基本元件資訊模型為主，這些成果奠定了描述建築物生命週期資訊模型的理論與實務的磐石基礎。

美國喬治亞理工學院的查爾斯伊士曼(Charles Eastman)在 1999 年出版的"Building Product Models"一書[1]，即詳細介紹建築物元組件資訊模型組構原理，他從建築物設計語彙、電腦塑模的演化過程、資訊交換標準等，談到資訊塑模概念、ISO-STEP 與 IFC(Industry Foundation Classes)等，完全以建築物為中心，來闡釋建築物組構元組件之資料塑模理論；這本書揭開了 Building Information Model (簡稱 BIM)這個術語概念啓用的先河[2]。

2002 年 2 月，Autodesk 產品部門的副總裁，本身亦具有建築師背景的菲爾伯恩斯坦(Phil Bernstein)，開始使用 Building Information Modeling (亦簡稱 BIM)這個術語來闡述該公司 AEC 相關產品的功能設計理念[3]。同年，著名的營建產業分析師－傑里萊瑟靈(Jerry Laiserin)在其部落格撰文呼籲其他廠商跟進，因此而促成另兩家繪圖軟體大廠－Bentley Systems 和 Graphisoft ArchiCAD 同意採用 BIM 術語，自此，三家公司率先將 BIM 概念與技術導入其產品中，同時帶動多家廠商陸續跟進，使 BIM 的概念與理想迅速成形。

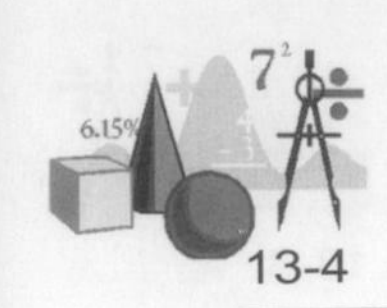

雖然 BIM 術語始自軟體廠商，但理論與概念早已醞釀多年，而在全世界會起這麼大的共鳴，還是靠整個工程業界包括產官學研，大家長期對工程效能與品質之理想追求與 BIM 技術理念的認同所致。自出現 BIM 術語至今，許多相關書籍與指引手冊都有針對 BIM 的定義做闡述，常見其含有不同立場的說辭，本書擬做一歸納，定義如下：

『所謂 BIM，凡是工程結構物，與其空間內有關之設施設備，在其存在的生命週期中，包括規劃、設計、請照、發包、施工、營運、維護、拆除等；其空間與時間、幾何與非幾何、動態與靜態、微觀與巨觀、跨專業、跨階段之相關多元媒體的整合資訊。

這些在電腦虛擬空間所模塑之數位化整合資訊，具有被建置、參考使用、擴增、紀錄、維護、儲存、模擬、傳承、運用等之共享需求，而且與其對映之實體實作盡可能接近擬真與同步，以及能計算、表達與載體的技術。』

BIM 這個術語，發展至今，廣義來說，可以用來指一個『產品』- 也就是描述一個建築物的數位化 3D 模型，亦是涵蓋其「形」與「意」之結構化的資料集，因而稱之：建築資訊模型。它也可以被視為一項『活動』 - 也就是建置一個建築資訊模型的行為，吾人可稱它：建築資訊塑模。另外，它本身具有系統化集體運作過程的內涵，所以，也可以用一套『系統』來看待它，因為營建業若導入 BIM，就彷彿自然地在執行一套新的商務系統模式，所以，可用：建築資訊管理來稱呼它。總之，BIM 這個名詞，可以看成『產品』、『活動』或『系統』；BIM 的中文名稱，視使用時機，可以分別用建築資訊模型或建築資訊塑模或建築資訊管理稱之。由於業界許多人對 BIM 仍有些誤解，本書在此特別針對「Building Information Modeling」這個術語，再做一次簡單的剖析與闡述：

1. Building – 建築或建築物。廣義的說，應該涵蓋所有工程結構物。它指的是我們生活中的「實體空間」，以本書所提技術層面來分，較偏工程技術。
2. Information – 資訊。指對實體空間之工程結構物的相關資料或行為，在「虛擬空間」做數位表達的資訊技術。它是 BIM 的核心所在，尤其是幾何與非幾何兩種資訊的關聯關係。

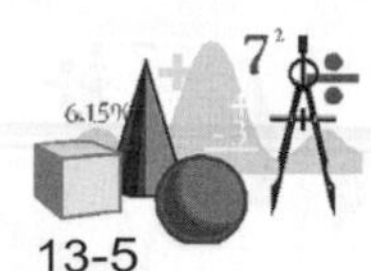

3. Modeling – 塑模。這是最多人誤解的字，許多人都誤以爲是指幾何塑模或建築模型。其實，Modeling 是來自資訊技術中物件導向技術的專有術語，簡單的說，是「物件化」的意思，就是將實體空間的實物(例如柱子)之屬性(例如斷面尺寸、材質)及行爲(例如上下端相連的梁或柱，或側面是否有牆的判斷準則等)，用物件導向技術將此關係在虛擬空間組構起來，叫「物件化」。由於，將其翻譯爲塑模，容易被聯想爲幾何塑模，才主張譯爲「塑模」。

雖然掛上「建築」(Building)兩字在前面，但 BIM 的本質特性應可適用在一般工程(包括土木與水利)。建築或一般工程界，不論是在減少傳統作業上的浪費，增加建築物附加價值的獲益，實踐節能減碳永續設計理念，與交付竣工後建築物營運管理與維護等方面，BIM 都具舉足輕重的關鍵角色。

13-A-2 BIM 模型與工程估價關係

一、概說

如前所述，BIM 技術以 3D 模型資訊爲運作核心，而 4D 表示 3D 加上時間向度的資訊，5D 表示加上成本向度的資訊。但嚴格而言，3D、4D、5D 並非算術級數的簡單關係(應該是三角對等關係)，以目前 BIM 塑模工具的能力而言，三者間仍存在許多映對(Mapping)的實務問題須克服，或許未來 BIM 塑模工具不斷精進，映對(Mapping)的實務困難會逐步次第降低，甚至解決。本節在討論 BIM 模型與工程估價間的關係時，仍著重在目前 BIM 塑模工具所提供之特性與能力之範圍內做說明。

有一個極重要的觀念需先強調，一個工程結構物生命週期的資訊發展本身是「動態」的，而 BIM 技術有別於傳統的 3D 圖形，就在它試圖完整的記載與活用這個加入「動態」因素的 3D 模型資訊。

工程專案的 BIM 模型係在塑模工具環境中將許多邏輯元組件次第組裝而成；而所謂邏輯元組件，例如建築物的「梁」、「柱」、「牆」、「版」、「樓梯」、「扶手」、「門」、「窗」、「排水溝」等，在建築物實體建構時，已經用俗成的構件稱呼，縱使在不一樣的 BIM 塑模工具軟體，這些元組件稱呼也大部分相同。但由於建築物有如建築師的藝術創作，其組成的元組件，在材質、造型、尺度、系統化方面，往往變化萬千，因此，造成組構的元組件就會有層次架構與分門別類的不同。

若從施工階段的角度來看，3D 的元組件若都有涵蓋工程進行過程中會出現的所有細節，則 3D 與 4D 間的映對關係即可能趨近實況。同理，3D 元組件若能直接或間接涵蓋工程實務過程中耗用之人、工、料、機具等成本有關之資訊，則 3D 與 5D 之間的映對關係，初步條件亦已具足。但以目前 BIM 塑模工具的既有特性而言，雖已逐年調整改良，然初期 BIM 執行者仍偏向建置實體完成的模型爲目標者居多，這與 BIM 理想顯有偏差，這也是本節試圖推介 3D 與 5D 間更爲拉近關係的可能作爲。

現階段，在 BIM 塑模環境中顯然是無法獨力產出業界能接受的工程預算書，這從貫徹本書所介紹的工程預算書架構即可見一斑，工程預算書基本上由許多工程項目的數量與單價相乘相加而得，BIM 塑模環境對工程預算書較能提供貢獻的應該就是「數量計算」，但縱使是「工程數量計算」，仍有許多不同程度的困難需要克服，這必須從下列幾個關鍵問題來分析：

1. 了解現階段 BIM 模型的邏輯架構
2. 了解工程預算書的組成特質
3. BIM 導入工程估價的前置作業

二、BIM 模型的邏輯架構 –以 Revit 為例

BIM 模型是個典型的建築產品資料模型的組合體，只是這個建築產品資料模型的架構，各家軟體工具迥異，也就是說，Autodesk Revit、Bentley Building、Graphisoft ArchiCAD 等各家 BIM 軟體廠商，在用物件導向技術定義建築物邏輯元組件的產品類別庫(Classes)時，會搭配自己研發的塑模引擎，做效能最佳化的處理與不同的策略考量，大家對 BIM 模型的角色定位與軟硬體應用技術的理念不會完全一樣，這等於他們開發自家 BIM 軟體核心的知識(Knowhow)，所以，呈現在最外表的應用層之產品資料模型就很難做一對一對應(mapping)。這樣的情況，包括 buildingSMART alliance 國際聯盟所創建維護的 IFC(Industry Fundation Classes，產業基礎類別庫)資料格式標準也不例外，此組織爲了建築產品資料模型的資訊，能在不同塑模工具之間交換達到暢通無阻而不斷努力，不斷修正發展方向與策略，但到目前爲止，這些努力的成果始終未見

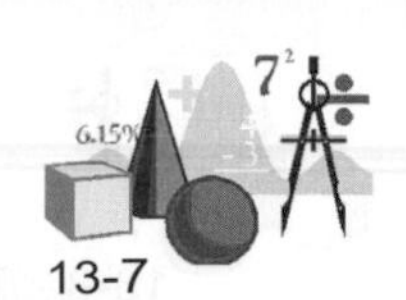

明朗；如果，物件導向技術的先天特質，加上各家 BIM 軟體工具發展策略不同，兩者糾纏在一起，則 BIM 資訊想要在不同軟體間達到完全暢通，可能難以預期。

Revit 建築資訊模型(BIM)平台是一套設計與文件管理系統，提供建築專案所需的設計、圖面和明細表等。由於我國工程界在 BIM 技術應用上，使用 Revit 的比例較高，若要學習 BIM 技術，嘗試瞭解 Revit 組構 BIM 模型元件的原理確有其必要。

在 Revit 模型中，所有圖紙、2D 和 3D 視圖及明細表，都是用來展示同一建築模型之基礎資料庫中的資訊。當塑模者在圖面和明細表視域(View)中工作時，Revit 會在背後默默收集此一建築專案的資訊，並自動調整此資訊在整個專案中和其他有連帶關係的視域之呈現方式。Revit 的「參數設變引擎」(parametric change engine)會自動協調塑模者在任何作業模式(模型視域、圖紙、明細表、剖面和平面等)中所做的變更。

1. 從「參數化」談到「元件」與「專案」

Revit 軟體工具系列，包括 Revit Architecture、Revit MEP、Revit Structure 等，都是以「參數化」的概念來架構整個模型，參數化塑模是 BIM 技術的重要基礎。術語「參數化」是指組構此模型的所有元件(elements：官方文件譯成元素)之間的關係，元件是 Revit 組構建築資訊模型的基本元素，大致可分成(1)模型元件(Model Elements)、(2)基準元件(Datum Elements)、(3)視圖特有元件(View-Specific Elements)三類，如圖 13-1 所示。Revit 透過參數化的機制實作出其模型的組構元件間協調和變更管理的功能，這個機制就是所謂「參數設變引擎」。

這些關聯關係一部分係軟體系統自身預設的，而一部分則是塑模者視需要所賦予的，定義這些關係的數值或特性，就稱爲參數；故稱爲參數化的操作。在任何時候去更改一個專案模型中的任何元件，Revit 的參數設變引擎會自動協調整個專案模型中的變更。例如一個與樓板或屋頂邊緣相關連的外牆，當此外牆被移動時，樓板或屋頂和該外牆仍會保持連接狀態。 而由此參數化機制來架構建築物實體基本構件間的組成關係，就衍生出幾個重要的術語。

由於 BIM 意味著一棟建築物在其生命週期的冗長過程中，和它相關的所有資訊之整合，而一棟建築物從規劃之初，都會以工程專案(Project)稱之，Revit 軟體即在一個檔案中，試圖將一個工程專案的建築資訊模型空間主要元件都能組構

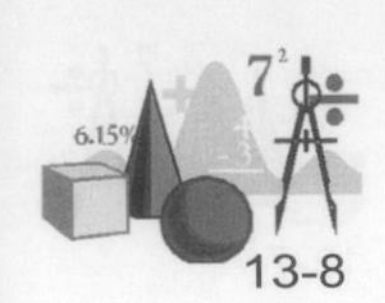

在一起。由於一棟建築物除了建築主體架構以外，尚有機電與給排水等維生系統、以及建築結構骨架等力學分析系統等，雖都屬同一建築物空間之相關資訊，但因涉及專業技術的作業獨立性，才有如上所述之三套 Revit 軟體供三種專業工程師操作，但最終仍然可以將三個個別發展的檔案以同一工程專案密切地組合在一起。在 Revit 中，所謂「專案(Project)」，和吾人熟悉的「工程專案」相當接近；Revit 裡頭的「專案」是設計作業的單一資訊資料庫，也可以說就是建築資訊模型(Building Information Model，簡稱 BIM)。

一個 Revit 專案檔涵蓋了建築資訊模型的所有資訊，從幾何圖形到非幾何等靜動態資訊都包括在內。這整套資訊包含了用於設計模型、數量明細表、專案視圖和設計圖紙輸出的所有元件。Revit 企圖用一個專案檔將工程專案的所有資訊都整合在一起，塑模者只需要集中心智來關注此單一的檔案，就可以對專案資訊模型進行建置與維護。若有模型需做變更，參數設變引擎會將變更動作即時反映在所有相關聯的區域（包括平面視圖、立面視圖、剖面視圖、明細表等）中。

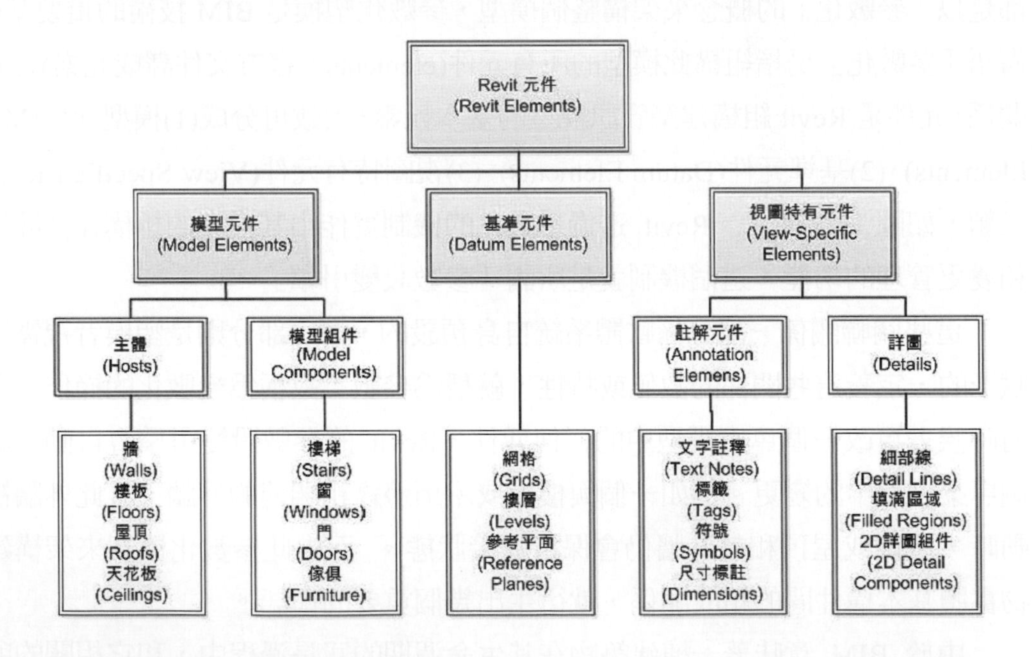

圖 13-1　Revit 建築資訊模型之基本元件組構圖（參考網路 Revit 官方文件重新編製）

2. 樓層(Level)

在 Revit 中，「樓層」(Level)是組構模型的重要基準元件(Datum Elements)，一個樓層(Level)代表一個無限的水平平面，它可當作以某樓層(Level)爲主體(Hosts)之元件的參考值(Reference)，例如圖 13-1 之屋頂(Roofs)、樓板(Floors)或天花板(Ceilings)等。通常，塑模者在塑模之初就應先將樓層定義好(包括樓層名稱與高程)，因爲樓板平面視圖會同時產出。

圖 13-2 左邊影像展示了 Revit Architecture 的 3D 視圖，由其樓層 1 工作平面切過，則得到圖 13-2 右邊的對應樓板平面視圖。

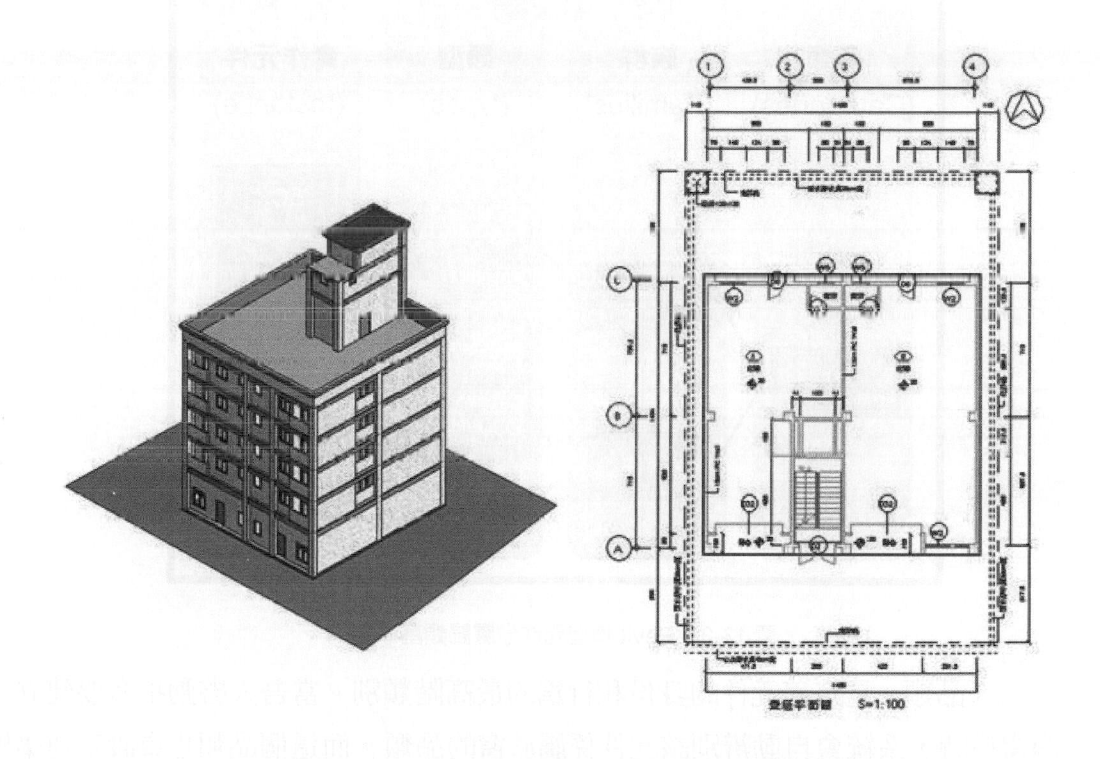

圖 13-2 建築物 3D 視圖及由其產出之壹樓樓板平面視圖

3. 品類(Categories)

Revit 軟體是個仍持續在蛻變與發展的塑模工具，近年來，每年都推出新的版本，從其官方說明文件，大致可以窺見其在介面操作功能的調整，及對建築資訊模型底層資料結構的逐漸改進跡象(最大特徵爲朝雲端技術發展)。設計師在 Revit 中塑模時，會將參數化建築元件不斷地加入到工程專案中。Revit 則會在背後默默地按照品類(Category)、族群(Family)、類型(Type)和實作元件(Instance，官方文件譯為「例證」)等基本架構對系統元件(Elements)進行歸類與組合（如圖13-3）。在模型圖中看到的所有參數化建築元件都是一種族群類型的實作元件，每個元件都含有兩組屬性來控制元件的外觀與行為(包括量化的資訊，例如長、寬、高、面積、體積等)，即：類型屬性(Type Properties，或稱類型參數：Type parameter)，及實作元件屬性(Instance Properties，或稱實作元件參數：Instance parameter)。

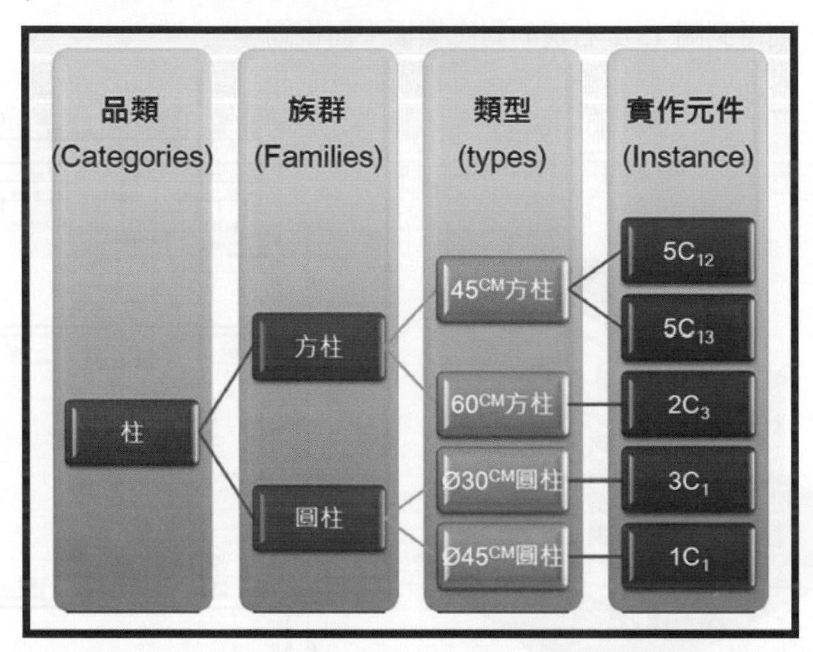

圖 13-3 Revit 模型元件分層歸類基本架構

「品類」是定義元件的身份和行為的最高階類別。當吾人啓動指令要建立一個窗戶時，系統會自動辨別該元件係屬於窗的品類。而這個品類也會設定建築模型中元件的基本角色，決定它會和哪些元件互動，以及指定將它包含到所建立的任何窗的明細表中。品類是用來為建築設計建立模型或歸檔的元件群組。從「元件可見性與圖形顯示」的管控可將品類分為：

(1) 模型品類(Model Categories)：例如牆、樑、柱等。

(2) 註解品類(Annotation Categories)：例如標籤、文字註釋等。

(3) 解析模型品類(Analytical Model Categories)：例如量體分析、能源分析等。

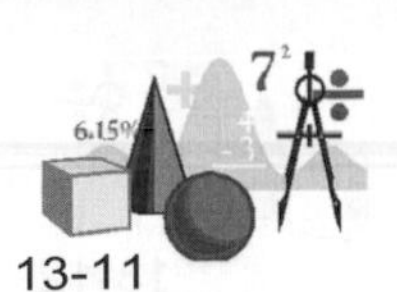

(4) 匯入的品類(Imported Categories)：例如由 CAD 匯入的 DWG 平面參考圖。

4. 族群(Family)

族群是在品類之下，將元件類型做邏輯性分類的一個層級，它有命名，但沒有 ID 關鍵代碼。族群分組係以(1)具有共同的參數(屬性)集、(2)相同的用法以及(3)類似的圖形表現法的元件分在一個族群類別爲原則。族群內不同元件的某些或全部的屬性可能具有不同的值，但屬性集（名稱和意義）是相同的。族群有三種類別：

(1) 系統族群(System families)

系統族群包含用於創建基本的建築元件，如牆壁，地板，天花板，樓梯在建築模型的族群類型。系統設定（會影響專案環境並包含圖層、網格、圖紙和視埠等類型）也是屬於系統族群。

系統族群是 Revit 預先定義好的（包括系統族群的性質集及圖形表現法），並保存在樣板檔和工程專案中，它不能由外部檔案載入到專案中，也不能將它們儲存到專案外。它不能創建、複製、修改、或刪除系統的族群，但可以備份（副本）和修改系統族群內的類型來創建客製化系統類型的族群。

(2) 可載入族群(Loadable families)

可載入族群是指用來建立建築元件和某些註解元件的族群。可載入族群通常來自購買、交付，或安裝到建築模型中的建築元件，例如窗、門、櫥櫃、裝置、家具和植栽。專案工程常有因地制宜的說明文件與客製化的註解元件、塑模單位常用的工程符號和標題欄框等。

由於可載入族群具有客製化的本質，它是塑模者在 Revit Architecture 中最常建置和修改的族群。和系統族群不太一樣的地方是，可載入族群係建立於外部的 .rfa 檔案，經由匯入動作載入到專案中。若該族群包含許多的類型，可以建立類型目錄，載入專案時可以僅挑所需的類型載入。Autodesk Seek 網站（如圖 13-4）透過 Web 服務，可使設計人員找尋、預覽、下載 BIM 常用之族群元件模型、DWG 圖庫和規格表等；它提供了一個製造廠商們向設計師與消費者指定或推薦建築產品的獨特聯繫平台。我國要將 BIM 模型元件本土化，充分考慮它在生命週期中的加值應用，包括工程估價(5D)與排程

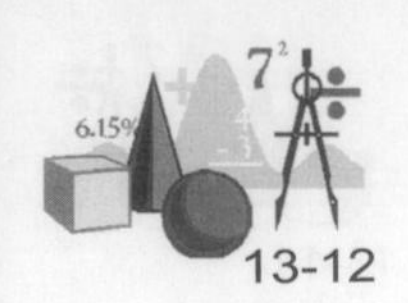

(4D)、法規檢測等，則從「可載入族群」進行有系統的規劃開發元件庫，是個重要的途徑。

建立可載入族群時，可以從樣板開始著手，樣板隨附於軟體中，並且包含所要建立族群的資訊。可以繪製族群的幾何圖形、建立族群的參數、建立其包含的變化或族群類型、決定它在不同視圖中的可見性和詳細等級，並於使用它在專案中建立元素之前先加以測試。Revit Architecture 在 2010 版時，特別為族群編寫<<族群指南>>的自學課程，對於族群的原理與實作範例有詳細說明。

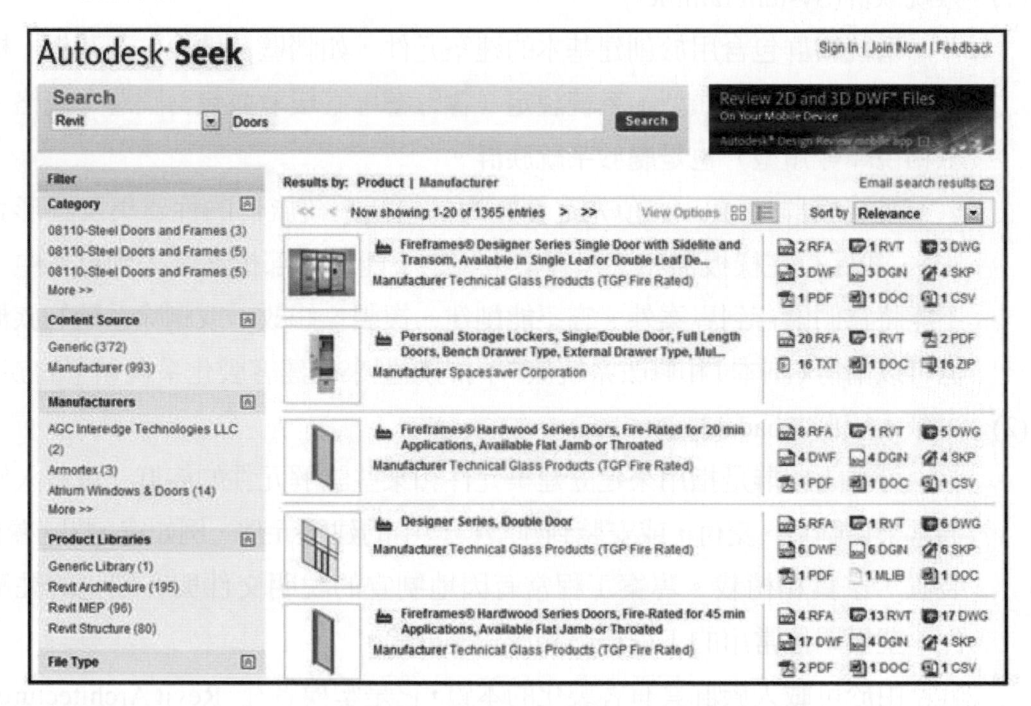

圖 13-4 Autodesk Seek 網站提供許多族群元件檔供下載（摘自 Autodesk Seek 網站）

(3) 內建族群(In-place families)

在 Revit Architecture 2012 中已改為 In-place Elements。內建族群係在一件工程專案的實作環境下所建立的客製化元件族群。如果某件工程專案需要的模型元件，係不太會在其他專案重複被使用的幾何圖形，就可建立此內建族群元件。

由於預期內建元件在專案中會做有限的使用，因此每個內建族群大都只包含單一類型。我們可以在一個專案中建立多個內建族群，並且可以在專案中放置同一內建元件的多個複本。有別於系統族群和可載入族群，吾人無法複製內建族群類型來建爲多種類型。

在圖 13-5 中某工程專案的品類「門」的族群表，多數爲可載入族群，或內建族群。選擇一種族群名稱(如『單開-矩形』)後，續按類型(T)的下拉表(如圖 13-6)，而其下爲對應所選之類型的參數表(或稱屬性表)。

圖 13-5　Revit Architecture 中某工程專案模型之品類「門」的族群表

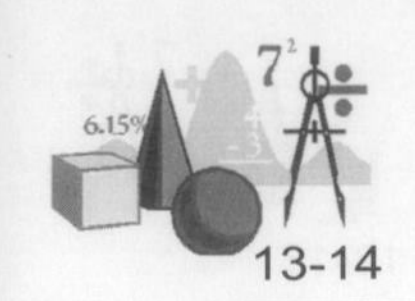

5. 類型(Type)

Revit 的「類型」(Type)與「模型實作元件」(Instance)可說是 BIM 技術展現模型資訊("I" - Information) 最重要的元素，對工程估算的應用最為重要。一件工程專案模型中的所有類型與實作元件，都有唯一的 ID 關鍵值，這對資料庫處理技術的意義不凡，Revit 系統靠這些 ID 關鍵值關聯起整個模型各個元件間的關係。當 Revit 模型透過 ODBC 轉成資料庫檔案時，其主要的資料表(Tables)也以品類（就是模型實作元件 Instance 的資料表）和類型為主。

圖 13-6 品類「門」的「單開-矩形」族群的諸多「類型」列表

多數族群都可以視需要衍生多種類型，圖 13-6 中「單開-矩形」的「門」族群，就有 12 種衍生的類型。類型有時亦可以看成指定不同尺寸的族群，如 30" X 42" 或 A0 標題欄框(title block)。型式(style)也是類型之一，例如標註的預設對齊或預設角度型式。

「類型」在 Revit 軟體中是個非常重要的角色，塑模者在組構模型的各種實作元件時，善用類型的歸類，可以有效地抑制模型檔案容量的不當膨脹。類型的命名是元件歸類與數量估算時可以被充分應用的關鍵字辭，非常重要。

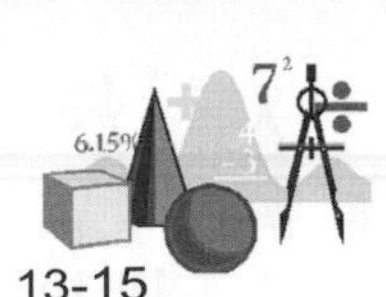

6. 實作元件(Instance)

實作元件是塑模者實際建置於工程專案中的模型實作元件（個別元件），在建築模型（模型實作元件）中或在圖紙（註解實作元件）上，都有其特定的位置。塑模者在一工程專案檔中所建構的模型，其組成的所有幾何元件或非幾何元件，都是一個個的實作元件，它在模型檔案中是實體存在的資訊，有固定唯一的 ID 值對應著它。當模型檔案用 ODBC 轉到資料庫後，資料庫中會有各個品類的資料表，以及品類類型的資料表。品類資料表中就是該品類的所有實作元件資料紀錄，例如圖 13-7 就是品類「門」的「明細表」包含所有門的「實作元件」統計表。

門明細表

類型備註	族群與類型	寬度	高度	數量	防火等級
RD20	AE-捲捲門: RD20-捲捲門750X260cm(60A)	750	260	1	60A
RD21	AE-捲捲門: RD21-不鏽鋼花格捲捲門630X270cm	630	270	1	
SD2	AE-雙開門崁窗附門檻: SD2-1622-烤漆鋼板崁窗雙開防火門	160	220	3	60A
SD2	AE-雙開門崁窗附門檻: SD2-1822-烤漆鋼板崁窗雙開防火門	180	220	8	60A
SD3	AE-雙開門崁窗附門檻: SD3-1622-烤漆鋼板崁窗氣密雙開防	160	220	5	60A
SD4	AE-雙開門崁窗附門檻: SD4-1622-烤漆鋼板防爆雙開防火門	160	220	1	60A
	AE-電梯門: 110X220cm	110	220	40	F
SD1	M_單-崁平可視: SD1-1322-烤漆防火門崁窗130x220cm(60A)	130	220	24	60A
WD1	M_單-崁平可視: WD1-0922-木質防火門崁窗90x220cm(60A)	90	220	32	60A
GS1	M_單-玻璃拉門: GS1-1022-電動玻璃門100x220cm(60A)	100	220	1	60A
	M_帷幕牆-店面-雙: 單向	228	258	1	
	M_帷幕牆-店面-雙: 雙向	198	226	1	
	M_帷幕牆單玻璃: M_帷幕牆單玻璃			22	
SD1	一般雙開門: SD1-1622-烤漆鋼板雙開防火門160x220cm(60A	160	220	15	60A
SD1	一般雙開門: SD1-1822-烤漆鋼板雙開防火門180x220cm(60A	180	220	3	60A
SD5	一般雙開門: SD5-5712-5不鏽鋼防洪閘門573X124cm	573	124	1	
SD	一般雙開門: SD-1218-烤漆鋼板雙開維修門120X180cm(60B)	120	180	11	60B
SDE	一般雙開門: SDE-1622-常時開放式烤漆鋼板雙開防火門160	160	220	1	60A
SDE	一般雙開門: SDE-2022-常時開放烤漆鋼板雙開防火門200x2	200	220	17	60A
WD2	一般雙開門: WD2-1818-木作維修雙開門180X180cm	180	180	10	
SD	台電拉門: SD18-21-台電拉門180x210cm(60B)	180	210	1	60B
SD1	單開-矩形: SD1-0922-烤漆鋼板防火門90x220cm(60A)	90	220	10	60A
SD1	單開-矩形: SD1-1222-烤漆鋼板防火門120x220cm(60A)	120	220	11	60A
SD	單開-矩形: SD-0922-烤漆鋼板門90x220cm	90	220	8	
SDE	單開-矩形: SDE-1322-常時開放式防火門130x220cm(60A)	130	220	2	60A
SDE	單開-矩形: SDE-1422-常時開放式防火門140x220cm(60A)	140	220	4	60A
SDE	單開-矩形: SDE-1522-常時開放式防火門150x220cm(60A)	150	220	14	60A
WD2	單開-矩形: WD2-0822-木門80x220cm	80	220	7	
WD2	單開-矩形: WD2-0922-木門90x220cm	90	220	7	
WD5	單開-矩形: WD5-0922-木質氣密防火門90x220cm(60A)	90	220	1	60A
WD	單開-矩形: WD-0822-木質防火門80x220cm(60A)	80	220	7	60A
WD	單開-矩形: WD-0922-木質防火門90x220cm(60A)	90	220	43	60A
WD	單開-矩形: WD-1222-木質防火門120x220cm(60A)	120	220	10	60A
SD	單開-維修門: SD-0404-不鏽鋼檢修門40x40cm	40	40	48	
SD	單開-維修門: SD-0618-烤漆鋼板維修門60x180cm(60B)	60	180	37	60B
SD	單開-維修門: SD-0910-不鏽鋼維修門90x100cm	90	100	2	
SD	單開-維修門: SD-0920不鏽鋼板維修門90x200cm	90	200	6	60B
GS	雙開玻璃門: GS-1722-玻璃門170x220cm	170	220	17	

圖 13-7　品類「門」的「明細表」包含所有門的「實作元件」統計表

7. 類型和實作元件屬性之間的差異

前面說過，Revit 的「類型」(Type)與「模型實作元件」(Instance)，是 BIM 模型中表達其幾何與非幾何屬性資訊(“I” - Information)中最重要的元素。在一個 Revit 族群中的所有參數，都是在定義這個族群的元件屬性。它們可以容納多元的資料類型，從簡單的幾何尺寸和材料性能，到 HVAC 的氣流和結構載重的資訊。當一個.rfa 族群檔案被載入到一個工程專案，本質上它至少繼承了一種類型，例如：門、窗、冷水機組、水源熱泵等，在族群中存在的一些類型，其所定義的參數對其所屬的每個插入點或實作元件，都是相同的屬性。出現在一個族群中的類型的參數，即被稱爲類型屬性。

當族群因需要而被選放到模型檔案中的同時，塑模者必須選擇其中一種類型放入（如圖 13-6）。一旦一個插入點被選定，塑模者就等於已經創建了族群類型的一個實作元件。這個新的實作元件有它自己的參數，稱爲「實作元件屬性」。

當吾人在爲一個族群定義參數時，要決定定義爲一個實作元件屬性或是一個類型屬性，需考慮一些原則。一般情況下，參數值的變化頻率較高者，較可能是一個實作元件屬性。模型中的公式對參數的依賴性也有關係，一個實作元件屬性，可以在其公式中引用類型和實作元件的屬性值，但一個類型屬性只能在其公式中引用其他的類型屬性值。

Revit 檔案的大小會受檔案中所含變數的多寡所影響，其中之一是過度使用實作元件的屬性。每一次在 Revit 中建立一個實作元件，系統就會回到其所屬類型中建立一個該類型屬性值的參考表，但對每一個新的實作元件，也會在該模型資料庫中新產生一個對應的實作元件屬性值。可想而知，組構的模型規模愈大，或實作元件表達的愈細，元件量便會暴增；塑模者如果對此沒有一套正確的管理技巧，該模型檔案就會像氣球充氣一般地迅速變大。

三、BIM 模型含有算量的屬性

Autodesk Revit 以工程專案爲一個 BIM 檔案的基本單位，它是一個組織嚴密又深具效率的資料庫，這個資料庫含有許多既定的基本元件架構，如圖 13-1 所示，包括「模型元件」、「基準元件」、「視圖特有元件」，這些元件又以階層式的繼承關係關聯在一

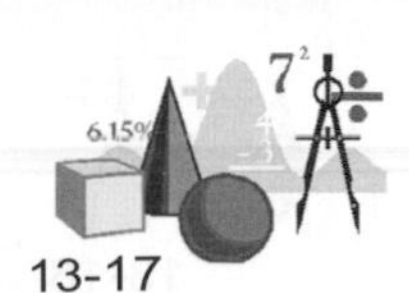

起，由上而下，分為「品類」、「族群」、「類型」、「實作元件」，如圖 13-3。

在 BIM 模型中，與工程算量有關的屬性，可以分成下列幾個層次：

1. 實作元件的數量：嚴格而言應該說某一族群類型的加總數量，例如門、窗。門窗是 BIM 模型與工程算量之間最直接的對應，在 Revit 的明細表(Schedule)中，門窗係以品類(Category)為其層級架構，圖 13-8 中，「窗」品類又分出許多「族群類型」，這些「族群類型」對工程算量方面就具有歸類統計數量的意義，相當重要。

   圖 13-9 在創建「窗明細表」時，系統即提供「明細表構成元件」與「明細表關鍵」兩種選項，以及「階段」的選擇來進行歸納。

   圖 13-10 顯示一個明細表可以依據它本身從「品類」、「族群類型」與「族群實作元件」一路繼承下來的「性質」(也就是包括欄位的選擇、條件的篩選、排序與群組歸納、格式與外觀等)，在不需寫 API 的情況下，提供我們所需之多樣化的數量統計。圖 13-11 僅為單純呈現未特別設定之「窗明細表」。

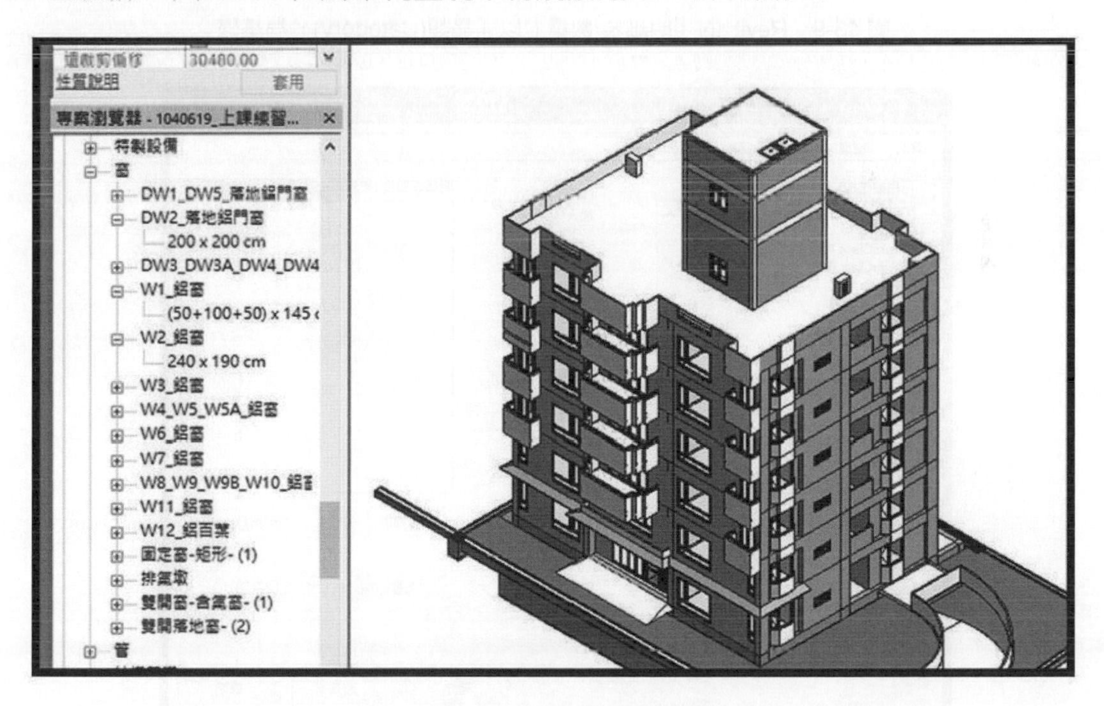

圖 13-8 Revit 「窗」族群類型

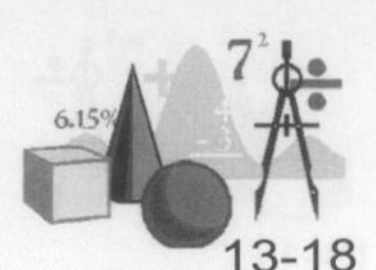

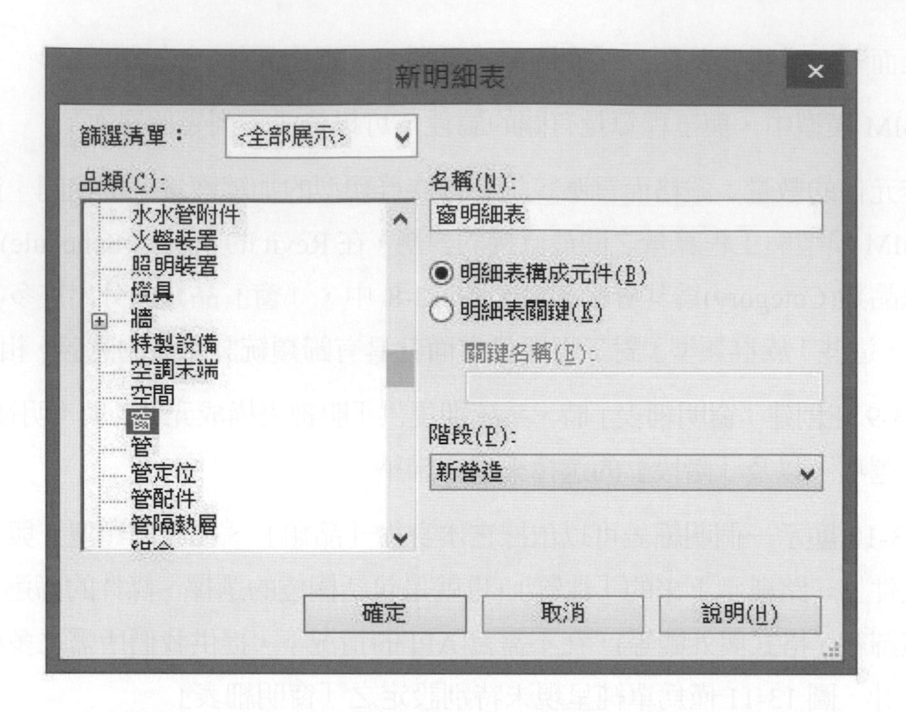

圖 13-9 Revit 的「明細表/數量」以「品類(Category)」為基礎

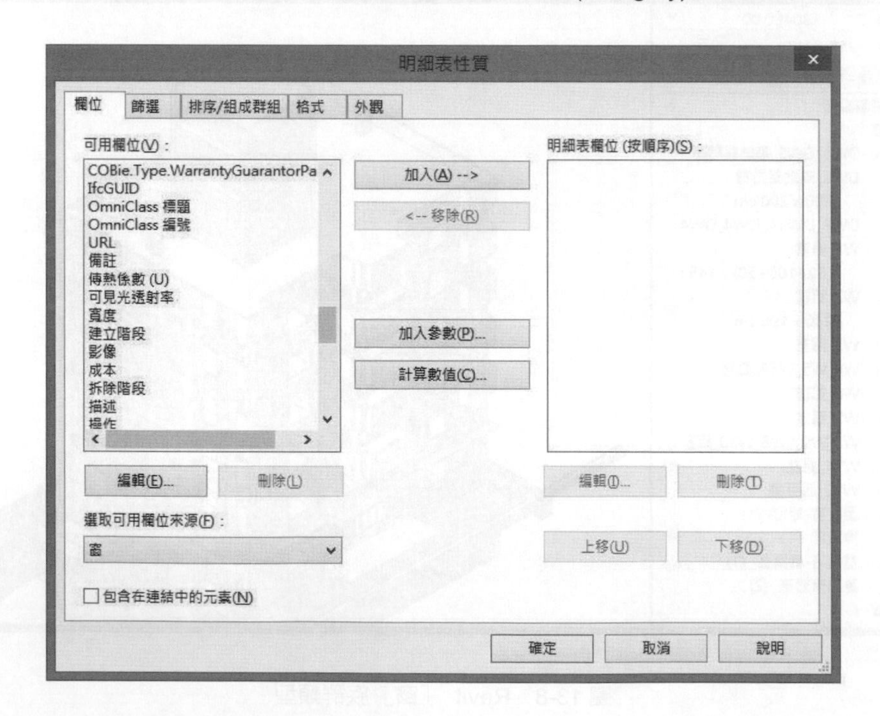

圖 13-10 明細表可以選擇「欄位」

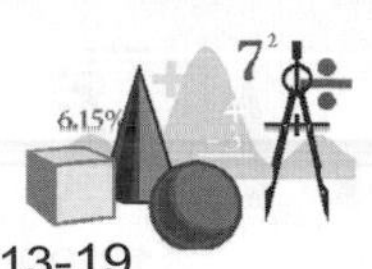

<窗明細表>

A	B	C	D	E	F	G	H	I
族群與類型	寬度	高度	數量	樓層	窗台高度	窗頂高度	粗略寬度	粗略高度
W12_鋁百葉: 60	60	190	1	B1	60	250		
W12_鋁百葉: 60	60	190	1	B1	60	250		
W1_鋁窗: (50+10	100	145	1	1F	105	250	100	145
W1_鋁窗: (50+10	100	145	1	1F	105	250	100	145
W1_鋁窗: (50+10	100	145	1	1F	105	250	100	145
W1_鋁窗: (50+10	100	145	1	1F	105	250	100	145
W3_鋁窗: 200 x	200	190	1	1F	60	250	200	190
W7_鋁窗: 60 x 1	60	190	1	1F	60	250	60	190
W8_W9_W9B_W	100	145	1	1F	105	250	100	145
W6_鋁窗: 50 x 1	50	190	1	1F	60	250	50	190
DW3_DW3A_D	120	250	1	1F	0	250	120	250
W6_鋁窗: 50 x 1	50	190	1	1F	60	250	50	190
W4_W5_W5A_	80	95	1	1F	155	250	80	95
DW2_落地鋁門	200	200	1	1F	0	200	200	200
W4_W5_W5A_	120	60	1	1F	110	170	120	60
W7_鋁窗: 60 x 1	60	190	1	1F	60	250	60	190
W2_鋁窗: 240 x	240	190	1	1F	20	210	240	190
DW3_DW3A_D	150	250	1	1F	0	250	150	250
W8_W9_W9B_W	150	145	1	1F	105	250	150	145
DW1_DW5_落地	240	250	1	1F	0	250	240	250
W8_W9_W9B_W	120	145	1	1F	105	250	120	145
W6_鋁窗: 50 x 1	50	190	1	1F	60	250	50	190
W1_鋁窗: (50+10	100	145	1	2F	90	235	100	145
W1_鋁窗: (50+10	100	145	1	2F	90	235	100	145
W1_鋁窗: (50+10	100	145	1	2F	90	235	100	145
W1_鋁窗: (50+10	100	145	1	2F	90	235	100	145
W3_鋁窗: 200 x	200	190	1	2F	45	235	200	190
W7_鋁窗: 60 x 1	60	190	1	2F	45	235	60	190
W8_W9_W9B_W	100	145	1	2F	90	235	100	145
W6_鋁窗: 50 x 1	50	190	1	2F	45	235	50	190
DW3_DW3A_D	120	233	1	2F	0	233	120	233
W6_鋁窗: 50 x 1	50	190	1	2F	45	235	50	190
W4_W5_W5A_	80	95	1	2F	155	250	80	95

圖 13-11　「窗明細表」

2. 跨族群類型的數量：在 Revit 的品類中，有幾個基本品類，例如梁、柱、牆、板等，都是鋼筋混凝土的基本構件，以工程預算書編列工項的習慣，上述品類在「預拌混凝土」、「鋼筋綁紮」、「模板裝拆」等重要工項中都會出現，這是目前 BIM 模型應用在工程算量方面最爲凸顯的貢獻，但是要達到當前工程預算書中需要之工程數量算式，仍需要在塑模軟體中做一些必要的加工。

   (1) 類型命名加關鍵字

   例如所有與鋼筋混凝土有關之構件，其族群類型都需冠上『RC』關鍵字，例如表 13-A-1 範例。

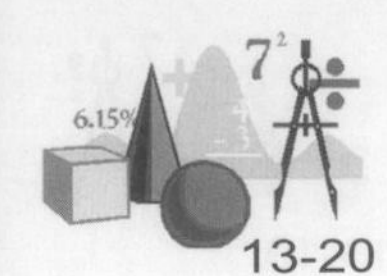

表 13-A-1

構件種類	命名規定
柱	類型名稱中包含「RC 柱」。例如「RC 柱 C1(40×50cm)」。
樓板	類型名稱中包含「RC 樓板」，例如「RC 樓板 15cm S1」。筏式基礎則需命名包含「RC 筏基」。
梁	類型名稱中包含「RC 梁」，例如「 RC 梁 B1 (30×60 cm)」。
牆	類型名稱中包含「RC 牆」，例如「RC 牆 12cm」。
女兒牆	類型名稱中包含「RC 女兒牆」，例如「RC 女兒牆 10cm」。
樓梯	類型名稱中包含「RC 梯」，例如「RC 梯」。
其他	若命名僅包含「RC」，會被歸類爲「其他」分類。例如「RC 屋頂扶手」
樓層	「RC」

(2) 開發 API 程式

利用 API 程式擷取族群類型的關鍵字，以及量化屬性值、個數、樓層數等資訊，作爲歸納與加總的依據，再產出 Excel 檔案。

四、從工程預算書的組成特質觀看 BIM 模型

1. 工程預算書的組成

本書前面 12 個章節都在強調如何善用 Excel 軟體的特性，對應到傳統工程估價產出工程預算書的過程，讓最後成果的產出更有效率更爲精準。傳統的工程預算書(規模比較小時，亦有人稱爲「估價單」)主要的架構元素(或稱資料庫的欄位)有八項：

(1) 工項代碼

「工項代碼」有便於分類歸納以及供資料庫索引之關鍵欄位之用，PCCES 軟體中的綱要編碼，或本書中預算書的編號及工料表中的代號皆有類似作用。PCCES 的綱要編碼引自美國的 Masterformat 編碼，而目前美國已用 OmniClass 的分類代碼作爲 NBIMS(國家 BIM 標準)對模型元件的編碼標準，許多 BIM 軟體都已將 OmniClass 的分類代碼納入模型元件的屬性欄位，由於它是依使用性質歸類，所以，同一元件可能會有兩個以上之 OmniClass 編碼。

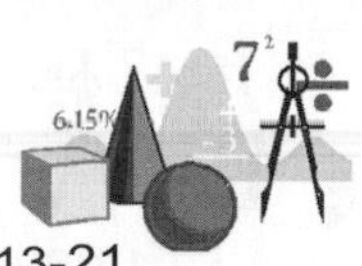

(2) 工項名稱

「工項名稱」是組成工程預算書最重要的欄位，工程業界長年累積，已有許多約定俗成的工項分法，例如「3000PSI 預拌混凝土」、「模板裝拆」，有的工項可能已是最基本的工料項目，不能再分解，例如「包商利潤」，許多工項係來自一組工料項目的組合而成，而組成的工料項目中也可能某項目繼續來自一組工料項目的組合而成，形成巢狀的組織，這是工程預算書很重要的組成原理。這些基本工項，或基本工料，只要是有量化的幾何形體者，都有可能利用與 BIM 模型元件之間的映對繫接而取得量化的值。

(3) 單位

「單位」在工程預算書中也是非常重要的屬性，它決定了量化的認定與集結歸類的操作行爲，例如「排水溝」通常以“公尺”爲單位，而每單位公尺的排水溝含有「3000psi 預拌混凝土」、「挖土」、「1:2 水泥粉刷」等。在 BIM 模型中，「單位」可能決定某些塑模的策略，例如「油漆」、「貼磁磚」等。

(4) 單價

「單價」在工程估價實務中，是最困難的部分，目前 PCCES 運用電子招標網路平台，長期蒐集我國公共工程許多工項及工、料、機具等的價錢，具有相當精準的參考依據。「單價」本身不宜直接在塑模工具中編輯維護。

(5) 數量

「數量」就是 BIM 技術導入工程算量中最主要取得的項目，許多的模型元件和工項或工料項目間的映對，就爲了能取得量化的數據，這些映對動作愈理想，繫接的項目愈多，產出的工程預算書就愈趨完整，手動加工愈少，效率就愈高。「數量」自動化產出的程度愈高，愈能發揮 BIM 模型對工程估價的貢獻，這除了模型元件的前置作業以外，元件與工項映對程度、API 程式的技巧，塑模工具與估價工具間的介面都是關鍵要素。

(6) 小計

「小計」是「單價」與「數量」的乘積，屬於工程估價軟體的基本功能。

(7) 規格

「規格」等於「工項名稱」的補強說明，有時候雖然「工項名稱」一樣，但在該專案工程中，可能還有某些進一步的規格不同，需要分項計量，或許「單價」一樣，也可能不同，但對施工的要求，有必要依規格分項。

(8) 備註

「備註」是針對該工項需要做進一步文字說明，提醒施工階段須注意的事項。

2. 工程數量的形成

傳統上，工程預算書中每個預算項目的數量，或是工料分析表中工料項目的數量會有幾種不同的來源：

(1) 由工程圖說中實作量直接計得：例如門窗數，或排水溝長度。BIM 模型與這種工項的映對算量最簡單。

(2) 由工程圖說中實作構件列式算量加總而得：例如 RC 混凝土的體積、鋪石英磚地板面積等。BIM 模型的明細表多數無法直接取得傳統預算書需求的算量細節，需要撰寫 API 協助取得，這也是最有價值的一部分。

(3) 依「小計」加總之比率算得：這屬於工程估價軟體的功能。

(4) 由該工程專案的規模與特性推算而得：單價分析表中某些工料的數量可能來自該工程專案的實作量反推而得，例如挖土機具。

(5) 沿用舊專案工料項目之數量：許多工料分析表的單位工料數量常沿用以前的專案相關工料資料。

五、BIM 輔助工程估價的趨勢

由於目前 BIM 模型雖可自動產出許多工程元組件的個數、長度、面積、體積等，但如果塑模過程無法驗證採用的族群元組件皆爲我們對實體實物所認知正確的元組件的話，其自動加總的數量仍是有疑慮的，這種疑慮除了開發驗證的 API 程式來確保其數量估算的正確性以外，現階段 BIM 模型在數量估算過程未獲客觀認證其可靠性的過渡期間，每個模型元組件的數量計算，應該都要明列其完整位置與名稱、計算式(例如長、寬、高)，以利檢查之依據。等未來對數量估算的過程的正確性得到客觀的確認，

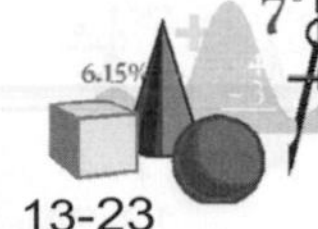

這些仿傳統的工程計算式之細節就可逐漸省略與簡化。對於這種未來的發展趨勢，隨著 BIM 技術的深化與成熟，應該是可以預期的。

總之，BIM 技術輔助工程估價的趨勢，會和 BIM 技術的深化與成熟有直接關係，未來，BIM 工具還會繼續朝描述工程實作的高度擬眞方向發展，因此，工程數量的估算能力與掌握範圍會愈來愈大，正確性的控制也會陸續開發出前置驗證與後續檢測的機制，使數量估算的成果愈趨可靠。

不僅如此，工程估價可謂和工程整個生命週期各階段是如影隨形的，配合 BIM 技術建構工程模型履歷資訊，不同階段的元組件數量估算資料亦會被留存查參與共享，標準化的估算資訊格式會被發展，尤其是公共工程，現在的 PCCES 軟體會配合 BIM 技術的深化與普及而有新的因應功能，甚至大幅改版。

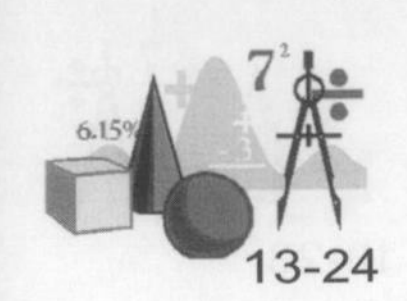

作　業

A-1. 試述 BIM 術語如何產生？

A-2. BIM 的意義有那三種？

A-3. 試述 BIM 的定義？

A-4. BIM 的 M(Modeling)，其眞正意涵爲何？

A-5. 何謂「參數設變引擎」？

A-6. 何謂「參數化元件」？

A-7. 請說明 Revit 建築資訊模型之基本元件組構？

A-8. Revit 模型元件分層歸類的基本架構爲何？

A-9. Revit 的「品類」有哪些，而「族群」有哪些？

A-10. 請詳述與工程算量最有關之 BIM 模型「類型」及「實作元件」間的不同點？

附 錄

附錄 A　常見之工程項目及計數單位

附錄 B　各類基本工料細分項目及單位

附錄 C　學人宿舍新建工程

附錄 D　單位換算及常用係數表

附錄 E　金屬材料重量表

附錄 F　營建工程相關網站

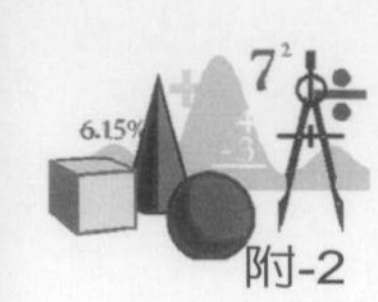

附錄 A 常見之工程項目及計數單位

常見之工程項目及計數單位			
工程項目	單 位	數 量	備 註
機具挖土	m^3	100	深度 0～4m
機具挖土	m^3	100	深度 4～8m
回填夯實	m^3	1	
廢方處理(自行處理)	m^3	100	
排卵石	m^3	1	含夯實
砌 1/2B 紅磚	m^2	1	
砌 1B 紅磚	m^2	1	
砌重質空心磚	m^2	1	14cm×19cm×39cm
砌水泥花磚	m^2	1	20cm×20cm
夾板天花板	m^2	1	
吸音板天花板	m^2	1	
舖木板地磚	m^2	1	
蓋文化瓦	m^2	1	
屋頂五皮油毛氈防水層	m^2	1	
屋頂舖輕質空心磚	m^2	1	19cm×19cm×39cm
1：2 水泥砂漿	m^3	1	
1：3 水泥砂漿	m^3	1	
地坪 1：2 水泥粉刷	m^2	1	
地坪 1：3 水泥粉刷	m^2	1	
內牆及平頂 1：2 水泥粉刷	m^2	1	
內牆及平頂 1：3 水泥粉刷	m^2	1	
外牆 1：2 水泥粉刷	m^2	1	
外牆 1：3 水泥粉刷	m^2	1	
1：2 防水水泥粉刷	m^2	1	
1：3 水泥粉刷 PVC 漆	m^2	1	內牆及平頂
1：3 水泥粉刷油漆	m^2	1	內牆及平頂

常見之工程項目及計數單位			
工程項目	單 位	數 量	備 註
地面嵌 PVC 條磨石子	m^2	1	
地面磨石子地磚	m^2	1	
牆面洗石子	m^2	1	
牆面斬假石	m^2	1	
牆面噴水泥	m^2	1	
內牆及平頂噴磁壁	m^2	1	
外牆噴磁壁	m^2	1	
牆面貼面磚(二丁掛)	m^2	1	
牆面貼白磁磚	m^2	1	3.6 寸×3.6 寸
牆面貼馬賽克	m^2	1	
地面貼馬賽克	m^2	1	
牆面貼紅鋼磚	m^2	1	
地面舖紅鋼磚	m^2	1	
地面舖克硬化磚	m^2	1	
牆面貼大理石	m^2	1	
地面舖大理石	m^2	1	
地面舖塑膠地磚	m^2	1	1：3 水泥粉刷另計
工地放樣	m^2	1	不包括建坪放樣
建坪放樣	m^2	1	
雙排外鷹架	m^2	1	高度五樓以下
工地圍籬	m	1	H=1.8m
PVC 落水管	m	1	
PVC 簷口天溝	m	1	
陰井(80cm×80cm)	座	1	按設計圖估計
樓梯 PVC 扶手方鐵欄杆	m	1	
檜木扶手及鐵欄杆	m	1	
挖除原有瀝青路面	m^3	1	包括挖運
道路機具挖方	$b.m^3$	100	包括挖裝，運費另計

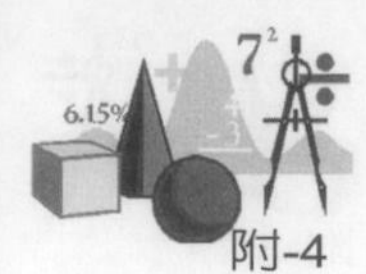

常見之工程項目及計數單位			
工程項目	單 位	數 量	備 註
基礎機具挖方(0～4m 深)	b.m^3	100	包括挖裝，運費另計
廢方處理，運距 1 公里	b.m^3	100	
打除鋼筋混凝土	m^3	1	
拆除磚牆	m^3	1	
普通土基礎人工開挖	m^3	1	深度 0m～2m
機械清土方坍方	m^3	1	
機械清礫石坍方	m^3	1	
甲種擋土板樁	m	10	管溝用，雙邊
乙種擋土板樁	m	10	管溝用，雙邊
丙種擋土板樁	m	10	管溝用，雙邊
鋼軌樁擋土，l=6m，@60cm	m	30	管溝用，雙邊，地下室 H 型鋼水平支撐另計
H=9M 鋼板樁	m	1	每 m2.5 片，單邊
H 型鋼水平支撐，一層	m^2		
H 型鋼水平支撐，二層	m^2		
混凝土路面	m^2	1	路面厚 8cm
路床滾壓	m^2	1000	
級配碎石基層	m^3	100	
級配碎石底層	m^3	100	
乳化瀝青底層	m^3	1	
乳化瀝青砂漿封層			
瀝青混凝土拌合費	MT	48	18.1 及 21.1 同 7.1
瀝青混凝土舖築及壓實	MT	48	密級配用 21.2 同 17.2
綠鳥欄杆	m	1.2	道準 2
預鑄鋼模	組	1	每組以用 50 次計
141 kg/cm^2 機拌混凝土	m^3	1	
176 kg/cm^2 機拌混凝土	m^3	1	
210 kg/cm^2 機拌混凝土	m^3	1	
210 kg/cm^2 機拌混凝土拌合澆置費	m^3	30	

常見之工程項目及計數單位			
工程項目	單 位	數 量	備 註
280 kg/cm^2 機拌混凝土	m^3	1	
176 kg/cm^2 預拌混凝土	m^3	1	採用混凝土泵浦
210 kg/cm^2 預拌混凝土	m^3	1	採用混凝土泵浦
清水模板(預力樑用)	m^2	1	
甲種模板(橋面)	m^2	1	
乙種清水模板(橋墩及擋土牆)	m^2	1	包括建築工程
鋼筋加工及組立	MT	1	
預力混凝土基樁ϕ30cm	m	10	
預力混凝土基樁ϕ35cm	m	10	
預壘樁，30cmϕ	m	1	
預壘樁，35cmϕ	m	1	
乾砌卵石	m^3	1	用於三明治擋土牆背面
基礎排卵石	m^3	1	
堡嵌磚護坡	m^2	1	
甲種蛇籠	m	1	60cm×100cm 橢圓形
噴凝土護坡，3cm 厚	m^2	1	

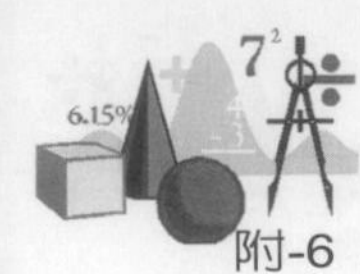

附錄 B　各類基本工料細分項目及單位

(表中單價僅供參考，讀者應自行依當地時價調整之)

一、作業工時類(包括人與機具)

各類基本工料細分項目及單位			
代　號	工料項目	單　位	單　價
A001	大　工	工	2500
A002	小　工	工	2000
A003	技　工	工	2500
A004	石　工	工	2500
A005	砌磚工	工	2500
A006	配管工	工	2500
A007	斬石工	工	2500
A008	試樁架裝卸工資	工	3000
A009	試樁工資	工	2500
A010	鋼模精修及研磨費	工	2500
A011	領班兼測量	工	2500
A012	推進機操作手	工	2000
A013	接管及出土	工	2000
A014	門形吊車(吊卡車)	工	2500
A015	電氣機械維護工	工	2000
A016	推土機 D8L 帶刮裂機	時	400
A017	履帶式裝載機，$2m^3$	時	350
A018	推土機 D7H	時	400
A019	鋸縫機	時	400
A020	水　車	時	300
A021	作業手	時	300
A022	司　機	時	300
A023	挖土機，$0.7m^3$	時	450
A024	油壓式破碎機	時	500

各類基本工料細分項目及單位			
代 號	工料項目	單 位	單 價
A025	空氣壓縮機	時	400
A026	手提鑽岩機	時	200
A027	領 班	時	400
A028	傾卸卡車，載重 8MT	時	300
A029	裝載機 1.5m3955L	時	300
A030	抓土機 1.0m^3	時	450
A031	夯實機	時	450
A032	推土機 D6H	時	400
A033	震動壓路機，9.5MT	時	1000
A034	膠輪壓路機，8.5-20MT	時	1000
A035	洒水車，載重 8MT	時	350
A036	抽水機，4″	時	150
A037	1.2m 寬路面冷刨機	時	300
A038	收料機(包括輸送帶)	時	250
A039	刨路機一級作業手	時	350
A040	刨路機二級作業手	時	300
A041	平路機，12ft，12g	時	400
A042	三輪壓路機，10-12MT	時	400
A043	二輪壓路機，6-8	時	350
A044	拌合機	時	300
A045	舖面機，W=3.75m	時	300
A046	手推車	時	50
A047	打樁機，錘重 2500kg	時	1000
A048	打樁機，錘重 4500kg	時	2500
A049	0.4m^3 挖土機吊管	時	450
A050	0.7m^3 挖土機吊管	時	600
A051	鑽 機	時	1500
A052	噴佈機	時	1000
A053	夯實機作業手	時	400

各類基本工料細分項目及單位			
代　號	工料項目	單　位	單　價
A054	工具搬運及耗損	式	300
A055	零星工料	式	500
A056	鋸片損耗	式	50
A057	支撐拉固工料費	式	100
A058	架設工費	式	2000
A059	運什費	式	500
A060	製樁及埋設	式	1500
A061	測量費	式	5000
A062	機電設備及動力費	式	2500
A063	捲揚機鐵塔等	式	5000
A064	震動機	式	1000
A065	加工焊接安裝	式	1500
A066	安　裝	式	1000
A067	樁頭整修費	式	1200
A068	高壓泵及機械電機損耗	式	1500
A069	機具設備安裝及拆除費	式	1500
A070	製造及攪拌費	式	1000
A071	材料及運雜費	式	500
A072	機械損耗費	式	500
A073	機械燃料費	式	500
A074	邊模等零星器材費	式	500
A075	樁頭整平(含墊鈑)	式	1000
A076	試驗報告費	式	2000
A077	測管安裝費	式	2000
A078	檢驗費	式	2000
A079	分析研判顧問費	式	5000
A080	搭架費	式	3000
A081	移孔搭架拆架工作費	式	1000
A082	臨時水電費	式	5000

各類基本工料細分項目及單位			
代　號	工料項目	單　位	單　價
A083	鋼腱組立用五金零件	式	2500
A084	止封材料	式	1000
A085	通管費及試水費	式	500
A086	廢料運棄	m^3	150
A087	擋土板料(0.09×5×20)	m^3	100
A088	腹板支撐料	m^3	100
A089	橫　樑	m^3	100
A090	支撐@2.5m 共 24 支	m^3	150
A091	擋土板工作費及損耗	m^3	200
A092	拌合費	m^3	100
A093	舖築及壓實	M^3	300
A094	採運透水料	m^3	200
A095	養生費	m^3	150
A096	支撐裝拆費，一層	m^2	250
A097	修平及濕治	m^2	200
A098	底層養護	m^2	250
A099	面層養護	m^2	200
A100	噴凝土施工費	m^2	150
A101	鋼模折舊費	m^2	150
A102	鑽孔費	m	100
A103	施工費	m	200
A104	運費(含小搬運)	m	50
A105	裁切加工電焊	kg	100
A106	鋼樑租金	支	2500
A107	擋土板打拔費	支	1500
A108	支柱打拔費 9m 長	支	2000
A109	37 kg/m 鋼軌樁打拔費	支	3000
A110	鋼軌租金(每支每月元)	支.月	3000
A111	空壓機租金(2 部)	月	5000

各類基本工料細分項目及單位			
代 號	工料項目	單 位	單 價
A112	挖土機租金	月	5000
A113	千斤頂租金	組	4000
A114	鑽頭擴孔器及岩心夾	組	1200
A115	封漿器	組	1000
A116	鋼架折舊	組	800
A117	天車及吊桶折舊	組	500
A118	儀表租金	個	1000
A119	握線器	只	500
A120	挖穴機	天	1200
A121	破碎機折舊	部	1500
A122	抽風機折舊	部	1000
A123	刨刀消耗	片	200

二、圬工材料類

各類基本工料細分項目及單位			
代 號	工料項目	單 位	單 價
B001	鑽機費用	時	300
B002	催化劑	式	150
B003	混凝土泵浦及輸送管	式	100
B004	金鋼石等工具損耗	式	150
B005	接樁費	式	200
B006	孔口端剪切及護蓋	式	250
B007	脫膜劑	式	200
B008	柏油保麗龍伸縮縫	式	250
B009	PVC 管洩水孔	式	100
B010	粗粒料	m^3	500
B011	細粒料	m^3	500
B012	240 kg/cm^2 混凝土	m^3	1000
B013	小石料	m^3	500

各類基本工料細分項目及單位			
代 號	工料項目	單 位	單 價
B014	碎石級配料底層	m^3	450
B015	排卵石	m^3	600
B016	卵 石	m^3	550
B017	3：1：4 注漿材料	m^3	800
B018	泥漿運棄	m^3	50
B019	泥漿池	m^3	100
B020	粘土(皀土)	m^3	300
B021	塊石(ϕ25－30cm)	m^3	350
B022	角 石	m^3	350
B023	噴凝土材料費	m^3	300
B024	人工土方開挖(H≦10m)	m^3	200
B025	人工土方開挖(H＞10m)	m^3	180
B026	人工軟岩開挖	m^3	350
B027	沉箱環混凝土	m^3	500
B028	心牆混凝土	m^3	400
B029	級配砂礫	m^3	500
B030	粗 砂	m^3	600
B031	細 砂	m^3	600
B032	淨 砂	m^3	600
B033	清石子	m^3	500
B034	天然石片	m^2	1000
B035	塑膠地毯	m^2	2000
B036	塑膠地磚	m^2	1000
B037	海菜粉	m^2	200
B038	30 kg 油毛氈工料	m^2	150
B039	簡易模板	m^2	250
B040	丁種模板	m^2	200
B041	1：3 水泥砂漿表面鉤縫	m^2	300
B042	PC 基樁ϕ30cm	m	1500

各類基本工料細分項目及單位			
代 號	工料項目	單 位	單 價
B043	PC 基樁ϕ35cm	m	1700
B044	PC 基樁ϕ40cm	m	1900
B045	PC 基樁ϕ45cm	m	2100
B046	PC 基樁ϕ50cm	m	2300
B047	PC 基樁ϕ60cm	m	2800
B048	RC 基樁ϕ40cm 正方形	m	2000
B049	RC 基樁ϕ45cm 正方形	m	2300
B050	RC 基樁ϕ50cm 正方形	m	2600
B051	RC 基樁ϕ60cm 正方形	m	3000
B052	保護套管折舊(60cmϕ9cm)	m	1000
B053	預鑄緣石按裝	m	800
B054	保護套管打拔費	m	1200
B055	自由端護管 48mmPE 管	m	800
B056	高密度聚乙烯蛇籠	m	3500
B057	灌漿管 10mm	m	250
B058	預灌後重鑽孔	m	1200
B059	擋土牆(Di=120cm)	m	200
B060	石粒(5 分)	kg	100
B061	色 粉	kg	200
B062	白石粒	kg	200
B063	小白石粒	kg	200
B064	特大白石或寒水石	kg	200
B065	大白灰	kg	100
B066	普通白灰	kg	100
B067	乳化瀝青 CRS-2	kg	200
B068	油溶地瀝青 RC-70	kg	250
B069	柏油 CSS-1	kg	200
B070	石 粉	kg	100
B071	乳化瀝青含樹脂	kg	200

各類基本工料細分項目及單位			
代 號	工料項目	單 位	單 價
B072	凝結劑	kg	150
B073	柏油 85° AC	kg	100
B074	16mm 圓鋼筋	kg	50
B075	19mm 方鋼筋	kg	60
B076	25mm 圓鋼筋	kg	70
B077	16mm 方鋼筋	kg	60
B078	6mmϕ光面鋼筋	kg	70
B079	鋼模(材料費)	kg	150
B080	鋼筋點焊及吊放	kg	100
B081	#16、#18 膜帶	kg	200
B082	背填卵石	$c.m^3$	400
B083	7 cm厚礫料底層	$c.m^3$	500
B084	摻砂石料	$l.m^3$	600
B085	卵　石	$l.m^3$	500
B086	卵石，20cm	$l.m^3$	500
B087	卵石，25cm	$l.m^3$	500
B088	卵石，30cm	$l.m^3$	500
B089	填縫石子	$l.m^3$	400
B090	級配碎石料	$l.m^3$	450
B091	摻砂石料	$l.m^3$	400
B092	粗粒料(3/8″)	$l.m^3$	500
B093	煤　渣	$l.m^3$	450
B094	小卵石	$l.m^3$	600
B095	水　泥	包	150
B096	白水泥	包	300
B097	勾縫白水泥	包	300
B098	水泥勾縫	包	300
B099	小石粒	包	600
B100	飛　灰	包	200

各類基本工料細分項目及單位			
代　號	工料項目	單　位	單　價
B101	固定端灌漿用水泥	包	300
B102	預灌用水泥	包	300
B103	自由端最後灌漿用水泥	包	250
B104	紅磚(23×11×6cm)	塊	3
B105	清水磚(23×11×6cm)	塊	4
B106	水泥空心磚(14×19×39)	塊	20
B107	水泥空心磚(19×19×39)	塊	18
B108	水泥花磚(20×20cm)	塊	40
B109	清水過火磚(23×11×6)	塊	25
B110	磨石子地磚(30×30cm)	塊	50
B111	二丁掛面磚(6×23cm)	塊	30
B112	窯變小口磁磚(6×11cm)	塊	20
B113	白磁磚(11×11cm)	塊	10
B114	玻璃磚	塊	100
B115	紅鋼磚(2.5 寸×2.5 寸)	塊	10
B116	克硬化磚	塊	20
B117	釉面琉璃花格磚	塊	100
B118	角石或混凝土塊ϕ25×25cm	塊	200
B119	馬賽克	才	100
B120	大理石	才	300
B121	玻璃馬賽克	才	400
B122	意大利洞石	才	1000
B123	錨筋及 1：3 水泥砂漿灌漿	支	1200
B124	預鑄緣石鋼模	組	1500
B125	高拉力鋼筋	MT	1000
B126	鋼　筋	MT	800
B127	預力岩錨	孔	1000

三、木作與一般裝潢材料類

各類基本工料細分項目及單位			
代 號	工料項目	單 位	單 價
C001	油 漆	m^2	200
C002	防水三夾板，1/8 厚	m^2	150
C003	石棉板	m^2	100
C004	礦纖板或石膏板	m^2	100
C005	板 條	m^2	100
C006	柏 油	kg	80
C007	板料 2.7cm 厚(預力樑)	才	200
C008	板料 2.5cm 厚(橋，牆用)	才	200
C009	板 料	才	120
C010	鋁企口板	才	120
C011	柳安企口地板	才	150
C012	塑膠天花企口板	才	150
C013	壓條木料	才	180
C014	吊筋用木料	才	200
C015	吊木樑	才	200
C016	平頂筋及吊筋	才	150
C017	木 材	才	150
C018	運貫材	才	150
C019	檜木上材	才	200
C020	檜木中上材	才	250
C021	柳安木	才	200
C022	杉 木	才	300
C023	柚 木	才	350
C024	三夾板(3 尺×6 尺)	張	300
C025	三夾板(3 尺×7 尺)	張	350
C026	三夾板(4 尺×8 尺)	張	400
C027	硬蔗板(1.8×0.9)	張	200

各類基本工料細分項目及單位			
代 號	工料項目	單 位	單 價
C028	吸音板(0.3m×0.3m)	塊	50
C029	檜木頂蓋 11cmϕ	塊	100
C030	天花板固定器	只	80
C031	油 漆	公升	120
C032	PVC 漆	公升	100
C033	白磁漆	公升	120
C034	鋁 漆	公升	150
C035	平光漆	公升	150
C036	乳化漆	公升	120
C037	水泥漆	公升	120
C038	底 油	公升	100
C039	紅 丹	公升	120
C040	防腐劑	公升	100

四、金屬材料與特殊施工組件類

各類基本工料細分項目及單位			
代 號	工料項目	單 位	單 價
D001	油 管	式	200
D002	滑材注入設備	式	250
D003	壓銷頭及附件	式	150
D004	壓銷頭用油壓配管	式	100
D005	高壓噴水泵及附件	式	250
D006	壓銷頭承接器備品	式	200
D007	金屬網(鍍鋅#14×50m/m)	m^2	100
D008	鋼 模	m^2	250
D009	20#鋼板(0.952mm)	m^2	200
D010	B 級套管	m	300
D011	B 級 GIP	m	320
D012	6mmϕ鍍鋅鐵線	m	50

各類基本工料細分項目及單位			
代 號	工料項目	單 位	單 價
D013	鍍鋅鐵絲，ϕ4.191mm	kg	80
D014	0.5cm×15cm×5cm 鐵板	kg	200
D015	角鐵(材料費)	kg	100
D016	加強支撐鋼材	kg	150
D017	角鐵材料費，厚 6mm	kg	120
D018	裁切加工電焊	kg	150
D019	鑄鐵蓋及框	kg	300
D020	角鐵材料費	kg	250
D021	錨桿(含車牙、銲接)	組	350
D022	錨座槽鋼	組	300
D023	管推體	組	350
D024	推 墊	組	300
D025	反力座型鋼	組	400
D026	導管拉拔接頭	組	400
D027	手動操作箱	組	400
D028	承鈑及套管	組	350
D029	間隔器	只	200
D030	腱索端裝置(導尖)	只	150
D031	中心固定管	只	150
D032	錨座承鈑	只	200
D033	5/8" ϕ 螺絲	只	2
D034	推管支架	台	200
D035	驅動本體	台	250
D036	油壓泵組	台	300
D037	經緯儀架台	台	450
D038	先導管切銷頭(軟弱土用)	個	300
D039	先導管切銷頭(普通土用)	個	300
D040	先導管切銷頭(硬質土用)	個	350
D041	先導管收集箱	個	250

各類基本工料細分項目及單位			
代 號	工料項目	單 位	單 價
D042	壓密頭	個	200
D043	蓋框固定梢	支	250
D044	先導管外(ϕ100×1m)	支	300
D045	先導管外(ϕ175×1m)	支	350
D046	螺旋輸送器	支	200
D047	特殊螺絲輸送器	支	300
D048	固定栓(ϕ13m/m×30cm)	支	200
D049	封漿器中心管	支	250
D050	隔間鐵片	片	50
D051	鑄鐵路名牌	塊	350
D052	焊 接	處	150

五、水電材料類

各類基本工料細分項目及單位			
代 號	工料項目	單 位	單 價
E001	泵 浦	時	250
E002	給水及用電設備費	式	300
E003	ϕ250mmRCP 管外周灌減磨劑	式	200
E004	210 kg/cm^2 R.C	m^3	150
E005	ϕ250mm RCP 推進費	m	200
E006	ϕ250mm 推進材料費	m	250
E007	水泥管 L=2.40m	支	180
E008	水泥管 L=2.3m	支	160
E009	25mm PVC 管，B 級	支	100
E010	40mm PVC 管，B 級	支	150
E011	50mm PVC 管，B 級	支	180
E012	80mm PVC 管，B 級	支	210
E013	100mm PVC 管，B 級	支	240
E014	125mm PVC 管，B 級	支	260

各類基本工料細分項目及單位			
代 號	工料項目	單 位	單 價
E015	150mm PVC 管，B 級	支	300
E016	200mm PVC 管，B 級	支	350
E017	250mm PVC 管，B 級	支	400
E018	300mm PVC 管，B 級	支	450
E019	350mm PVC 管，B 級	支	500
E020	400mm PVC 管，B 級	支	550
E021	500mm PVC 管，B 級	支	600
E022	ϕ250mm RCP 接頭	個	200
E023	PVC 接著劑	處	150
E024	不銹鋼套環工料費	式	200

六、其 他

各類基本工料細分項目及單位			
代 號	工料項目	單 位	單 價
F001	引 線	m	20
F002	炸 藥	kg	500
F003	鋼 釬	kg	300
F004	五 金	kg	50
F005	五金鐵件	kg	80
F006	注 劑	kg	150
F007	防剝劑	kg	100
F008	鐵 件	kg	50
F009	洋 釘	kg	60
F010	樹 脂	kg	60
F011	黏 膠	式	80
F012	膠著劑	式	60
F013	五金材料	式	50
F014	水電費	式	300
F015	脫膜劑	式	200

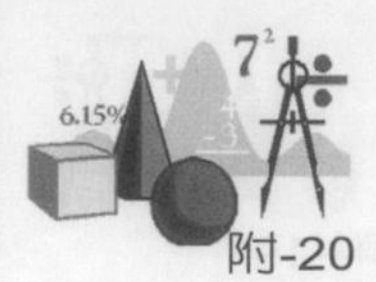

各類基本工料細分項目及單位			
代　號	工料項目	單　位	單　價
F016	棚布及照明設備	式	250
F017	雷　管	支	500
F018	強力膠	公　升	25
F019	燃料油	公　升	20
F020	高級柴油(0.14 公升/Hp.Hr)	公　升	14
F021	潤滑油(0.003 公升/Hp.Hr)	公　升	20
F022	潤滑油(0.0025 公升/Hp.Hr)	公　升	18
F023	潤滑油(0.14 公升/Hp.Hr)	公　升	15
F024	高級柴油(0.13 公升/Hp.Hr)	公　升	13
F025	高級柴油(0.11 公升/Hp.Hr)	公　升	11
F026	高級柴油(0.125 公升/Hp.Hr)	公　升	12.5
F027	高級柴油(0.3 公升/Hp.Hr)	公　升	3
F028	高級柴油(0.12 公升/Hp.Hr)	公　升	12
F029	折　舊	%	30
F030	利息及保險	%	8
F031	保養及修理	%	10
F032	電　費	KWH	5000

附錄 C　學人宿舍新建工程

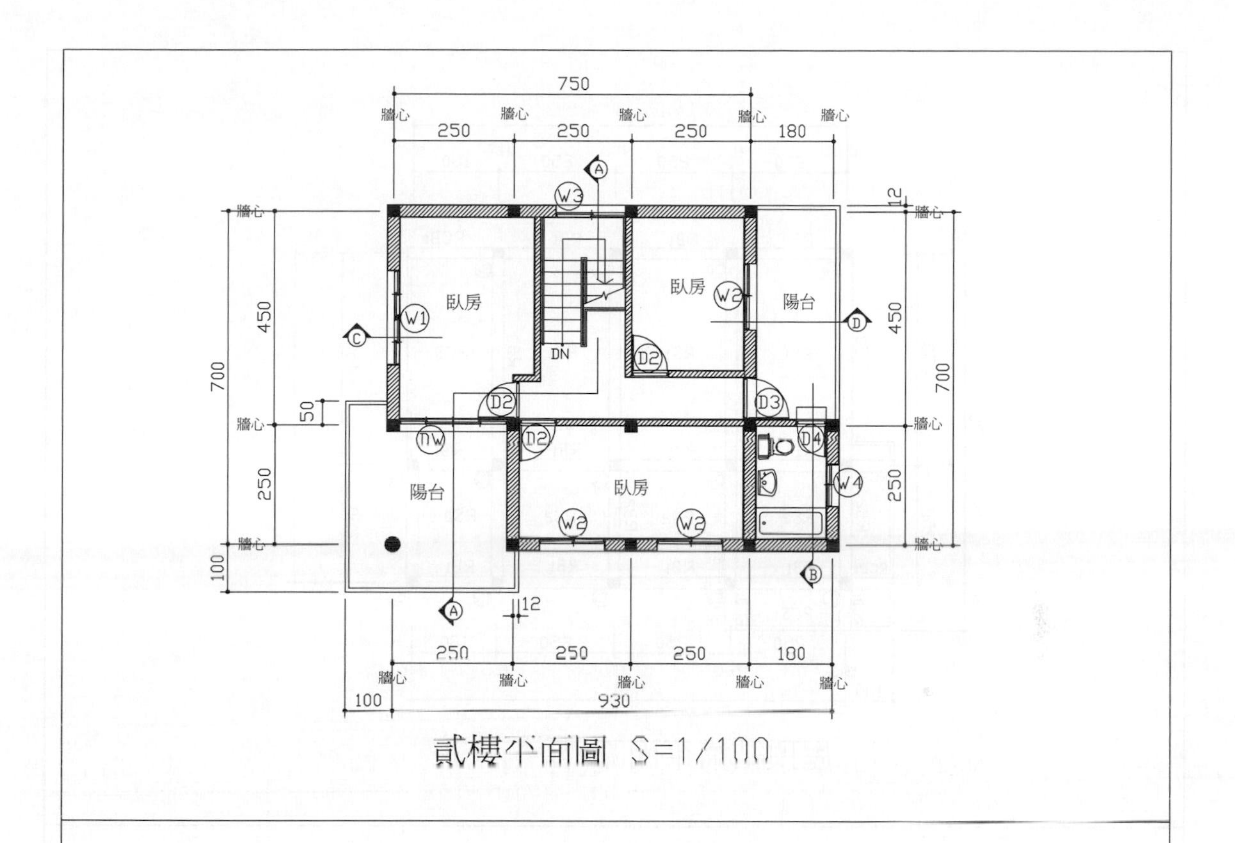

貳樓平面圖 S=1/100

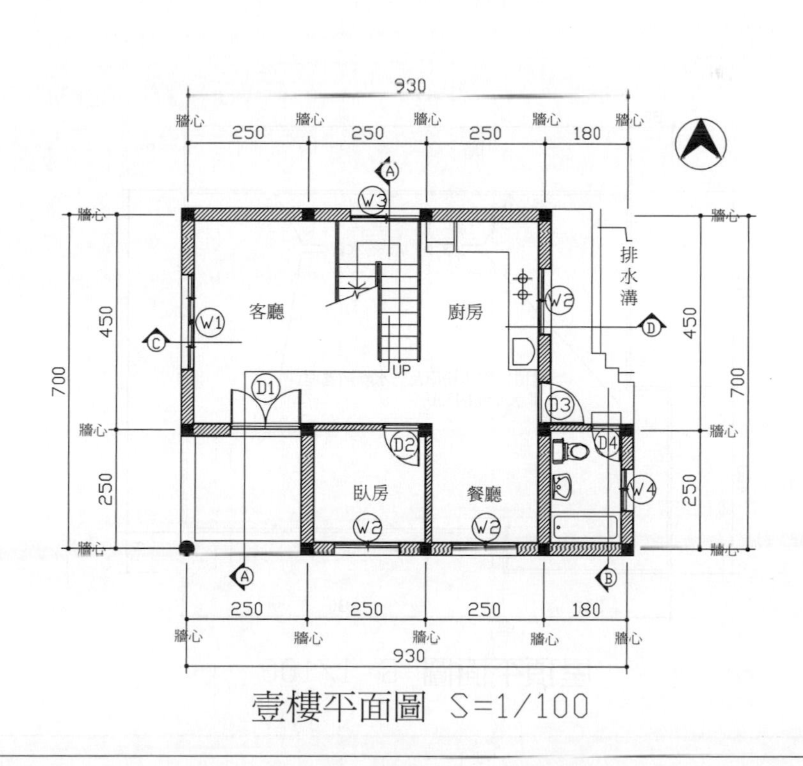

壹樓平面圖 S=1/100

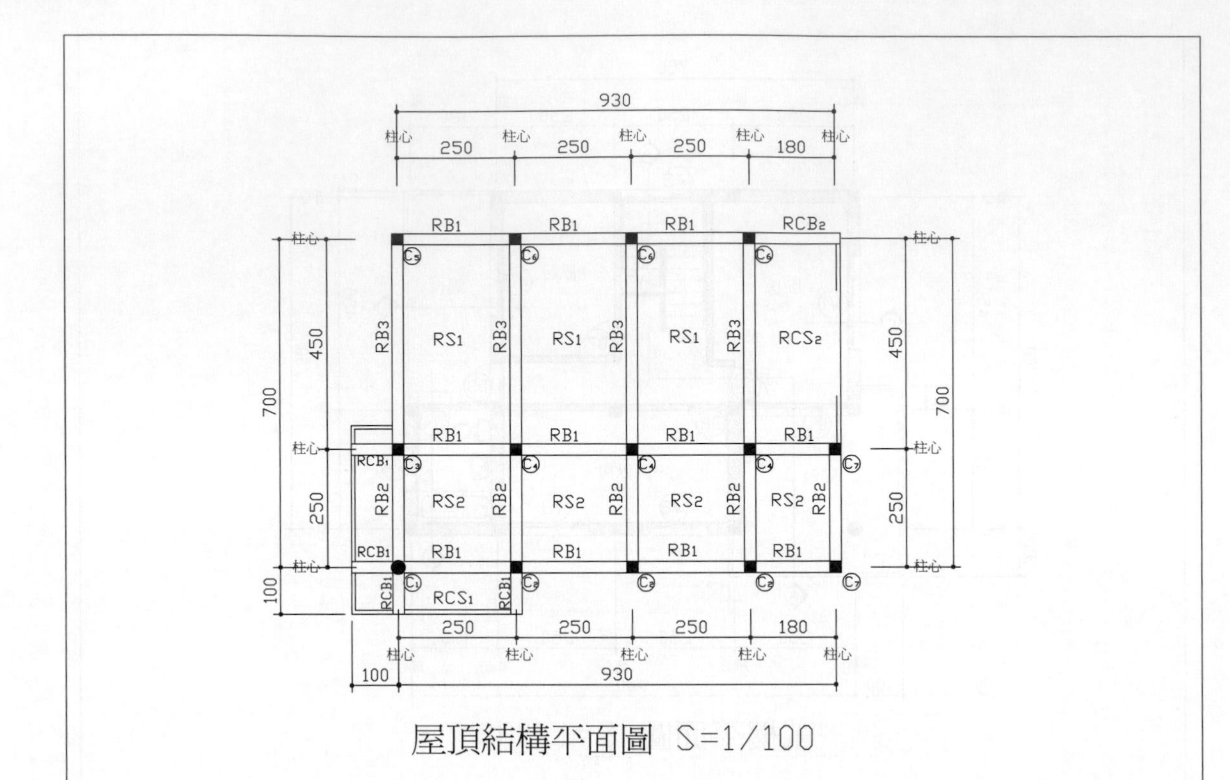

屋頂結構平面圖 S=1/100

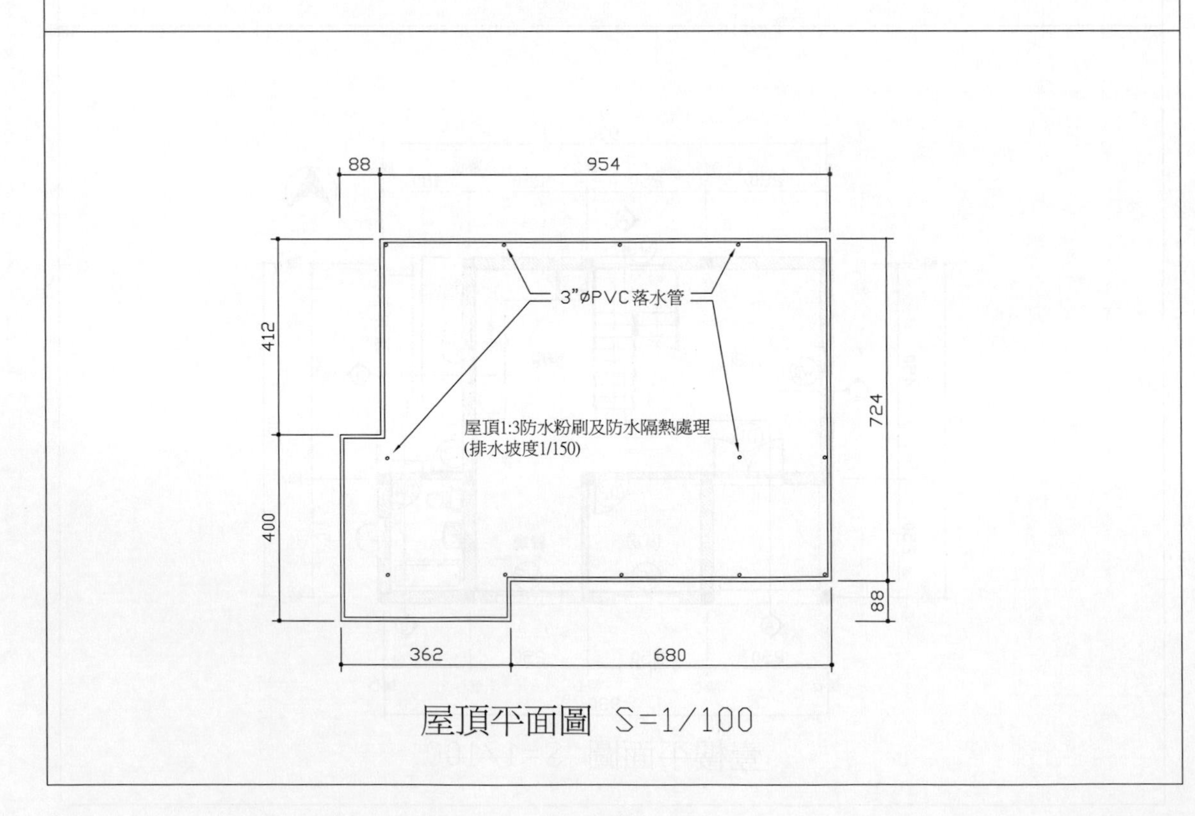

屋頂平面圖 S=1/100

外牆貼磁磚
90
320
150
320
30
710
W1
W1
西向立面圖 S=1/100
40
90
100
50
D3
W2
W4
東向立面圖 S=1/100
W3
D4
北向立面圖 S=1/100
DW
D1
南向立面圖 S=1/100

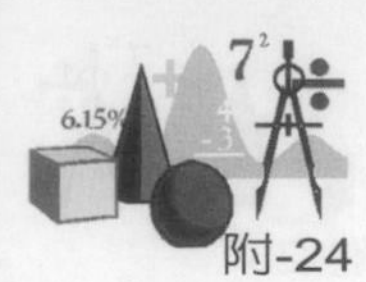

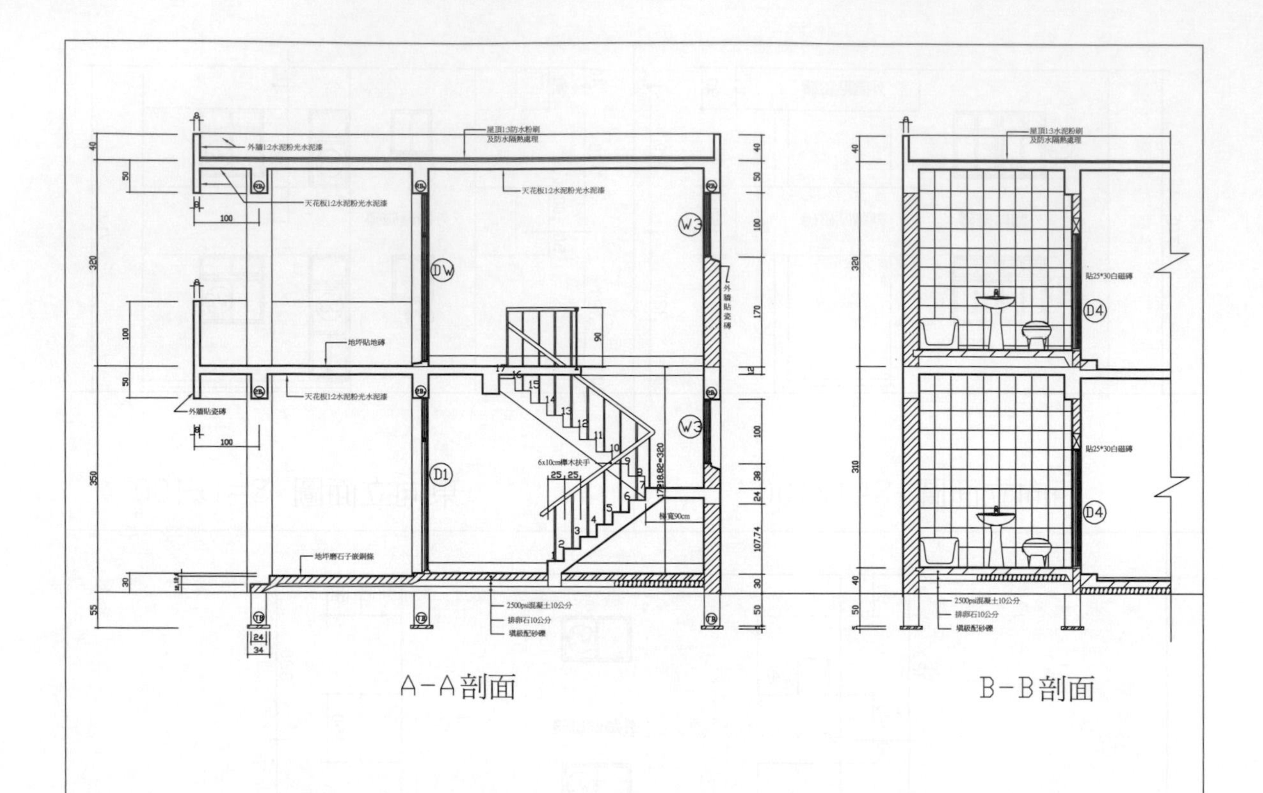
A-A剖面
B-B剖面

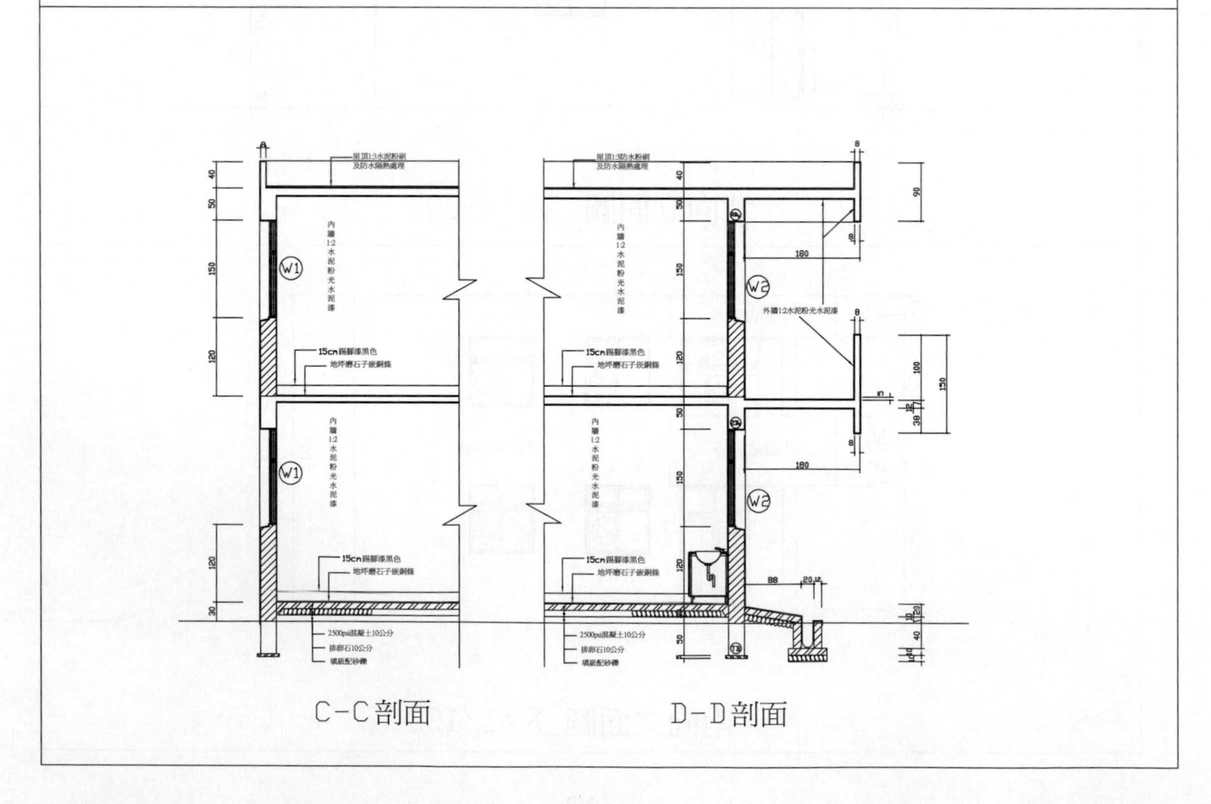
C-C剖面
D-D剖面

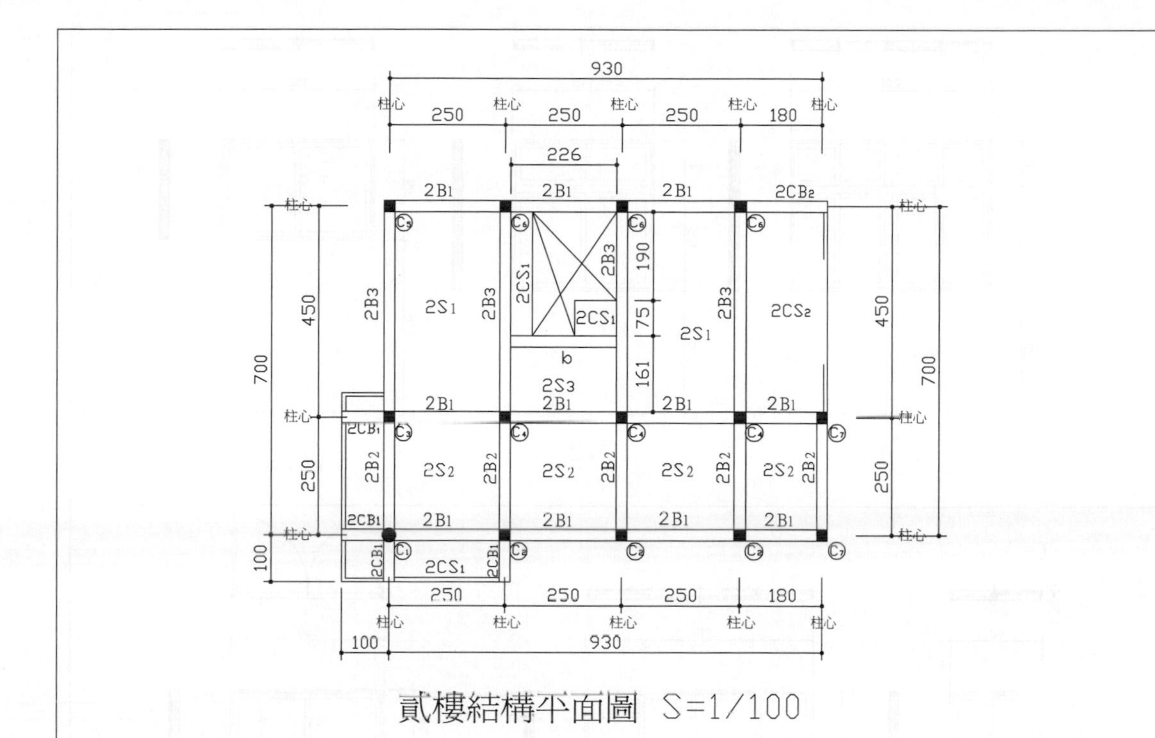

貳樓結構平面圖 S=1/100

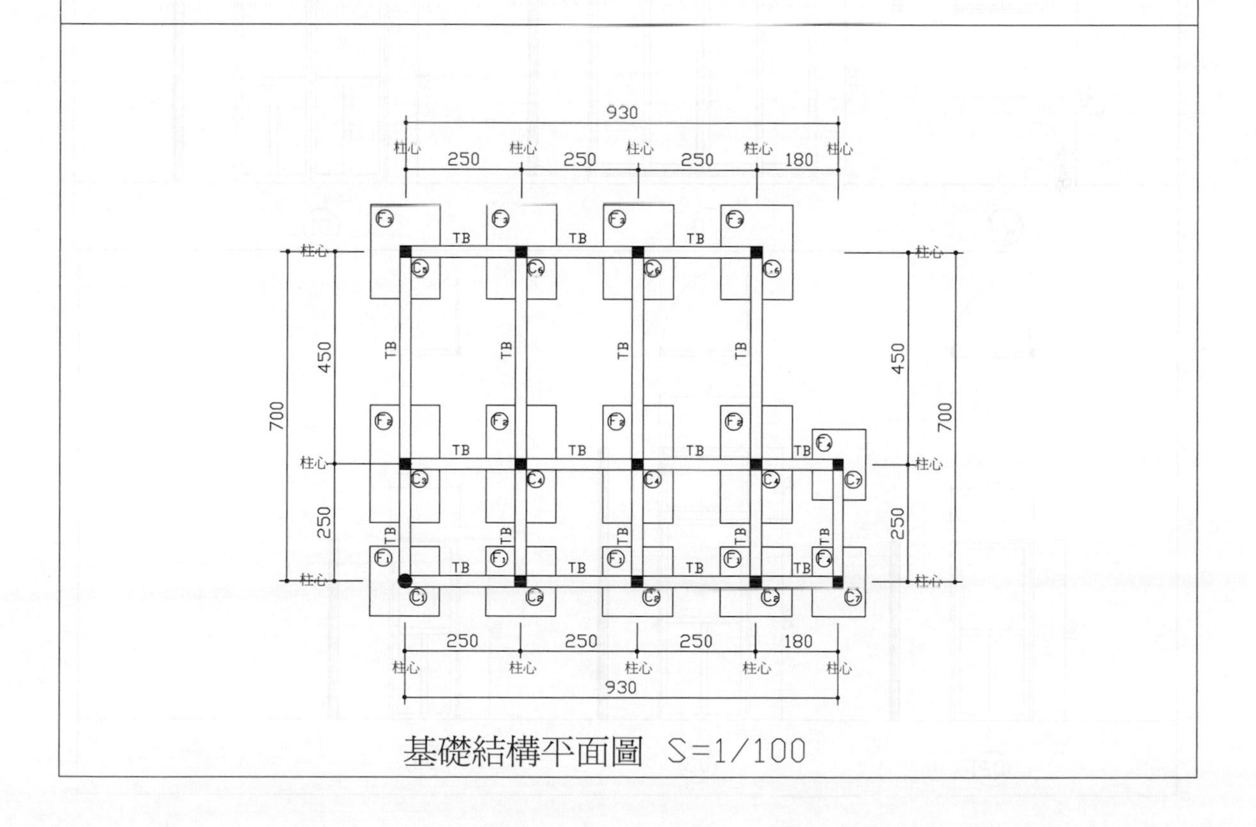

基礎結構平面圖 S=1/100

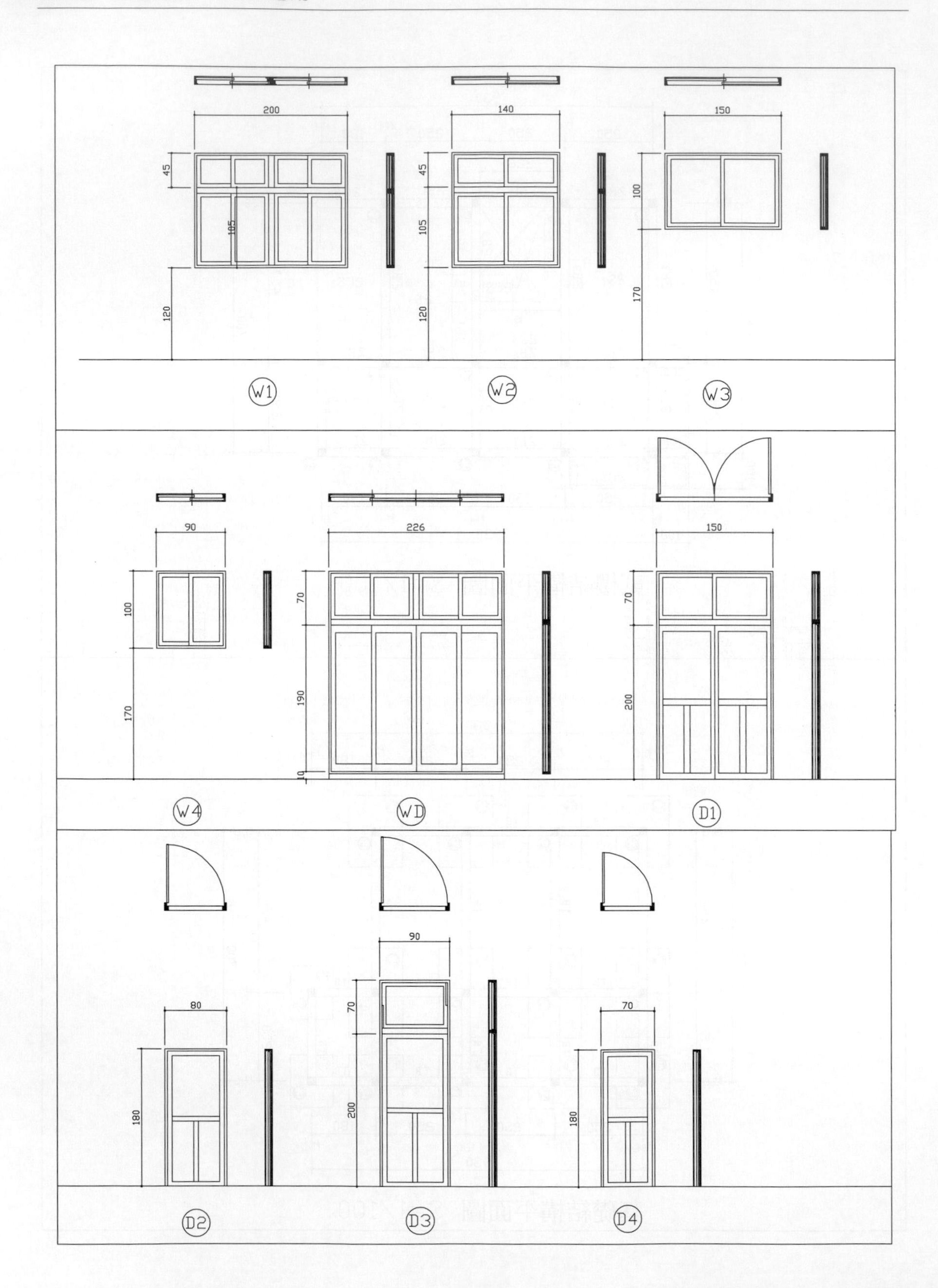
200
45
105
120
W1
140
45
105
120
W2
150
100
170
W3
90
100
170
W4
226
70
190
10
WD
150
70
200
D1
80
180
D2
90
70
200
D3
70
180
D4

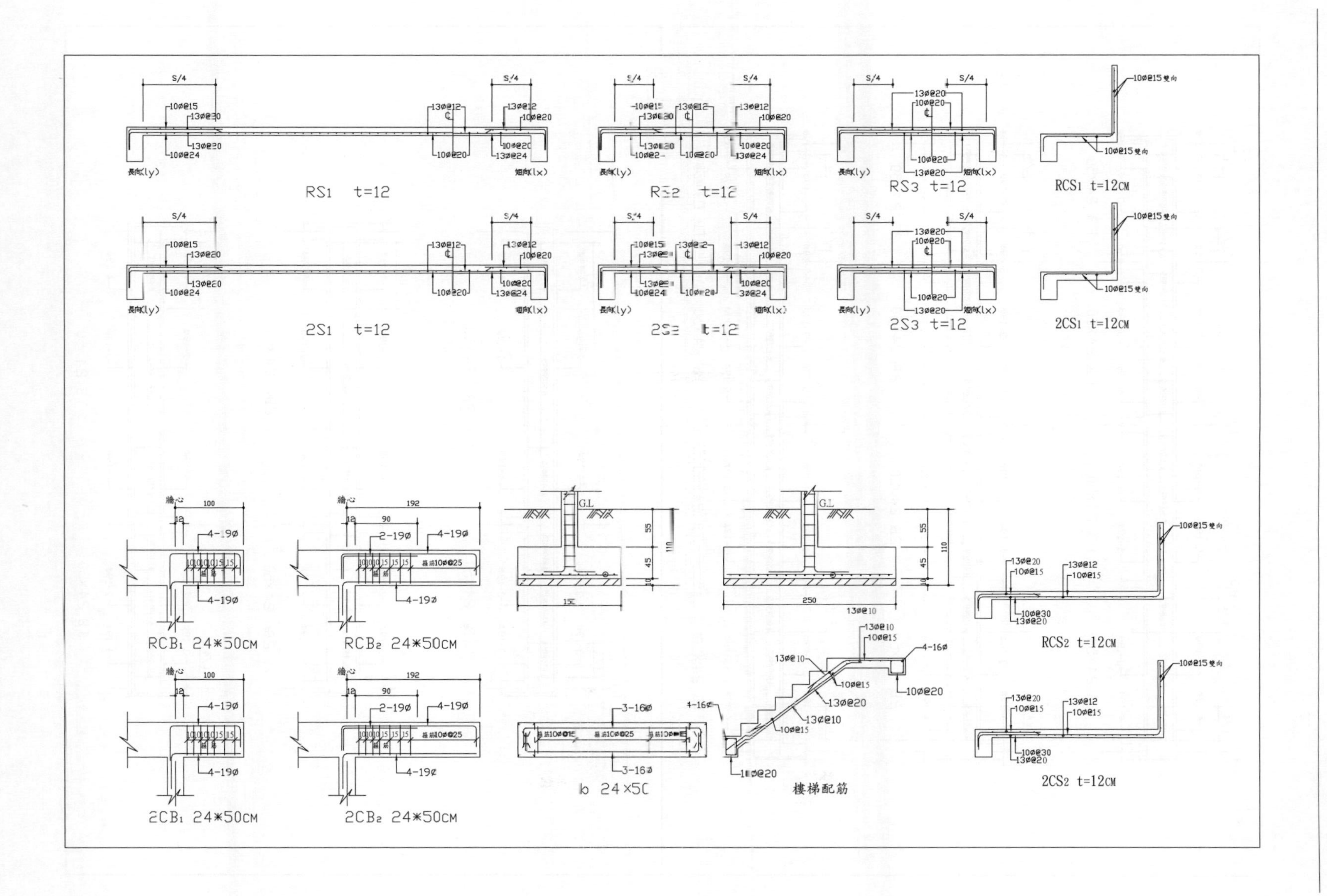
RS1 t=12
RS3 t=12
RCS1 t=12CM
2S1 t=12
2S3 t=12
2CS1 t=12CM
RCB1 24*50CM
RCB2 24*50CM
RCS2 t=12CM
2CB1 24*50CM
2CB2 24*50CM
樓梯配筋
2CS2 t=12CM

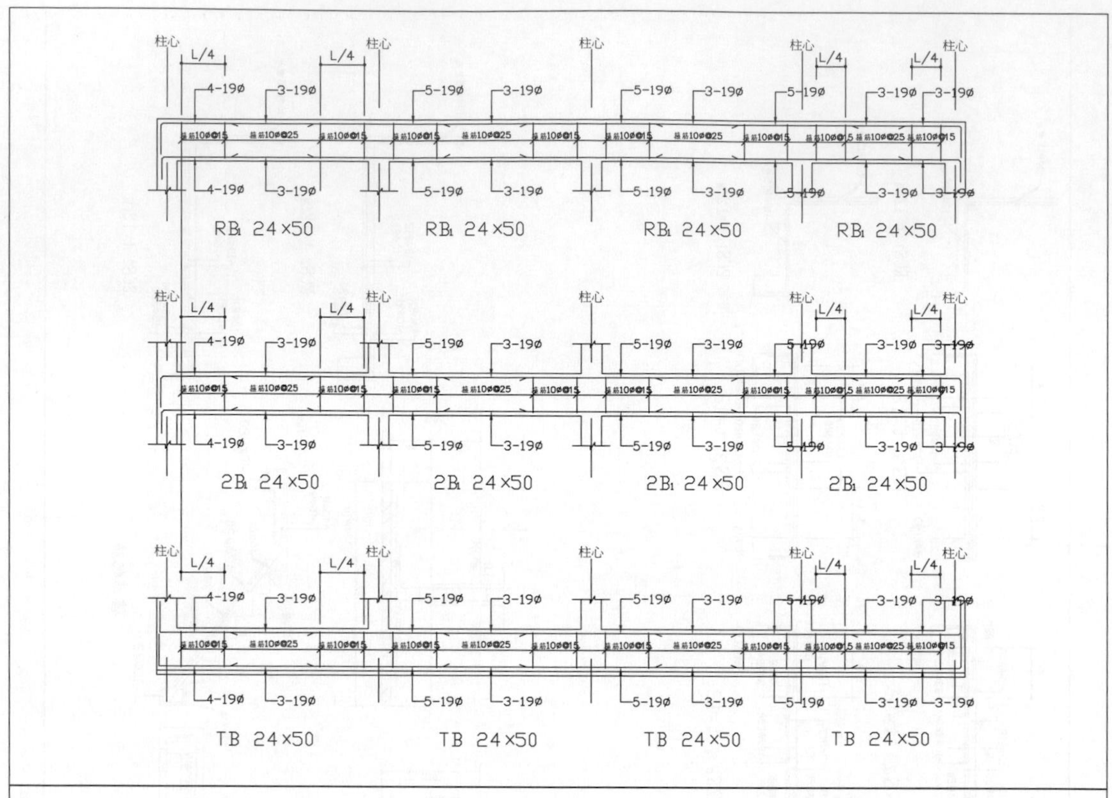

柱心
L/4
4-19∅
3-19∅
5-19∅
RB₁ 24×50
2B₁ 24×50
TB 24×50

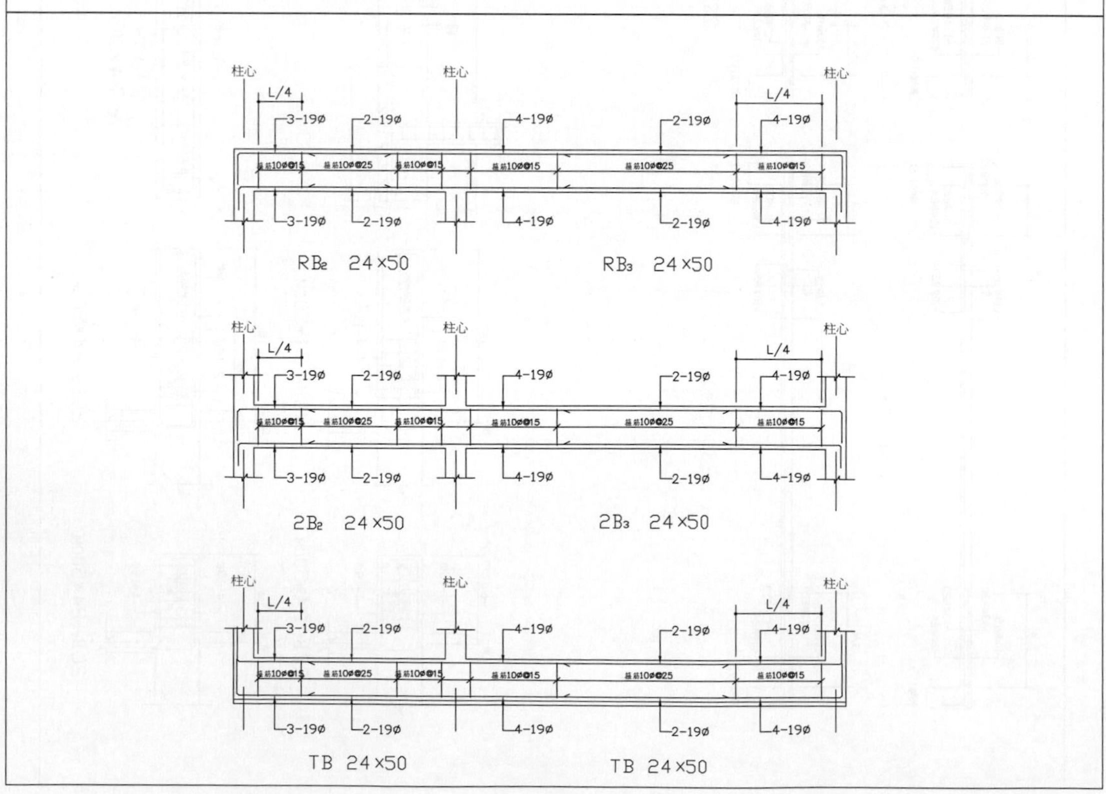

柱心
L/4
3-19∅
2-19∅
4-19∅
RB₂ 24×50
RB₃ 24×50
2B₂ 24×50
2B₃ 24×50
TB 24×50

列柱表

編號	C1		C2 ~ C7	
壹樓	30cm ø 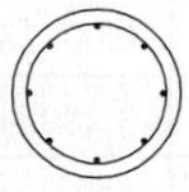	MAIN: 8~19ø HOOP: 9ø@15	24×24 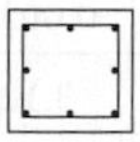	MAIN: 8~19ø HOOP: 9ø@15
貳樓	30cm ø 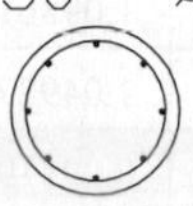	MAIN: 8~16ø HOOP: 9ø@15	24×24 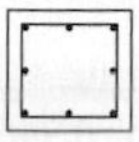	MAIN: 8~16ø HOOP: 9ø@15

基礎表

編號	長×寬×厚	配筋	
		長向	短向
F_1	150×150×45	11~16ø	11~16ø
F_2	250×150×45	11~16ø	18~16ø
F_3	200×150×45	11~16ø	14~16ø
F_4	150×120×45	8~16ø	11~16ø

附錄 D 單位換算及常用係數表

一、單位長度對照表

單位長度對照表										
公厘	公尺	公里	市尺	營造尺	舊日尺(台尺)	吋(in)	呎(ft)	碼(yd.)	哩(mi)	國際哩(mi)
1	0.001		0.003	0.00313	0.0033	0.039037	0.00328	0.00109		
1000	1	0.001	3	3.125	3.3	39.37	3.28084	1.09361	0.00062	0.00054
	1000	1	3000	3125	3300	39370	3280.84	1093.61	0.62137	0.53996
333.333	0.33333	0.00033	1	1.04167	1.1	13.1233	1.09361	0.36454	0.00021	0.00018
320	0.32	0.00032	0.96	1	1.056	12.5984	1.04987	0.34996	0.0002	0.00017
303.0304	0.30303	0.00030	0.90909	0.94697	1	11.93303	0.99419	0.33140	0.00019	0.00016
25.4	0.254	0.00003	0.072620	0.07938	0.08382	1	0.08333	0.02778	0.00002	0.00001
304.801	0.30480	0.00031	0.91440	0.925250	1.00584	12	1	0.33333	0.00019	0.00017
914.402	0.91440	0.00091	2.74321	2.85751	3.01752	36	3	1	0.00057	0.00049
	1609.35	1609.935	4828.04	5029.21	5310.83	63360	5280	1760	1	0.86898
	1852.00	1852.00	5556.01	0787.50	6111.60	72913.2	6076.10	2025.37	1.15016	1

1 英碼=0.9143992 公尺　1 公尺=1.0936143 英碼　1 英吋=2.539998 公分　1 海里=6080 呎
1 美碼=0.91440183 公尺　1 公尺=1.0936111 美碼　1 美吋=2.54000 公分　1 海里=1.516 哩

二、單位面積對照表

單位面積對照表										
平方公尺	公畝(are)	公頃(ha)	平方公里	市畝	營造畝	日坪	日畝	台灣甲	英畝(acre)	美畝
1	0.01	0.0001		0.0015	0.001628	0.030250	0.01008	0.000103	0.00025	0.00025
100	1	0.01	0.0001	0.15	0.16276	30.25	1.00833	0.01031	0.02471	0.02471
10000	100	1	0.01	15	16.276	3025.0	100.833	1.03102	2.47106	2.47104
	10000	100	1	1500	1627.6	302500	10083.3	10.3102	0247.106	247.104
666.666	6.66667	0.06667	0.000667	1	108507	201.667	6.72222	0.06874	0.16441	0.16474
614.40	6.1440	0.06144	0.000614	0.9216	1	185856	6.19620	0.06238	0.15203	0.15182
3.30579	0.03306	0.00033		0.00496	0.00538	1	0.03333	0.00034	0.00082	0.00082
99.1736	0.99174	0.00992	0.00009	0.14876	0.16142	30	1	0.01023	0.02451	0.02451
9699.17	96.9917	0.96992	0.00970	14.5488	15.7866	2934	97.80	1	2.39672	2.39647
4046.85	40.4685	0.404695	0.00405	6.00029	6.58666	1224.17	40.8057	0.41724	1	0.99999
4046.87	40.4687	0.40469	0.00405	6.07031	6.58671	1224.18	40.806	0.41724	1.000005	1

1 平方哩=2.58999 平方公里=640 美(英)畝　1 台灣甲=2934 日坪　1 町=10 段=100 日畝=3000 日坪

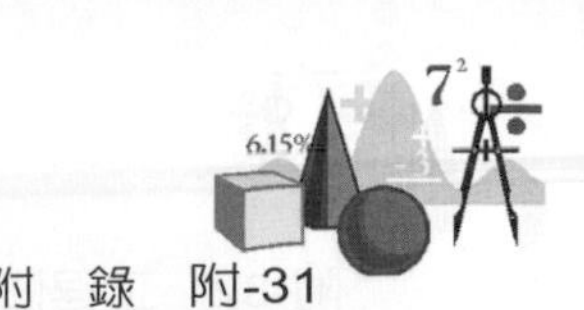

三、單位重(質)量對照表

單位重(質)量對照表										
公 克	公 斤	公 噸	市 斤	營造庫 平 斤	台 兩	日 斤 (台斤)	溫 司 (OZ)	磅 (lb)	長 噸 (lt)	短 噸 (st)
1	0.001			0.0015	0.001628	0.030250	0.01008	0.000103	0.00025	0.00025
1000	1	0.001	0.0001	0.15	0.16276	30.25	1.00833	0.01031	0.02471	0.02471
	1000	1	0.01	15	16.276	3025.0	100.833	1.03102	2.47106	2.47104
500	0.5	0.0005	1	1500	1627.6	302500	10083.3	10.3102	0247.106	247.104
596.816	0.59682	0.0006	0.000667	1	108507	201.667	6.72222	0.06874	0.16441	0.16474
37.5	0.0375	0.00004	0.000614	0.9216	1	185856	6.19620	0.06238	0.15203	0.15182
600	0.6	0.0006		0.00496	0.00538	1	0.03333	0.00034	0.00082	0.00082
28.3495	0.02835	0.00003	0.00009	0.14876	0.16142	30	1	0.01023	0.02451	0.02451
453.592	0.45359	0.00045	0.00970	14.5488	15.7866	2934	97.80	1	2.39672	2.39647
	1016.05	0.01605	0.00405	6.00029	6.58666	1224.17	40.8057	0.41724	1	0.99999
907185	907.185	0.90719	0.00405	6.07031	6.58671	1224.18	40.806	0.41724	1.000005	1
1 平方哩=2.58999 平方公里=640 美(英)畝　　1 台灣甲=2934 日坪　　1 町=10 段=100 日畝=3000 日坪										

四、單位容積對照表

單位容積對照表										
公 撮	公 升 (市升)	營造升	日 升 (台 升)	英 液 盎 司	美 液 盎 司	美 液 品 脫	英加侖 (E.M.P. GaL)	美加侖 (U.S. Gal)	英 式 蒲 耳	美 式 蒲 耳
1	0.001	0.00097	0.00055	0.03520	0..03382	0.00211	0.00022	0.00026	0.00003	0.00003
1000	1	0.96575	0.55435	35.1960	38.8148	2.11342	0.21988	0.26418	0.02750	0.02838
1035.47	1.03547	1	0.57402	36.4444	35.0141	2.18838	0.2277	0.27355	0.02960	0.02939
1803.91	1.80391	1.74212	1	63.4904	60.9986	3.81242	0.39682	0.47655	0.04960	0.05119
28.4123	0.02841	0.02744	0.01585	1	0.96075	0.06005	0.00625	0.00751	0.00078	0.00081
29.5729	0.02957	0.02856	0.01639	1.04086	1	0.06250	0.00661	0.00781	0.00081	0.00084
473.167	0.47317	0.45696	0.26230	16.6586	16	1	0.10409	0.1250	0.01301	0.01343
4545.96	4.54596	4.39025	2.52007	160	153.721	9.60752	1	1.20094	0.1250	0.12901
3785.33	3.78633	3.65567	2.09841	133.229	128	8	0.83268	1	0.10409	0.10745
3636.77	36.367	35.1220	20.105	1280	1229.76	76.8602	8	9.60753	1	0.02921
35238.3	35.2383	34.0313	19.5644	1240.25	1191.57	74.4733	7.75156	9.30917	0.96895	1
1 公升=1.000028 立方公寸　　1 英加侖=8 英品脫=160 英液盎司=32 英及耳=76800 英米耳 1 美加侖=8 美液品脫=128 美液盎司=32 英及耳=61440 美米耳										

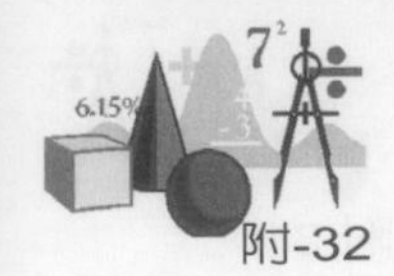

五、木材單位體積換算表

才 1尺×1尺×1寸	石 1尺×1尺×10尺	B.H.F 1'×1'×1"	立方公尺 1m×1m×1m
1	0.0100	1.17647	0.00278
100.00	1	117.647	0.2781
0.8500	0.0085	1	0.00236
359.37	35937	423.729	1

六、速度換算表

海(浬)里/小時	哩/時	呎/秒	km/時	公尺/秒
1	1.15152	1.68889	1.85313	0.51476
0.86842	1	1.46667	1.60931	0.44703
0.59211	0.68182	1	1.09726	0.30479
0.53962	0.62138	0.91136	1	0.27778
1.94264	2.23698	3.2809	3.5999	1

七、單位長度之重量換算表

kg/cm	km/m	lb/in	lb/ft	lb/yd
1	100.0	5.5996	67.195	201.59
10.01	1	0.056	0.60195	2.0159
0.1786	17.858	1	12	36
0.0149	1.4882	0.0833	1	3
0.0050	0.4961	0.0028	0.3333	1

八、單位面積之重量換算表

kg/cm^2	kg/m^2	t/m^2	lb/in^2	lb/ft^2	英 t/ft^2
1	10,000	10	14.233	2,048.2	0.914
0.0001	1	0.001	0.0014	0.2048	0.0001
0.1	1,000	1	1.4224	204.823	0.914
0.0703	703.07	0.7031	1	144	0.643
0.0005	4.88	0.00488	0.0070	1	0.0005
1.0937	10,936.7	10.9368	15.556	2,240	1

九、單位體積之重量換算表

kg/cm^3	kg/m^3	t/m^3	lb/in^3	lb/ft^3	英 t/ft^3
1	1,000,000	1,000	36.1272	62,423	27.869
0.000001	1	0.001	0.000036	0.0624	0.00003
0.001	1,000	1	0.0361	62.423	0.02787
0.02768	27,680	27.680	1	1,728	0.77143
0.000016	16.019	0.016	0.00058	1	0.00045
0.03588	35,882	35.882	1.29627	2,240	1

十、常用面積之求法

1	任意三角形	面積＝底×高÷2
2	正三角形	面積＝(邊長)^2×0.433
3	正方形	面積＝(邊長)^2
4	長方形	面積＝長邊×寬邊
5	梯　形	面積＝(上底＋下底)×高÷2
6	正五邊形	面積＝(邊長)^2×1.72
7	正六邊形	面積＝(邊長)^2×2.598
8	正七邊形	面積＝(邊長)^2×3.634
9	正八邊形	面積＝(邊長)^2×4.828
10	任意多邊形	面積＝可改為多個三角形計算
11	圓	面積＝半徑^2×3.1416
	圓	面積＝直徑^2×0.7854
	圓	面積＝圓周×0.0796
	圓	面積＝(半徑×圓周)÷2
12	扇　形	面積＝(圓心角÷360)半徑^2×3.14
13	其他不規則形	面積＝用求面積儀或用方格紙求
14	圓筒立面積	面積＝圓周×高
15	球表面積	面積＝圓周^2×0.3183
16	圓　周	圓周＝直徑×3.1416

十一、常用體積之求法

類 別		計算式
1	正方形	體積＝長×寬×高
2	圓錐及角錐形	體積＝(底面積×高)÷3
3	圓球形	體積＝直徑 ^{2}×0.5236
4	圓柱形	體積＝底面積×高

十二、體積及表面積公式

類 別	計算式	類 別	計算式
扇形	$A=\frac{1}{2}r\lambda$ $=0.0087ar^2$ $\lambda=2\pi r\frac{a}{360}$	中空圓(環形)	$A=\frac{\pi}{4}(D^2-d^2)$ $=\pi(R^2-r^2)$ $=\pi(R+r)(R-r)$
缺 圓	$A=\frac{1}{2}[lr-S(r-h)]$ $=\frac{2}{3}Sh$ $\lambda=0.01745ar$	橢 圓	$A=ab\pi$ 周長=3.14 $\sqrt{2(a^2+b^2)}$
蒂 圓	A=圓面積–A_1–A_2	拋物線	$A=\frac{2}{3}Sh$
缺中空圓	$A=\frac{\pi a}{360}(R^2-r^2)$ $Ra=\frac{1}{2}(R+r)$	半拋物線	$A=\frac{2}{3}ab$
缺中空圓	$A=\pi R^2\frac{a}{360}$ $-\pi r^2\frac{a_1}{360}$ $-\frac{mS}{2}$	圓	$A=\frac{\pi}{4}D^2$ $=\pi r^2=0.785D^2$ 圓周 $=2\pi r=\pi L$

類 別	計算式	類 別	計算式
正三角形 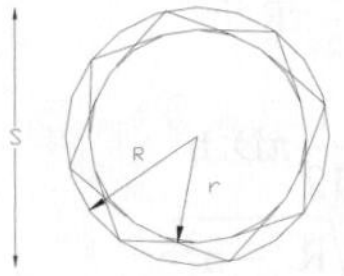	$A = 4.828 \cdot S^2$ $= 2.828 \cdot R^2$ $= 3.314 \cdot r^2$	梯 形 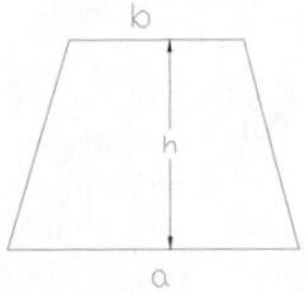	$A = \frac{1}{2}(a+b)h$
正多角形 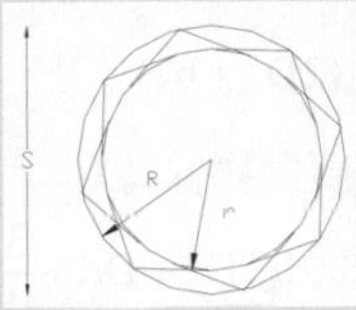	$A = \frac{1}{2} nSr$ $= \frac{nS}{2}\sqrt{R^2 - \frac{S^4}{4}}$ n=邊數	三角形 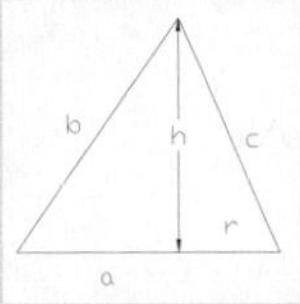	$A = \frac{1}{2} ah$ $= \frac{1}{2} ab \sin\beta$ $a+b+c = 2S$ $A = \sqrt{S(S-a)(S-b)(S-C)}$
正六角形 	$A = 2.598 \cdot S^2$ $= 2.598 \cdot R^2$ $= 3.464 \cdot r^2$	正六面體 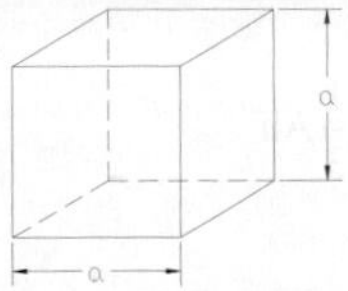	$V = a^3$ $O - 6a^2$
直四角錐體 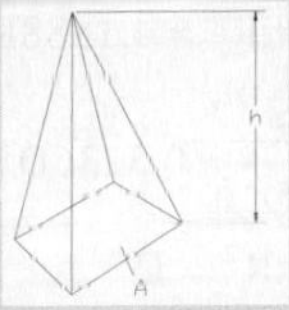	$V = \frac{1}{3} Ah$	斜圓錐體 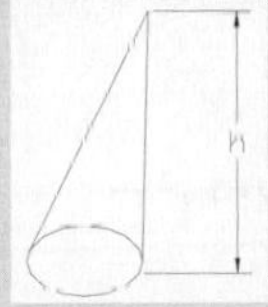	$V - \frac{1}{3}\pi R^2 h$
斜四角錐體 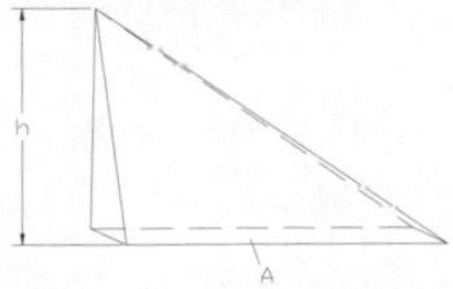	$V = \frac{1}{3} Ah$	圓 柱 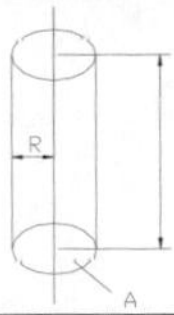	$V = \pi R^2 h = AR$ $O = 2\pi R(R+h)$
截頭四角錐體 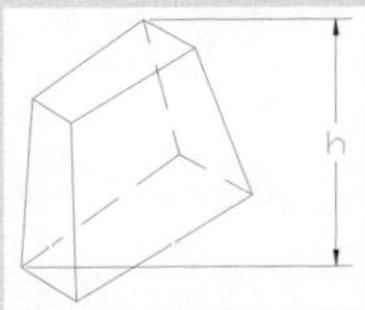	$V = [\frac{h}{6}(2a + a_1$ $+ (2a_1 + a)b_1]$	截頭圓柱 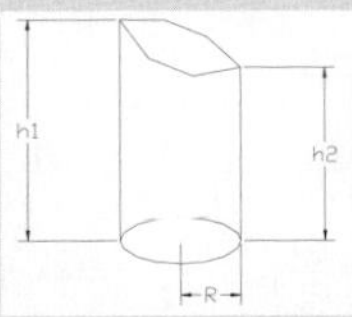	$V = \pi R^2 h_1 + h_2$ $\lambda = 2\pi r \frac{a}{360}$
截頭六角錐體 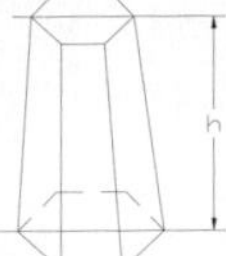	$V = \frac{h}{3}(A + a - \sqrt{Aa})$	正六角柱體 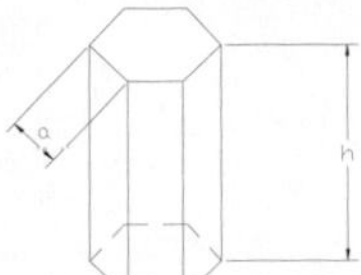	$V = 2.598 a^2 h$ $O = 5.193 a^2 + 6ah$

類　別	計算式	類　別	計算式
直六角錐體	$V=\frac{1}{3}Ah$	圓錐體	$V=\frac{1}{3}\pi R^2 h$ $=\frac{1}{12}\pi D^2 h$ $S=\sqrt{R^2-h^2}$
直三角錐體	$V=\frac{1}{3}Ah$	樽　形	V(圓周圓弧時) $=\frac{\pi\lambda}{12}(2D^2+b^2)$ V(圓周拋物線時) $=0.2091(2D^2+Dd+\frac{3}{4}d^2)$
斜三角錐體	$V=\frac{1}{3}Ah$	圓　筒	$\nu=\pi h(R^2-r^2)$ $=\pi hS(2R-S)$ $=\pi hS(2r-S)$
截頭圓錐體	$V=\frac{\pi h}{3}$ (R^2+Rr+r^2)	球	$V=\frac{4}{3}\pi R^3=4.1888R^3$ $=\frac{\pi}{6D^3}=0.5236D^3$ $O=4\pi R^2=D$

附錄 E　金屬材料重量表

一、鋼　筋

標稱直徑		竹節鋼筋			光面圓鋼筋		
		單位重量(kg/m)	剖面積(cm^2)	邊長(mm)	單位重量(kg/m)	剖面積(cm^2)	邊長(mm)
#2	6	0.249	0.3167	20	0.222	0.2827	18.9
#3	9	-	-	-	0.499	0.6362	28.3
#3	10	0.560	0.7133	30	0.617	0.7854	31.4
#4	12	-	-	-	0.888	1.1310	37.7
#4	13	0.994	1.267	40	1.040	1.3270	40.8
#5	16	1.555	1.986	50	1.580	2.0110	50.3
#6	19	2.237	2.865	60	2.230	2.8350	59.7
#7	22	3.047	3.871	70	2.980	3.8010	69.1
#8	25	3.978	5.067	80	3.850	4.9090	78.5
#9	28	-	-	-	4.830	6.1580	88.0
#9	29	5.061	6.424	90	-	-	-
#10	32	6.416	7.942	100	6.310	8.0420	100.3
#11	35	7.806	9.566	110	7.990	10.1800	113.0
#12	38	8.950	11.400	120	-	-	-
#13	41	10.504	13.400	130	-	-	-

二、鍍鋅鐵絲

S.W.G. 規　號	直徑(mm)	重　量 (kg/km)	S.W.G. 規號	直徑(mm)	重　量 (kg/km)	S.W.G. 規　號	直徑(mm)	重　量 (kg/km)
0/4	10.160	614.0	7	4.450	123.0	17	1.422	12.4
0/3	9.445	550.0	8	4.064	101.0	18	1.219	9.1
0/2	8.839	480.0	9	3.658	82.0	19	1.016	6.3
0	8.229	416.0	10	3.251	65.0	20	0.914	5.1
1	7.640	356.0	11	2.946	53.5	21	0.813	4.1
2	7.010	302.0	12	2.642	43.0	22	0.711	3.1
3	6.401	252.0	13	2.337	33.5	23	0.610	2.3
4	5.893	212.0	14	2.032	25.4	24	0.559	1.92
5	5.385	178.0	15	1.829	20.6	25	0.508	1.58
6	4.877	146.0	16	1.626	16.4	26	0.457	1.24

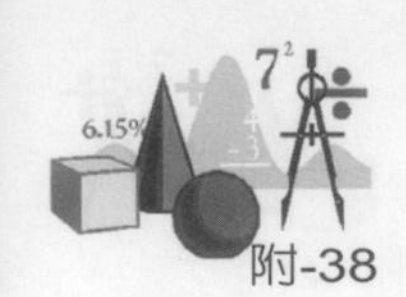

三、鋼(鐵)絲

B.W.G 規 號	直徑(mm)	重 量 (kg/km)	B.W.G 規號	直徑(mm)	重 量 (kg/km)	B.W.G 規 號	直徑(mm)	重 量 (kg/km)
0/4	11.530	820.0	7	4.572	129.0	17	1.473	13.4
0/3	10.800	719.0	8	4.191	108.0	18	1.245	9.35
0/2	9.650	574.0	9	3.759	87.1	19	1.067	7.02
0	8.636	460.0	10	3.404	71.4	20	0.899	4.87
1	7.640	358.0	11	3.048	57.3	21	0.813	4.07
2	7.213	321.0	12	2.769	47.3	22	0.711	3.21
3	6.579	267.0	13	2.413	35.9	23	0.635	2.49
4	6.046	225.0	14	2.108	27.4	24	0.559	1.93
5	5.588	193.0	15	1.829	20.6	25	0.508	1.59
6	5.154	164.0	16	1.651	16.8	26	0.457	1.29

四、鍍鋅鐵皮(日本製普通品)

厚 度		每張重量(kg)					
號 數	厚 度	平片(寬 915mm)			浪型片(壓型前寬 765mm)		
(#)	(mm)	3′×6′	3′×7′	3′×8′	2′.5×6′	2′.5×7′	2′.5×8′
22	0.70	9.53	--	--	7.97	9.53	10.70
24	0.60	8.16	9.54	10.90	6.82	7.98	9.10
25	0.55	7.51	8.77	10.00	6.27	7.34	8.37
26	0.50	6.79	7.94	9.06	5.68	6.64	7.57
27	0.45	6.13	7.17	8.18	5.13	5.99	6.84
28	0.40	5.43	6.35	7.23	4.54	5.30	6.05
29	0.35	4.77	5.58	6.36	9.54	4.66	5.32
30	0.32	4.34	5.08	5.79	--	--	--
31	0.29	3.94	4.62	5.26	3.30	3.86	4.40

五、鋁平(捲)片

B&S 號數	厚度 (mm)	平行每張重量 3′*6′	3′*7′	3′*8′	捲片重量 kg/m²	B&S 號數	厚度 (mm)	平行每張重量 3′*6′	3′*7′	3′*8′	捲片重量 kg/m²
1	7.35	33.30	38.50	44.40	-	16	1.29	1.29	5.85	6.83	7.80
2	6.54	29.70	34.65	38.60	-	17	1.15	5.20	6.07	6.94	3.12
3	5.83	26.46	30.87	35.28	-	18	1.02	4.64	5.42	6.19	2.77
4	5.19	23058	27.51	31.44	-	19	0.912	4.14	4.83	5.52	2.47
5	4.62	20.88	24.36	27.84	-	20	0.812	3.67	4.28	4.90	2.20
6	4.11	18.72	21.84	24.96	-	21	0.723	3.28	3.82	4.37	1.96
7	3.67	16.61	19.38	22.13	-	22	0.644	2.92	3.40	3.89	1.74
8	3.26	14.80	17.26	19.73	-	23	0.573	2.59	3.02	3.46	1.55
9	2.91	13.18	15.37	17.57	-	24	0.511	2.32	2.71	3.10	1.38
10	2.59	11.74	13.69	15.65	7.01	25	0.455	2.05	2.39	2.74	1.23
11	2.30	1074	12.18	13.92	6.25	26	0.405	1.84	2.14	2.45	1.10
12	2.05	9.31	10.86	12.40	5.56	27	0.361	-	-	-	0.977
13	1.83	8.28	9.66	11.04	4.95	28	0.321	-	-	-	0.870
14	1.63	7.38	8.61	9.84	4.41	29	0.286	-	-	-	0.775
15	1.45	6.57	7.67	8.76	3.93	30	0.255	-	-	-	0.690

六、浪型鋁板(寬度：註▲者 32 吋，其他 33 吋)

B&S 號數	厚度 (mm)	重量(kg/張) 長 6 呎	長 7 呎	長 8 呎	B&S 號數	厚度 (mm)	重量(kg/張) 長 6 呎	長 7 呎	長 8 呎
▲18	1.02	4.64	5.42	6.19	23	0.573	2.59	3.02	3.46
▲19	0.912	4.14	4.83	5.52	24	0.511	2.32	2.71	3.10
▲20	0.812	3.67	4.28	4.90	26	0.405	1.84	2.14	2.45
21	0.723	3.28	3.82	4.37	28	0.321	1.46	1.70	1.95
22	0.644	2.92	3.40	3.89	30	0.255	1.15	1.34	1.54

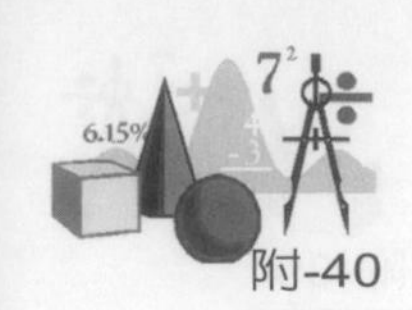

七、洋　釘

長度		粗細 B.W.G.	重量 (kg/千支)	數量(支/桶)	長度		粗細 B.W.G.	重量 (kg/千支)	數量 (支/桶)
吋	公分				吋	公分			
3/4	1.91	#17	0.26	235312	$2^{1/4}$	5.72	#12	2.44	25.000
7/8	2.22	#17	0.30	199.902	2-1/2	6.35	#12	2.74	21.920
1	2.54	#16	0.36	168.352	2-1/2	6.35	#11	3.41	17.592
1-1/4	3.18	#15	0.66	90.400	3	7.62	#10	5.14	11.680
1-1/2	3.81	#14	0.98	61.539	3-1/2	8.89	#9	7.31	8.206
1-3/4	4.45	#13	1.56	38.555	4	10.16	#8	10.16	5.907
2	5.08	#13	1.76	34.042	4-1/2	10.43	#8	11.79	5.090
2	5.08	#12	2.14	28.072	5	12.70	#7	15.60	3.846
6	15.24	#6	22.50	2.666	7	17.78	#5	32.78	1.830

八、螺　栓

直徑	類別	栓桿重量 kg 有效長 m	附屬品及期其他						
			六角螺栓帽		方形墊鐵		栓桿頭及錨鉤		每支合計 (kg)
			規格 mm	重量 kg/只	規格 mm	重量 kg/只	長 (M)	重量 (kg)	
6	普通螺栓	0.222	6×12	0.0039	19×19×3	0.0086	0.015	0.0033	0.0283
	錨錠”						0.039	0.0087	0.0212
9	普通螺栓	0.499	9×17	0.0132	32×32×3	0.0240	0.018	0.0090	0.0834
	錨錠”						0.054	0.0269	0.0641
12	普通螺栓	0.889	12×21	0.0254	38×38×3	0.0338	0.021	0.0187	0.1371
	錨錠”						0.069	0.0613	0.1205
16	普通螺栓	1.580	16×26	0.0514	50×50×6	0.1180	0.028	0.0442	0.3830
	錨錠”						0.092	0.1454	0.3148
19	普通螺栓	2.230	19×32	0.0943	60×60×6	0.1698	0.031	0.0691	0.5973
	錨錠”						0.107	0.2386	0.5027
22	普通螺栓	2.980	22×35	0.1167	70×70×6	0.2310	0.034	0.1013	0.7967
	錨錠”						0.122	0.3636	0.7113
25	普通螺栓	3.850	25×41	0.1954	75×75×6	0.2647	0.037	0.1424	1.0626
	錨錠”						0.137	0.5274	0.9875

直徑	類 別	栓桿重量 kg 有效長 m	附屬品及期其他						
			六角螺栓帽		方形墊鐵		栓桿頭及錨鉤		每支合計 (kg)
			規 格 mm	重 量 kg/只	規 格 mm	重 量 kg/只	長 (M)	重 量 (kg)	
28	普通螺栓	4.830	28×46	0.2750	85×85×9	0.5108	0.043	0.2077	1.7793
	錨錠"						0.155	0.7487	1.5345
32	普通螺栓	6.310	32×50	0.3640	100×100×9	0.7070	0.047	0.2966	2.4386
	錨錠"						0.175	1.1042	2.1752

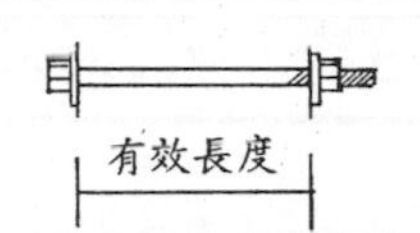

〔例 1〕試求有效長 50 公分，直徑 19 公厘。普通螺栓之重量

解：利用上表計算如下

W=(2.230×0.5)＋0.5973
=1.7123kg/支

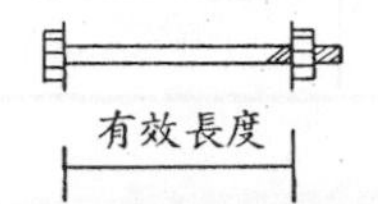

〔例 2〕試求有效長 10 公分，直徑 22 公厘鐵料用普通螺栓之重量

解：利用上表計算如下

W=(2.98×0.1)＋0.7967－(0.231×2)
=0.6327kg/支
(因無需墊鐵應扣除其重量)

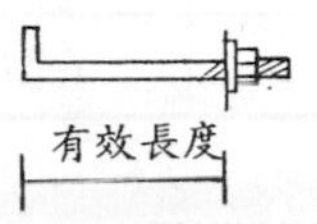

〔例 3〕試求有效長 45 公分直徑 16 公厘錨錠螺栓之重量

解：利用上表計算如下

W=(1.58×0.45)＋0.3148
=1.0258kg/支

九、金屬板重量表(kg/m²)

類別 / 厚度 mm	鋼	銅	黃 銅	亞 鉛	鉛	鋁
1	7.85	8.815	8.461	7.209	11.432	2.861
2	15.70	17.630	16.922	14.418	22.864	5.722
3	23.55	26.445	25.383	21.627	34.296	8.583
4	31.40	35.260	33.844	28.836	45.728	11.444
5	39.25	44.075	42.305	46.056	57.160	14.305
6	47.10	52.890	50.766	43.254	68.592	17.166
7	54.95	61.705	59.277	50.463	80.024	20.027
8	62.80	70.520	67.688	57.672	91.456	22.888
9	70.65	79.335	76.149	64.881	102.888	25.749
10	78.50	88.150	84.610	72.090	114.320	28.610
11	86.35	96.965	93.071	72.299	125.752	31.471
12	94.20	105.780	101.532	86.508	137.184	34.332

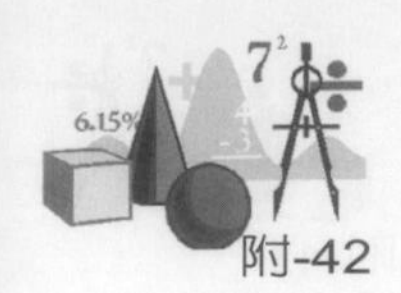

十、金屬重量概算表

類別＼項目	圓 條 (kg/m)	方 條 (kg/m)	平條帶 (kg/m)
鋼	(直徑 mm)^2×0.00617	(邊寬 mm)^2×0.00785	(寬 mm×厚 mm)×0.00785
鑄 鐵	(直徑 mm)^2×0.00566	(邊寬 mm)^2×0.00720	(寬 mm×厚 mm)×0.00720
銅	(直徑 mm)^2×0.00693	(邊寬 mm)^2×0.00882	(寬 mm×厚 mm)×0.00882
黃 銅	(直徑 mm)^2×0.00664	(邊寬 mm)^2×0.00846	(寬 mm×厚 mm)×0.00846
鑄黃銅	(直徑 mm)^2×0.00660	(邊寬 mm)^2×0.00840	(寬 mm×厚 mm)×0.00840
鋁	(直徑 mm)^2×0.00225	(邊寬 mm)^2×0.00286	(寬 mm×厚 mm)×0.00286

十一、刺鐵網

S.W.G＼刺間距	63 公厘	75 公厘	100 公厘	125 公厘
#12	15.150	13.890	12.660	11.630
#13	12.270	11.320	10.170	9.470
#14	9.174	8.700	7.690	7.143

十二、承插鑄鐵管(LA)

標 稱	重 量					標 稱	重 量				
管 徑	管 身 kg/m	管 徑	鐵管連承口全重(kg/支)			管 徑	管 身 kg/m	承 口 kg/口	鐵管連承口全重(kg/支)		
			長 4m	長 5m	長 6m				長 4m	長 5m	長 6m
80	14.7	5.5	64.0	79.0	93.5	400	116.9	46.3	514.0	631.0	748.0
100	18.6	7.1	81.5	100.0	119.0	500	162.2	66.0	727.0	892.0	1057.0
125	24.2	9.2	106.0	130.0	154.0	600	219.8	89.3	968.0	1188.0	1408.0
150	30.1	11.5	132.0	162.0	192.0	700	283.2	116.8	1250.0	1533.0	1816.0
200	44.0	16.8	193.0	237.0	281.0	800	354.9	147.8	1567.0	1922.0	2277.0
250	59.3	22.9	260.0	319.0	379.0	900	431.8	182.6	1910.0	2342.0	2773.0
300	76.5	29.8	336.0	412.0	489.0	1000	518.3	222.3	2295.0	2814.0	3332.0
350	96.3	37.5	423.0	519.0	615.0						

十三、鋼材重量表

1. 平鋼重量表

標準斷面尺寸		單位重量	標準斷面尺寸		單位重量	標準斷面尺寸		單位重量	標準斷面尺寸		單位重量
厚 度 (mm)	幅 (mm)	(kg/m)	厚 度 (mm)	幅 (mm)	(kg/m)	厚 度 (mm)	幅 (mm)	(kg/m)	厚 度 (mm)	幅 (mm)	(kg/m)
4.5	25	0.88	9	180	12.70	16	300	37.70	25	180	35.30
4.5	32	1.13	9	200	14.10	19	38	5.67	25	200	39.20
4.5	38	1.34	9	230	16.20	19	44	6.56	25	280	45.10
4.5	44	1.55	9	250	17.70	19	50	7.46	25	250	49.10
4.5	45	1.77	12	25	2.36	19	65	9.69	25	280	55.10
6	25	1.18	12	32	3.01	19	75	11.20	25	300	58.90
6	32	1.51	12	38	3.58	19	90	13.40	28	100	22.00
6	38	1.79	12	44	4.14	19	100	14.90	28	125	27.50
6	44	2.07	12	50	4.71	19	125	18.60	28	150	33.00
6	50	2.36	12	65	6.12	19	150	22.40	28	180	39.60
6	65	3.06	12	75	7.06	19	180	26.80	28	200	44.00
6	75	3.53	12	90	8.48	19	200	29.80	28	230	50.60
6	90	4.24	12	100	9.42	19	230	34.30	28	250	55.00
6	100	4.71	12	125	11.80	19	250	37.70	28	280	61.50
6	125	5.89	12	150	14.10	19	280	41.80	28	300	65.90
8	32	1.57	12	180	17.00	19	300	44.70	32	100	25.10
8	38	2.01	12	200	18.80	22	50	8.64	32	125	31.40
8	44	2.39	12	230	21.70	22	65	11.20	32	150	37.70
8	50	2.76	12	250	23.60	22	75	13.00	32	180	45.20
8	60	3.14	12	280	26.40	22	90	15.50	32	200	50.20
8	65	4.08	12	300	28.30	22	100	17.30	32	230	57.80
8	75	4.71	16	32	4.02	22	125	21.60	32	250	62.80
8	90	5.65	16	38	4.77	22	150	25.90	32	280	70.30
8	100	6.28	16	44	5.53	22	180	31.10	32	300	75.40
8	125	7.85	16	50	6.28	22	200	34.50	36	100	28.30
9	25	1.77	16	65	8.16	22	230	39.70	36	125	35.30
9	32	2.26	16	75	9.42	22	250	43.20	36	150	42.40
9	38	2.68	16	90	11.30	22	280	48.40	36	180	50.90

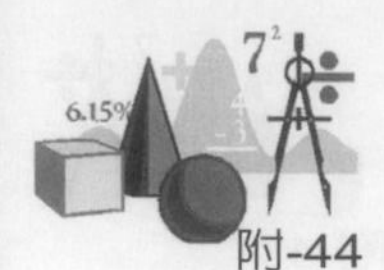

標準斷面尺寸		單位重量	標準斷面尺寸		單位重量	標準斷面尺寸		單位重量	標準斷面尺寸		單位重量
厚 度 (mm)	幅 (mm)	(kg/m)	厚 度 (mm)	幅 (mm)	(kg/m)	厚 度 (mm)	幅 (mm)	(kg/m)	厚 度 (mm)	幅 (mm)	(kg/m)
9	44	3.11	16	100	12.60	22	300	51.80	36	200	56.50
9	50	3.33	16	125	15.70	25	50	9.81	36	230	65.00
9	65	4.59	16	150	18.80	25	65	12.80	36	250	70.60
9	75	5.30	16	180	22.60	25	75	14.70	36	280	79.10
9	90	6.36	16	200	25.10	25	90	17.70	36	300	84.80
9	100	7.00	16	230	28.90	25	100	19.60			
9	125	8.83	16	250	31.40	25	125	24.50			
9	150	10.60	16	280	35.20	25	150	29.40			

2. 等邊 L 形鋼重量表

標準斷面尺寸(mm)		單位重量	標準斷面尺寸(mm)		單位重量
A×B	t	(kg/m)	A×B	t	(kg/m)
40×40	3	1.83	100×100	7	10.7
40×40	5	2.95	100×100	10	14.9
45×45	4	2.74	100×100	13	19.1
50×50	4	3.06	120×120	8	14.7
50×50	6	4.43	130×130	9	17.9
60×60	4	3.68	130×130	12	23.4
60×60	5	4.55	130×130	15	28.8
65×65	6	5.91	150×150	12	27.3
65×65	8	7.66	150×150	15	33.6
70×70	6	6.38	150×150	19	41.9
75×75	6	6.85	175×175	12	31.8
75×75	9	9.96	175×175	15	39.4
75×75	12	13.00	200×200	15	45.3
80×80	6	7.32	200×200	20	59.7
90×90	6	8.28	200×200	25	73.6
90×90	7	9.59	250×250	25	93.7
90×90	10	13.00	250×250	35	128.0
90×90	13	17.00			

3. 不等邊 L 形鋼重量表

標準斷面(mm)		單位重量
A×B	t	(kg/m)
90×75	9	11.0
100×75	7	9.32
100×75	10	13.0
125×75	7	10.7
125×75	10	14.9
125×75	13	19.1
125×90	10	16.1
125×90	13	20.6
150×90	9	16.4
150×90	12	21.5
150×100	9	17.1
150×100	12	22.4
150×100	15	27.7

4. 槽形鋼重量表

標準斷面尺寸(mm)		單位重量	標準斷面尺寸(mm)		單位重量
H×B	t_1	(kg/m)	H×B	t_2	(kg/m)
75×40	5	6.92	250×90	9	34.6
100×50	5	9.36	250×90	11	40.2
125×60	6	13.4	300×90	9	38.1
150×75	6	18.6	300×90	10	43.8
150×75	9	24.0	300×90	12	48.6
180×75	7	21.4	380×100	10.5	54.5
200×70	7	21.1	380×100	13	62.0
200×80	7.5	24.6	380×100	13	67.3
200×90	8	30.3			

5. H 形鋼重量表

標準斷面尺寸(mm)				單位重量 (kg/m)
(高×邊)	H×B	t_1	t_2	
100×50	100×50	5	7	9.30
100×100	100×100	6	8	17.2
125×60	125×60	6	8	13.2
125×125	125×125	6.5	9	23.8
150×75	150×75	5	7	14.0
150×100	148×100	6	9	21.1
150×150	150×150	7		31.5
175×90	175×90	5	8	18.1
175×175	175×175	7.5	1	10.2
200×100	198×99	4.5	7	18.2
	200×100	5.5	8	21.3
200×150	194×150	6	9	30.6
200×200	200×200	8	12	49.9
	200×204	12	12	56.2
250×125	248×124	5	8	25.7
	250×125	6	9	29.6
250×175	244×175	7	11	44.1
250×250	250×250	9	14	72.4

標準斷面尺寸(mm)				單位重量 (kg/m)
(高×邊)	H×B	t_1	t_2	
250×250	250×255	14	14	82.2
300×150	198×149	5.5	8	32.0
	300×150	6.5	9	36.7
300×200	294×200	8	12	56.8
300×300	294×302	12	12	84.5
	300×300	10	15	94.0
	300×305	15	15	106.0
350×175	346×174	6	9	41.4
	350×175	7	11	49.6
350×250	340×250	9	14	79.7
350×350	344×348	10	14	115.0
	350×350	12	19	137.0
400×200	396×199	7	11	56.6
	400×200	8	13	66.0
400×300	390×300	10	16	107.0
400×400	388×402	15	15	140.0
	394×398	11	18	147.0
	400×400	13	21	172.0

6. 鋼軌條重量表(kg/m)

種　類	重量(kg/m)
J.N.R. 50T	53.3
J.N.R. 50kg N	50.4
J.N.R. 40kg N	40.9
A.S. 37kg	37.2
A.S. 30kg	30.1
A.S. 22kg	22.3

J.N.R：日本國有鐵道　　A.S：美國土木協會

7. 輕量形鋼重量表

(kg/m)

稱　呼	尺寸(mm)		單位重量	稱　呼	尺寸(mm)		單位重量
	H×A×C	t	(kg/m)		H×A×C	t	(kg/m)
4607	250×75×25	4.5	14.9	4327	120×60×25	4.5	9.20
4567		4.5	13.1	4295	120×60×20	3.2	6.51
4566	200×75×20	4.0	11.8	4293		2.3	4.87
4565		3.2	9.52	4255	120×40×20	3.2	5.50
4537		4.5	12.7	4227		4.5	7.43
4536	200×75×25	4.0	11.4	4226		4.0	6.71
4535		3.2	9.27	4225		3.2	5.50
4497		4.5	11.3	4224	100×50×20	2.8	4.87
4496	150×75×20	4.0	10.2	4223		2.3	4.06
4495		3.2	8.27	4222		2.0	3.56
4467		4.5	11.0	4221		1.6	2.88
4466	150×65×20	4.0	9.35	4185		3.2	5.00
4465		3.2	8.01	4183	90×45×20	2.3	3.70
4436		4.0	9.22	4181		1.6	2.63
4435	150×65×20	3.2	7.51	4143		2.3	3.25
4433		2.3	5.50	4142	75×45×15	2.0	2.86
4407		4.5	9.20	4141		1.6	2.32
4405	150×50×20	3.2	6.76	4113	75×35×15	2.3	2.89
4403		2.3	4.96	4071	75×40×25	1.6	2.38
4467		4.5	8.32	4033		2.3	2.25
4366	125×50×20	4.0	7.50	4032	60×30×10	2.0	1.99
4365		3.2	6.13	4031		1.6	1.63
4363		2.3	4.51				

8. 鋼板重量表(kg/m^2)

厚(mm)	重量(kg/m^2)
1.0	7.85
1.6	12.60
2.3	18.10
3.2	25.10
4.0	31.40
4.5	35.30
5.0	39.25
6.0	47.10
9.0	70.65
12.0	94.20
16.0	125.60
19.0	149.20
22.0	172.70
25.0	196.20

9. 花紋鋼板重量表(kg/m^2)

厚(mm)	重量(kg/m^2)
3.2	26.79
4.5	36.99
6.0	48.77
8.0	64.47
9.0	72.32

10. 鉚釘重量表(g/只)

	10	13	16	19	22	25
10	22.3	44.4	75.8	126	187	262
11	22.3	44.4	78.9	126	193	262
12	22.3	46.5	78.9	126	193	270
13	24.2	46.5	83.6	132	199	282
14	24.2	48.5	83.6	132	199	282
15	25.4	48.5	83.6	137	208	282
16	26.6	51.7	88.4	137	208	293
17	26.6	51.7	88.4	141	217	301
18	28.5	54.8	91.5	141	217	301
19	28.5	54.8	91.5	148	217	301
20	30.3	54.8	94.7	148	223	309
22	30.3	56.9	99.4	154	229	309
24	31.6	59.0	99.4	159	238	320
26	32.8	62.1	104.0	163	247	333
28	32.8	65.2	107.0	170	247	340
30	36.5	67.3	11.0	177	259	347
32	37.7	69.4	115.0	181	268	359
34		72.5	120.0	186	268	370
36		75.6	123.0	192	277	378
38		77.7	126.0	192	283	386
40		79.8	131.0	199	289	397
42		82.9	131.0	203	298	397
44		82.9	139.0	208	306	417
46			139.0	215	313	417
48			142.0	226	320	436
50			147.0	226	327	436

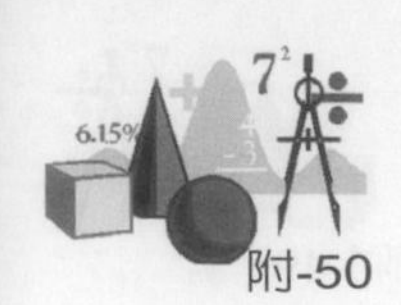

11. 高張力螺旋重量表(g/只)

	13(1/2″)	16(5/8″)	19(3/4″)	22(7/8″)	25(1″)
10	99	191	334	475	728
15	104	199	344	491	748
20	109	207	356	506	768
25	114	215	367	521	787
30	119	223	378	536	807
35	124	230	389	552	827
40	129	238	400	567	847
45	134	246	412	582	867
50	139	254	423	597	887
55	144	262	434	612	906
60	149	270	445	627	926
65	154	277	456	642	945
70	159	285	468	657	964
75	164	293	479	672	983
80	169	301	490	686	1003
85	174	308	501	701	1022
90	179	316	512	716	1041
95	184	324	523	731	1060
100	189	332	535	746	1080

12. 不銹鋼板重量表(kg/m^2)

厚度(mm)	重量(kg/m^2)
1.6	12.4
1.8	14.0
2.0	15.5
2.3	17.8
2.5	19.4
3.0	23.3
3.2	24.8
3.5	27.1
4.0	31.0
4.5	34.9
5.0	38.8
5.5	42.0
6.0	46.5
6.5	50.4
7.0	54.3

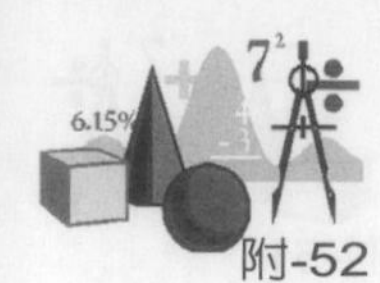

附錄 F 營建工程相關網站

站 名	網 址
國立台灣大學土木工程學系	http：//www.ce.ntu.edu.tw/
國立台灣科技大學營建材料資訊室	http：//140.118.5.47/
國立成功大學建築學系	http：//www.arch.ncku.edu.tw/
國立交通大學土木系	http：//www.ectu.edu.tw/
朝陽科技大學營建工程技術系	http：//www.cyut.edu.tw/
行政院公共工程委員會全球資訊網	http：//www.pcc.gov.tw/
內政部營建署 Web 站	http：//www.cpami.gov.tw/
台灣環境及營建資源網	http：//space.com.tw/
營建自動化策略聯盟	http：//casa.ntust.edu.tw/
國科會科學技術資料中心土木建築專門網	http：//www.stic.gov.tw/stic/infowww/civarch/index.html
中國工程師學會	http：//www.cie.org.tw/
台灣省土木技師公會	http：//www.twnpce.hinet.net/
大中華營建資訊中心 CINET：	http：//www.cinet.com.tw/
ARCHNET 建築資訊集成	http：//www.arch.net.tw/
營建相關網站導覽	http：//www.modernhome.com.tw/newmodern/view/view-c.htm
營建自動化相關網站	http：//casa.ntust.edu.tw/rellink/guild/
台灣營建智庫	http：//www.cifrd.org.tw/
亞太全球建築專業資源網	http：//www.abba.com.tw/
建築資訊服務網	http：//arch.org.tw
台灣營建總網	http：//www.bwd.com.tw
星世紀營建工程網	http：//arch.cei.com.tw
ArchitNet 建築專業網	http：//www.archit.net.tw
國立宜蘭大學土木工程學系	http：//ceweb.niu.edu.tw/ceweb/index.htm
郭榮欽個人網站	http：//kaku.niu.edu/.tw

國家圖書館出版品預行編目資料

工程估價 :Excel 應用/ 郭榮欽編著. -- 六版.
-- 新北市:全華.2015.10
面 ; 公分
參考書目:面
ISBN 978-986-463-061-5(平裝附光碟)
1.EXCEL(電腦程式) 2.工程估價 3.電腦應用
441.523029 104020645

工程估價－Excel 應用(第六版)(附範例光碟)

作者 / 郭榮欽
發行人 / 陳本源
執行編輯 / 蔣德亮
出版者 / 全華圖書股份有限公司
郵政帳號 / 0100836-1 號
印刷者 / 宏懋打字印刷股份有限公司
圖書編號 / 03155057
六版四刷 / 2021 年 9 月
定價 / 新台幣 480 元
ISBN / 978-986-463-061-5
全華圖書 / www.chwa.com.tw
全華網路書店 Open Tech / www.opentech.com.tw
若您對本書有任何問題，歡迎來信指導 book@chwa.com.tw

臺北總公司(北區營業處)
地址：23671 新北市土城區忠義路 21 號
電話：(02) 2262-5666
傳真：(02) 6637-3695、6637-3696

南區營業處
地址：80769 高雄市三民區應安街 12 號
電話：(07) 381-1377
傳真：(07) 862-5562

中區營業處
地址：40256 臺中市南區樹義一巷 26 號
電話：(04) 2261-8485
傳真：(04) 3600-9806(高中職)
(04) 3601-8600(大專)

國家圖書館出版品預行編目資料

工程估價：Excel 應用 / 郭榮欽編著. -- 六版.--
新北市：全華圖書, 2015.10
面；公分
ISBN 978-986-463-061-5 (平裝附光碟片)

1.EXCEL(電腦程式) 2.工程估價 3.電腦應用

441.523029 104020645

工程估價－Excel 應用(第六版)(附範例光碟)

作者 / 郭榮欽
發行人 / 陳本源
執行編輯 / 林士倫
出版者 / 全華圖書股份有限公司
郵政帳號 / 0100836-1 號
印刷者 / 宏懋打字印刷股份有限公司
圖書編號 / 03155057
六版三刷 / 2019 年 9 月
定價 / 新台幣 480 元
ISBN / 978-986-463-061-5 (平裝附光碟片)
全華圖書 / www.chwa.com.tw
全華網路書店 Open Tech / www.opentech.com.tw
若您對書籍內容、排版印刷有任何問題，歡迎來信指導 book@chwa.com.tw

臺北總公司(北區營業處)
地址：23671 新北市土城區忠義路 21 號
電話：(02) 2262-5666
傳真：(02) 6637-3695、6637-3696

南區營業處
地址：80769 高雄市三民區應安街 12 號
電話：(07) 381-1377
傳真：(07) 862-5562

中區營業處
地址：40256 臺中市南區樹義一巷 26 號
電話：(04) 2261-8485
傳真：(04) 3600-9806

（請由此線剪下）

歡迎加入 全華會員

● 會員獨享

會員享購書折扣、紅利積點、生日禮金、不定期優惠活動…等。

● 如何加入會員

填妥讀者回函卡直接傳真（02）2262-0900 或寄回，將由專人協助登入會員資料，待收到 E-MAIL 通知後即可成為會員。

如何購買 全華書籍

1. 網路購書

全華網路書店「http://www.opentech.com.tw」，加入會員購書更便利，並享有紅利積點回饋等各式優惠。

2. 全華門市、全省書局

歡迎至全華門市（新北市土城區忠義路 21 號）或全省各大書局、連鎖書店選購。

3. 來電訂購

(1) 訂購專線：(02) 2262-5666 轉 321-324
(2) 傳真專線：(02) 6637-3696
(3) 郵局劃撥（帳號：0100836-1 戶名：全華圖書股份有限公司）
※ 購書未滿一千元者，酌收運費 70 元。

全華網路書店 www.opentech.com.tw
E-mail: service@chwa.com.tw

※ 本會員制如有變更則以最新修訂制度為準，造成不便請見諒。

廣 告 回 信
板橋郵局登記證
板橋廣字第540號

行銷企劃部 收

23671 新北市土城區忠義路21號
全華圖書股份有限公司

（請由此線剪下）

讀者回函卡

填寫日期：　／　／

姓名：＿＿＿＿　生日：西元＿＿年＿＿月＿＿日　性別：□男 □女

電話：（　）＿＿＿＿　傳真：（　）＿＿＿＿　手機：＿＿＿＿

e-mail：（必填）＿＿＿＿

註：數字零，請用 Φ 表示，數字 1 與英文 L 請另註明並書寫端正，謝謝。

通訊處：□□□□□＿＿＿＿

學歷：□博士　□碩士　□大學　□專科　□高中・職

職業：□工程師　□教師　□學生　□軍・公　□其他

學校／公司：＿＿＿＿　科系／部門：＿＿＿＿

・需求書類：

□ A. 電子 □ B. 電機 □ C. 計算機工程 □ D. 資訊 □ E. 機械 □ F. 汽車 □ I. 工管 □ J. 土木

□ K. 化工 □ L. 設計 □ M. 商管 □ N. 日文 □ O. 美容 □ P. 休閒 □ Q. 餐飲 □ B. 其他

・本次購買圖書為：＿＿＿＿　書號：＿＿＿＿

・您對本書的評價：

封面設計：□非常滿意　□滿意　□尚可　□需改善，請說明＿＿＿＿

內容表達：□非常滿意　□滿意　□尚可　□需改善，請說明＿＿＿＿

版面編排：□非常滿意　□滿意　□尚可　□需改善，請說明＿＿＿＿

印刷品質：□非常滿意　□滿意　□尚可　□需改善，請說明＿＿＿＿

書籍定價：□非常滿意　□滿意　□尚可　□需改善，請說明＿＿＿＿

整體評價：請說明＿＿＿＿

・您在何處購買本書？

□書局　□網路書店　□書展　□團購　□其他＿＿＿＿

・您購買本書的原因？（可複選）

□個人需要　□幫公司採購　□親友推薦　□老師指定之課本　□其他＿＿＿＿

・您希望全華以何種方式提供出版訊息及特惠活動？

□電子報　□ DM　□廣告（媒體名稱＿＿＿＿）

・您是否上過全華網路書店？（www.opentech.com.tw）

□是　□否　您的建議＿＿＿＿

・您希望全華出版那方面書籍？＿＿＿＿

・您希望全華加強那些服務？＿＿＿＿

～感謝您提供寶貴意見，全華將秉持服務的熱忱，出版更多好書，以饗讀者。

全華網路書店 http://www.opentech.com.tw　　客服信箱 service@chwa.com.tw

2011.03 修訂

親愛的讀者：

感謝您對全華圖書的支持與愛護，雖然我們很慎重的處理每一本書，但恐仍有疏漏之處，若您發現本書有任何錯誤，請填寫於勘誤表內寄回，我們將於再版時修正，您的批評與指教是我們進步的原動力，謝謝！

全華圖書　敬上

勘　誤　表

書　號		書　名		作　者	
頁　數	行　數	錯誤或不當之詞句		建議修改之詞句	

我有話要說：（其它之批評與建議，如封面、編排、內容、印刷品質等・・・）